Florian Ditges ist Publizist, Trainer und Lehrbeauftragter für Technikjournalismus an der Fachhochschule Bonn-Rhein-Sieg in St. Augustin und gibt regelmäßig Krisenseminare vor allem im Nonprofit-Bereich sowie für den öffentlichen Dienst. Der gelernte Nachrichtenjournalist arbeitete viele Jahre als Presse- und PR-Referent im Verband der Cigarettenindustrie (VdC) sowie als Kommunikationsverantwortlicher in einem namhaften Lebensmittelverband.

Peter Höbel beschäftigt sich seit mehr als 25 Jahren kommunikativ mit Krisen – mit Reaktorunfällen, Flugzeugabstürzen, Produkthaftungsfällen, Entführungen, Korruption und Imagekrisen. Als Geschäftsführer der Unternehmensberatung »crisadvice« berät er deutsche und internationale Unternehmen, Verbände, Organisationen, Behörden und Ministerien und ist Lehrbeauftragter an der Universität Leipzig. Der gelernte Journalist und Wächterpreisträger war Redakteur beim Stern, ARD-Hörfunk-Korrespondent, Ministersprecher und langjähriger Nachrichtenchef der Deutschen Lufthansa.

Dr. Thorsten Hofmann ist geschäftsführender Gesellschafter der Unternehmensberatung PRGS, Leiter des Instituts für Krisenmanagement der Steinbeis-Hochschule Berlin sowie Chairman der internationalen »Crisis Task Force« von ECCO International Public Relation Inc. Er verfügt über langjährige Erfahrungen im nationalen und internationalen Krisenmanagement und in der Politikberatung. Vor seiner Beratertätigkeit arbeitete er im Bundeskriminalamt und im Bundesministerium des Inneren.

Florian Ditges
Peter Höbel
Thorsten Hofmann

Krisen-
kommunikation

UVK Verlagsgesellschaft mbH

PR Praxis
Band 9

Bibliografische Information der Deutschen Nationalbibliothek
Die Deutsche Nationalbibliothek verzeichnet diese Publikation in der
Deutschen Nationalbibliografie; detaillierte bibliografische Daten sind
im Internet über http://dnb.ddb.de abrufbar.

ISSN 1863-8988
ISBN 978-3-89669-508-6

© UVK Verlagsgesellschaft mbH, Konstanz 2008

Einband: Susanne Fuellhaas, Konstanz
Einbandfoto: istockphoto.com
Recherche: Katrin Petzold/Uli Brügge, St. Augustin
Korrektorat: LMF – Lektoratsbüro Maria Fuchs, Brühl
Satz und Layout: Claudia Wild, Stuttgart
Druck: fgb – freiburger graphische betriebe, Freiburg

UVK Verlagsgesellschaft mbH
Schützenstr. 24 · D-78462 Konstanz
Tel.: 07531-9053-0 · Fax: 07531-9053-98
www.uvk.de

Inhalt

Teil III: Intervention

Anhang

Vorwort

Korrupte Firmenchefs, Gammelfleisch, Behördenversagen, Stürme, Flutwellen und Feuersbrünste, Atomangst, böswillige Gerüchte, Giftspielzeug »Made in China«: Die Krise hat viele Gesichter. Gesellschaftliche Konflikte, Wirtschaftsprobleme, Terror, Politikskandale, Umweltsünden oder Produktprobleme erschüttern die Betroffenen – überall, jederzeit und anscheinend unvorhersehbar. Wirklich unvorhersehbar? Muss es sein, dass die Kommunikation in und über die Krisen oft noch erschreckender ist, als die eigentlichen Zwischenfälle? Warum werden selbst Großunternehmen mit mächtigen PR-Abteilungen über Nacht von Ereignissen überrollt? Warum stehen Politprofis und Katastrophenstäbe oft hilflos mit dem Rücken zur Wand?

»Kommunikation in Krisen – Krisen in der Kommunikation?« Durch (zu) langsame und falsche Kommunikation in Krisen entstehen Unternehmen und Organisationen Jahr für Jahr erhebliche wirtschaftliche Schäden. Ganz abgesehen von persönlichen Konsequenzen, die Firmen- und Kommunikationschefs zu tragen haben. Grund genug also, Zeit und Interesse für das komplexe Thema aufzuwenden.

Unser Handbuch »Krisenkommunikation« thematisiert kompakt und in drei Schritten das Wesen der Krise, die richtige Vorbereitung auf schwierige Situationen (Prävention) und die angemessene Reaktion im Falle des Falles (Intervention). Die Kapitel im ersten Teil beschreiben die Voraussetzungen und Hintergründe der Krisenkommunikation, ohne allerdings wissenschaftlichen Anspruch zu erheben. Vielmehr wollen wir die Vielfalt unterschiedlichster Krisentypologien und deren Interventionsschwerpunkte skizzieren. Als Praktiker mit jahrelanger Beratungserfahrung wollen wir unseren Lesern passende Instrumente, nützliche Tipps und Empfehlungen an die Hand geben.

Wir waren uns beim Schreiben darüber im Klaren, dass die Lesergruppe heterogen ist und vom Studenten bis zum Profi in einer Kommunikationsabteilung reicht. Entsprechend differenziert sind die Ansprüche, Voraussetzungen und Intentionen. Wir meinen, dieses Buch kann sowohl eine Grundlage für Einsteiger, als auch ein Nachschlagewerk sein, um Wissen aufzufrischen, oder – beispielsweise nach dem Besuch eines Lehrgangs oder Seminars – eine Anregung für weitere Schritte sein. Die Inhalte sind bewusst modular so aufgebaut, dass sich auch fachfremde Manager aus Rechtsabteilung, Revision, Controlling oder Unternehmensführung zurechtfinden.

Selbstverständlich sind wir uns auch über die Grenzen der Möglichkeiten eines kompakten Handbuchs im Klaren: Auch wenn wir in den aufgeführten Beispielen nachvollziehbare »dos und don'ts« als praktische Handlungsempfehlungen exemplarisch anbieten, kann und will das Buch individuell erstellte Krisenpläne nicht ersetzen. Und der Eindruck, den so manche Veröffentlichung zu wecken sucht, mit ein paar im Anhang abgedruckten Checklisten, die für alle möglichen Fälle 1:1 übernommen werden können, sei der Leser bestens gerüstet, führt unserer Meinung nach eher zu einer falschen und trügerischen Sicherheit. Deshalb haben wir bewusst darauf verzichtet.

Unser Anliegen ist bescheiden: Wenn es uns gelingt, zu sensibilisieren und damit dazu beizutragen, in Unternehmen und Organisationen durch geeignete Maßnahmen das kommunikative Handeln in Krisenfällen zu professionalisieren, haben wir ein wichtiges Ziel erreicht.

Bad Münstereifel/Frankfurt am Main/Berlin   Florian Ditges,
im Januar 2008   Peter Höbel,
                                 Thorsten Hofmann

Teil I: Grundlagen

»Krisen meistert man am besten, indem man ihnen zuvorkommt.«
(Walt Whitman Rostow)

1 Pflicht oder Kür:
warum überhaupt Krisenkommunikation?

Friedlich ist es im Emsland. Man könnte auch sagen, es ist nichts los dort. Mal ein Verkehrsunfall, eine Schlägerei, ein randalierender Betrunkener – und der ist meist Tourist. Eigentlich gibt es für das dortige Landratsamt und die mit eineinhalb Stellen angemessen besetzte Presse- und Öffentlichkeitsarbeit auf den ersten Blick keine wirklich nachvollziehbaren Gründe, sich die Frage nach einer eventuell erforderlichen Krisenkommunikation zu stellen. Eigentlich. Wäre da nicht die IABG (Industrieanlagen-Betriebsgesellschaft mbH), eine zentrale Analyse- und Testeinrichtung für die Luftfahrtindustrie und das Verteidigungsministerium. Sie betreibt die mit 31,8 Kilometern derzeit weltweit längste Teststrecke für Magnetschwebefahrzeuge und das zugehörige Besucherzentrum. Hightech, Teststrecke, Hochgeschwindigkeit, Experimente, politische Dimension, Technologiestandort Deutschland und so weiter und so fort. Alles in allem scheint es nicht nur eine bedeutende, sondern wenigstens auch eine risikobehaftete Unternehmung zu sein, die da vor den Toren der idyllischen emsländischen Samtgemeinde Lathen jährlich bis zu 50.000 Touristen anzieht. Bereits Ende 2004 kollidierten auf der Teststrecke zwei Werkstattwagen mit ungefähr 60 km/h. Verletzt wurde niemand. Nach diesem Vorfall werden die Sicherheitsvorschriften verschärft. Und das Landratsamt des Landkreises Emsland beschäftigt sich nicht erst seit diesem Unfall sehr intensiv mit dem Thema Krisenmanagement …

Das Unglück

Lathen, Freitag, der 22. September 2006. Morgens um 8.30 Uhr verlässt ein Wartungsfahrzeug mit zwei Mitarbeitern die Werkstatthalle. Ihr Auftrag: Routineinspektion der Transrapidstrecke. Gegen 9.45 Uhr ist der Job beendet. Das Fahrzeug wartet bei Trassenstütze 120 auf die Freigabe zur Rückkehr in die Werkstatthalle. Etwa zur gleichen Zeit befindet sich der Transrapid am Haltebahnhof. An Bord des Hightech-Zugs sind 26 Besucher und fünf Mitarbeiter. Um 9.47 Uhr gibt die Leitstelle die Strecke für den Transrapid frei. Um 9.53 Uhr befindet sich der Magnetzug noch in der Beschleunigungsphase. Es ist exakt 9.54 Uhr, als sich der Transrapid mit Tempo 170 km/h unter das 48 Tonnen schwere stehende

Wartungsfahrzeug schiebt. Erst nach 375 Metern kommt der Zug zum Stillstand. Überhitzte Bremsen führen zu vereinzelten Bränden.

Um 9.56 Uhr greift das Rettungskonzept für die Transrapid-Versuchsanlage Emsland.

Um 10.04 Uhr treffen die ersten Einsatzkräfte an der Unfallstelle ein.

Um 19.25 Uhr an diesem 22. September 2006, neuneinhalb Stunden nach der Kollision, wird der 23. Tote geborgen, zehn Menschen überleben die Katastrophe verletzt, einige von ihnen schwer.

Im Juli 2007 wird die Staatsanwaltschaft Osnabrück ermitteln, dass menschliches Versagen und »Organisationsverschulden« die Auslöser des Unglücks waren. Zu diesem Schluss kommen auch zwei Gutachten des Eisenbahnbundesamts und der Technischen Universität Braunschweig. Darüber hinaus ermittelt die Staatsanwaltschaft wegen fahrlässiger Tötung gegen die zwei Fahrdienstleiter, die vor dem Unglück die Strecke überwachten, gegen zwei Betriebsleiter der Teststrecke und gegen zwei Geschäftsführer der Betreibergesellschaft. Im August 2007 klagt die Staatsanwaltschaft Osnabrück den Fahrdienstleiter und die Betriebsleitung der Teststrecke in Lathen an. Sie hätten sich der fahrlässigen Tötung in 23 und der fahrlässigen Körperverletzung in elf Fällen schuldig gemacht, heißt es. Der Fahrdienstleiter habe eine elektronische Fahrwegsperre nicht eingelegt. Dem Betriebsleiter und seinem Vorgänger wird vorgeworfen, notwendige Vorschriften nicht erlassen zu haben.

Der Krisen-Job

Zurück zum Unglückstag. Eine Dreiviertelstunde nachdem die Pressestelle des Landratsamts über das Unglück informiert worden ist, konstituiert sich um 11 Uhr im Kreishaus der »Stab für außergewöhnliche Ereignisse«. Von jetzt an wird der ausgearbeitete Krisenkommunikationsplan umgesetzt. In Absprache mit der Polizei und den Rettungskräften beantwortet ausschließlich der Pressesprecher die zunehmenden Medienanfragen. Um diese frühe Zeit spricht der Stab von einem Toten und zehn Verletzten. Die regionalen Pressevertreter werden vereinbarungsgemäß via SMS-Service über einen »Massenanfall von Verletzten« informiert. In der Zwischenzeit machte eine so genannte Bild-Leserreporterin die ersten Fotoaufnahmen vom Ort des Unglücks und übermittelt diese auch gleich an die Redaktion. Über Stunden waren diese Laien-Bilder die einzigen Aufnahmen der Katastrophe, die sogar als Eilmeldungen von den Agenturen übernommen und am nächsten Tag in zahlreichen Zeitungen erscheinen werden. Ab 12 Uhr an diesem Freitag sendet ein privates Filmteam erste Fernsehbilder aus Lathen. Als die Verantwortlichen des Landkreises gegen 13 Uhr an der Strecke erscheinen, werden sie bereits von über 50 Medienvertretern und Kamerateams erwartet; um 15 Uhr werden es 120 sein. Gegen 14 Uhr gibt es eine erste improvisierte Pressekonferenz an der Strecke. Bis circa 19 Uhr werden insgesamt drei Pressekonferenzen abgehalten sein. Ministerpräsidenten, Minister, die Bundeskanzlerin eilen im Laufe des Tages zum Unglücksort. Über 400, meist ehrenamtliche Helfer und Einsatzkräfte werden von rund 200 Polizeibeamten unterstützt. »Terroranschlag auf Transrapid«, »Transrapid: Es gab noch mehr Unfälle«, »Personen retteten sich durch Sprung von der Trasse« lauten die Schlagzeilen in den Zeitungen des nächsten Tages. Trotz spekulativer Aussagen, Mutmaßungen und einer verzweifelten Suche nach Ursache, Wahrheit, Schuldigen: In keinem Medium findet sich ein Wort über ein katastrophales Krisen- oder Kommunikationsmanagement in der Katastrophe. Nichts über ein Chaos bei den Rettungsarbeiten, keine Zeile konstatiert eine Überforderung der Verantwortlichen im Umgang mit Angehörigen, Journalisten, Politikern, VIP. »Glück und Können«, wird der zuständige Landrat später bilanzieren, »haben zu einem geordneten und ruhigen Einsatz beigetragen.«

Im Emsland, jener idyllischen Reiseregion in Niedersachsen, fragt niemand mehr: »Krisenkommunikation – warum?«

Was ist überhaupt eine Krise?
• Der Begriff Krise leitet sich aus dem griechischen Wort »krisis« ab und bezeichnet ursprünglich den Bruch in einer bis dahin kontinuierlichen Entwicklung. Die Dramentheorie kennt die »Crisis« als alles entscheidenden Höhepunkt, der das Geschick des Protagonisten entweder ins Tragische oder ins Komische wendet – wobei Letzteres erleichternde, erlösende Komik meint, nicht lächerlich machende. Der Krise geht häufig der Konflikt voraus, also eine Auseinandersetzung von mindestens zwei Beteiligten, bei der eine Seite etwas beansprucht oder fordert, was die andere Seite nicht annimmt, ignoriert oder zurückweist. Können die Beteiligten einen Konflikt nicht beilegen, kann es zur Krise kommen.
• Krisenforscher Ulrich Krystek[1] sagt: »Krisen sind ungeplante und ungewollte Prozesse von begrenzter Dauer und Beeinflussbarkeit sowie mit ambivalentem Ausgang. Sie sind in der Lage, den Fortbestand der gesamten Unternehmung/Organisation substanziell und nachhaltig zu gefährden oder sogar unmöglich zu machen. Dies geschieht durch die Beeinträchtigung bestimmter Ziele, deren Gefährdung oder sogar Nichterreichung gleichbedeutend ist mit einer nachhaltigen Existenzgefährdung oder -vernichtung.« Krystek betont, dass Krisen überwiegend nicht nur eine Ursache

---

1   Ulrich Krystek, Unternehmenskrisen, S. 6 f., 1987

haben, sondern häufig aus dem Zusammenwirken einer Vielzahl von Faktoren resultieren.[2]

- Kommunikative oder operative Krisen wie das ICE-Unglück von Eschede oder Produktionsfehler kennen in der Regel keine »nachhaltige Existenzgefährdung oder -vernichtung«. Eine Krise ist hier ein Verlust von Kontrolle über Geschäftsprozesse aufgrund von öffentlichen Reaktionen auf das Unternehmen.

- Die einschlägige Marketingliteratur beschreibt Krisen etwas gestelzt als »unregelmäßige, nicht lineare und unvorhersehbare Störungen, gekennzeichnet von Dynamik in verschiedenartigen Intervallen«.[3]

- Eine Krise beschreibt einen Vorfall (oder eine Serie von Vorfällen), der negative Medienberichterstattung in erheblichem Umfang auslöst oder auslösen kann und das Image oder die Glaubwürdigkeit eines Unternehmens oder einer Marke gefährdet. Die Krise ist die dramatische Einschränkung der Handlungsfreiheit des Unternehmens. Typische Merkmale: (fast immer) völlig überraschend, frühzeitige Medienintervention, Informationsüberlastung auf Unternehmens-/Organisationsseite, ungewöhnlicher Verlauf, unvorhergesehene Ergebnisse.

- Richtig ist auch: Der Begriff Krise wird heute (auch von den Medien) inflationär verwendet und bezeichnet vielfach verschiedene Drohszenarien. Nicht alles, was als »Krise« bezeichnet wird, hat mit Blick auf Bedrohlichkeit und mögliche Konsequenzen dieselbe oder eine ähnliche Qualität, Intensität oder zeitliche Dimension.

Das Krisenmanagement

Krisenbewältigung unterscheidet sich im Prinzip in nichts von anderen, meist allerdings weitaus populäreren und angenehmeren Managementaufgaben wie Mitabeiterführung, Prozesssteuerung oder das Überbringen guter Nachrichten im Rahmen einer (Bilanz-)Pressekonferenz. Die alte PR-Regel »Tue Gutes und rede darüber!« (aus dem Bibeltext der Bergpredigt abgeleitet) darf nicht so gedeutet werden, dass im Zweifel das große Schweigen ausbricht, sobald wirklich Schlechtes, also z. B. ein Störfall, passiert. Würde man sich in einem solchen Fall an das Drei-Affen-Prinzip (nichts hören, nichts sehen, nichts sagen) tatsächlich halten – viele, zu viele, tun dies immer noch und immer wieder –, so wäre dies nicht nur

2   Ebd., S. 67
3   Oliver Klante, Identifikation und Erklärung von Markenerosion, 2004

13

höchst unbefriedigend, sondern zudem reichlich realitätsfern; lässt sich doch in Weiterentwicklung der Foucault'schen Thesen auch zum Diskurs- und Realitätsgestaltungsmittel Public Relations formulieren: Effiziente PR, auch Krisen-PR, produziert Wirklichkeit. Und dann passt die alte Formel wieder. Wer in der Krise richtig reagiert und Gutes tut, der soll und muss auch darüber reden.

Was ist überhaupt PR?

Viele Kommunikationsfachleute, vor allem Journalisten, vertreten die These, dass PR weniger der Öffentlichkeit als vielmehr den jeweiligen Interessen des Absenders dient. Wirkliche Definitionen zur Begriffbestimmung von PR gibt es viele. Die folgenden bilden in ihrer Gesamtheit die Praxis der PR vergleichsweise vollständig ab.

- So lautet eine Definition des Berufsverbands der PR-Berater: »Öffentlichkeitsarbeit ist ein kontinuierlicher (über einen längeren Zeitraum hinweg), umfassender Dialog (das heißt in beide Richtungen) einer einzelnen Interessengruppe (Behörde, Partei, Firma, Verband, Organisation, Massenmedien, Jugendliche, einfach jede denkbare Gruppe) mit ihrem gesellschaftlichen Umfeld (Behörde, Kundengruppe, Gegner, Eltern, die gesamte Öffentlichkeit).« Allerdings lassen die Berater wie viele andere Definitionsgeber in ihrer Beschreibung einen wesentlichen Punkt außen vor, nämlich das Ziel von PR.

- Albert Oeckl, der Pionier der PR in Deutschland, stellte die Gleichung »Öffentlichkeitsarbeit = Information + Anpassung+ Integration« auf. PR sei »das bewusste und planbare Bemühen, gegenseitiges Verständnis und Vertrauen in der Öffentlichkeit aufzubauen und zu pflegen.«

- Um eine Synthese aus sage und schreibe 472 Einzeldefinitionen für Öffentlichkeitsarbeit handelt es sich bei folgender Definition des Engländers Rex Harlow aus dem Jahre 1976: PR »ist eine unterscheidbare Managementfunktion, die dazu dient, wechselseitige Kommunikationsverbindungen, Akzeptanz und Kooperation zwischen einer Organisation und ihren Öffentlichkeiten herzustellen und aufrechtzuerhalten. Sie bezieht die Handhabung von Problemen und Streitfragen ein; sie unterstützt das Management im Bemühen, über die öffentliche Meinung informiert zu sein und auf sie zu reagieren; sie definiert die Verantwortung des Managements in ihrem Dienst gegenüber dem öffentlichen Interesse und verleiht ihm Nachdruck; sie unterstützt das Management, um mit dem Wandel Schritt halten zu können und ihn wirksam zu nutzen; sie dient als Frühwarnsystem, um Trends zu antizipieren; und sie verwendet Forschung sowie gesunde und ethische Kommunikationstechniken als ihre Hauptinstrumente.«

Hässliches Wort

Leider gibt es immer wieder Situationen, in denen ausgerechnet die aufgrund ihrer Macht, Marktposition und Medienarbeit in der Öffentlichkeit stark beobachteten Großen ihrer kommunikativen Vorbildrolle im Krisenfall keineswegs gerecht werden und eine »Vogel-Strauß-Politik« betreiben. Dabei erscheint es zunächst durchaus verständlich, wenn das hässliche Wort »Krise« im Ranking der unternehmerischen Pflichtübungen, auch innerhalb der Unternehmenskommunikation, wenn überhaupt, eher am unteren Ende rangiert. Und das, obwohl laut eigener stichprobenartiger Erhebungen über 80 Prozent der befragten Kommunikationsexperten in Unternehmen und im Öffentlichen Dienst der Meinung sind, dass die Bedeutung von Krisenkommunikation in Zukunft zunehmen wird. Das liest sich ganz gut. Doch wie paradox die Situation in Sachen Krisenkommunikation in den Organisationen wirklich ist, beweisen die folgenden Umfrageergebnisse. Sie verdeutlichen die Diskrepanz zwischen der (theoretischen) Einschätzung hinsichtlich der Nützlichkeit bestimmter Instrumente einerseits und deren tatsächlichen (praktischen) Einsätzen andererseits.

Kriseninstrument	Nützlichkeit
SIS (Stakeholder-Informationssystem) regelmäßig aktualisiert und bedarfsorientiert	92,3 %
Medientraining	89,9 %
Krisenstab	87,9 %
Krisenhandbuch	75,5 %
Krisenszenario	75,5 %
Krisenübung	52,0 %
Textbausteine	49,0 %

Nützlichkeit von Kriseninstrumenten für Organisationen

Die Krise passt eben in der Realität nicht in die sonst übliche blütenweiße Hochglanz- und Superlativkommunikation, mit der heutzutage nahezu jede Organisation mehr oder weniger professionell auf dem nach Sensationen und Schlagzeilen gierenden Medienkarussell mitfährt. Das ist und bleibt so lange ziemlich nebensächlich und problemlos, wie es nicht tatsächlich zu einer krisenhaften Situation kommt. Tritt diese jedoch ein, und zwar – wie meist in der internen Wahrnehmung – »völlig überraschend«, »über Nacht« und im wahrsten Sinne des Wortes überwältigend, ist es vorbei mit dem Schönwetter-Management. Aber da das

Instrument	regelmäßig insgesamt
SIS (Stakeholder)	69,2 %
Medientraining	34,6 %
Krisenstab	30,8 %
Krisenhandbuch	27,9 %
Krisenszenario	21,2 %
Krisenübung	17,3 %
Textbausteine	19,2 %

Tatsächliche Nutzung der verschiedenen Instrumente
(Quelle: PRGS 2005/2006. Befragt wurden 500 Organisationen aus Mittelstand, Konzernen und Behörden.)

Leben bekanntermaßen kein Wunschkonzert ist, bei dem sich der Eine oder Andere zwar wünschen und wohl auch erhoffen mag, dass der Krisenkelch an ihm vorüberginge, schert sich die Realität nicht um fromme Wünsche. So trifft die Krise den kleinen Handwerksbetrieb genauso wuchtig und nachhaltig wie den global aufgestellten Energieversorger, den prominenten Sportler, die schlanke TV-Moderatorin ebenso wie die nahezu unbekannte Non-Profit-Organisation. Niemand ist davor gefeit. Besonders das moderne Medienzeitalter, das uns auch und vor allem das Internet beschert, kann Segen, aber auch Fluch sein. Gerade das Netz der Netze gilt als ultimativer Durchlauferhitzer für Gerüchte, Risiko- und Krisenthemen. Was heute noch in den Tiefen eines vermeintlich bedeutungslosen Chats oder Blogs in irgendeinem Portal am anderen Ende der Welt angeprangert wird, kann morgen bereits einen Skandalbericht in Deutschland auslösen.

Nicht warum, sondern wie!

Eine Krise lässt sich also nicht wegdenken oder -wünschen. Sie lässt sich auch nicht ausschließlich auf bestimmte, vermeintlich besonders risikobehaftete Branchen (Pharma, Chemie, Atom/Energie, Genussmittel) fokussieren. Eine Krise ist keineswegs etwas, das immer nur »den anderen« passiert. In Zeiten von Globalisierung und Wettbewerbsdruck, von allgemein hohen Sicherheitsstandards, sozialem Konfliktpotenzial und hoher Risikosensibilisierung der Öffentlichkeit, der Verbraucher, kann jede unternehmerische Fehlentscheidung blitzschnell zu einer Krise führen. Produktrückrufe, Firmenschließungen, Insolvenzen, Fusionen, Störungen, Unfälle, Entlassungen, Erpressungen – alles Situationen, verschuldet oder unverschuldet, vermeidbar oder unvermeidbar, plötzlich oder doch vorhersehbar, die eines gemeinsam haben: Sie verursachen eine (Kommunikations-) Krise. Jahrelange Bemühungen um Transparenz, Glaubwürdigkeit und Vertrauen sind mit einem Schlag umsonst gewesen. Sensationshungrige Fast-Food-Medien auf der ständigen Jagd nach Primärnachrichten in den Krisen- oder Entscheidungszentren und am Ort des Geschehens leisten ihr Übriges, um jegliche Form von Krise zu beschleunigen.

Krisenphasen

Phase 0: Krisenprävention (nicht Bestandteil einer Krise; aber elementar)

Phase 1: Krisenentstehung

Phase 2: Krisenerkennung (Früherkennung, -warnung, -aufklärung)

Phase 3: Krisenbearbeitung (Schadensbegrenzung)

Phase 4: Krisenlösung (z. B. via Neustart/Recovery)

Phase 5: Krisennachbetrachtung (Chancenmanagement, Lernen aus der Krise)

Grundrisiko

Eine Krise lässt sich, jedenfalls meist, tatsächlich nicht vorhersagen und nie am Reißbrett planen und in Gänze abbilden. Sie kann passieren, muss aber nicht. Passagierflugzeuge können in ein Hochhaus gesteuert werden, müssen aber nicht. In einem Atomkraftwerk kann es brennen, muss es aber nicht. Und der omnipräsente, angesehene Geschäftsführer der regionalen Non-Profit-Organisation kann das hauseigene Spendenkonto abräumen, muss er aber nicht. Insofern verhält sich eine professionelle Krisenkommunikation wie eine gute Versicherung, die die wichtigsten Vermögenswerte einer Organisation so umfassend wie möglich schützt. Man versichert sich also der Krisen- und Risikokommunikation, natürlich im Vorfeld, um einen – möglichen, unwahrscheinlichen, nahezu ausgeschlossenen – Schadensfall weitgehend ohne größere Blessuren, kapitale Schäden und nachhaltige (im-)materielle Verluste zu meistern, zu überstehen und am Ende vielleicht sogar gestärkt daraus hervorzugehen. Daher sollte sich längst nicht mehr die grundsätzliche Frage »Krisenkommunikation warum?« stellen, sondern nur noch, wie sie logistisch, personell, finanziell und zeitlich am besten in den alltäglichen Organisationsablauf zu implementieren ist; und zwar umgehend! Was die Krisen-PR als wichtigen Teil der Krisenbewältigung nämlich so bedeutsam und in der Praxis so spannend macht, ist die strategische Chance, das Schlimme zum Guten zu wenden.

Kommunikation in der Krise

Krisenkommunikation ist dabei allerdings mehr als nur eine versicherungstechnische Beruhigungspille für einen imaginären (Un-)Fall. Es ist durchaus bezeichnend, wenn im Rahmen einer Untersuchung der New Yorker PR-Agentur Porter/Novelli zwei Drittel der Befragten glauben, dass es ein Schuldeingeständnis ist, wenn eine Organisation in einer Krise schweigt. Auffallend ist vor allem, dass nicht das Unglück selbst als Skandal betrachtet wird und Kritik auslöst, sondern die Kommunikation in der Krise. Nicht nur deshalb ist Krisenkommunikation weit mehr als eine überhastet eingerichtete, womöglich aus der aktuellen Not heraus geschaffene Planstelle.

Die bloße Gewissheit, dass sie da ist, reicht nicht, um im Fall des Falles einen angemessenen Versicherungsschutz zu genießen. Aber zunächst einmal muss sie da sein. Und hier sind wir heute glücklicherweise deutlich weiter als noch vor einigen Jahren. Selbst wenn Dilettantismus, Inkompetenz und Unfähigkeit, gelegentlich auch Pech, immer noch und immer wieder den Umgang mit »speziellen Kommunikationssituationen« kennzeichnen, selbst wenn große Konzerne wie Vattenfall oder Siemens mitunter alles dafür tun, um in der öffentlichen Wahrnehmung den Eindruck zu erwecken, dass Krisenkommunikation vor allem aus Vertuschen, Verschweigen und Verwirren besteht, ist die professionelle Krisen- und Risikokommunikation in den Chefetagen größerer und großer Unternehmen und Organisationen tatsächlich längst angekommen. Man spricht zwar nicht gern darüber, aber sie ist da; meist jedenfalls und mit steigendem Professionalisierungsgrad. Und nicht immer ist eine negative öffentliche Wahrnehmung identisch mit dem tatsächlichen Handeln und Tun in den Organisationen. Diese sind keineswegs unfähig zu agieren. Nein, häufig stecken die im Krisenfall vermeintlich schlecht kommunizierenden Organisationen fest. Sie stecken fest in bestimmten Form- und Sachzwängen, in Hierarchien oder dezentralen Strukturen, die jede interventive Handlung zeitlich stark verzögert geschehen lassen, mitunter sogar gänzlich unmöglich machen.

Großer Nachholbedarf in Sachen professionelles Krisenmanagement besteht nach eigenen Stichproben indes bei kleinen und mittelständischen Unternehmen, hier besonders im Handwerk, im Non-Profit-Bereich, bei Verbänden, Institutionen sowie, mit einigen wenigen Ausnahmen, vor allem in den Amtsstuben des Öffentlichen Dienstes.

VATTENFALL STELLT SICH IHREN FRAGEN.

0800 - 3 21 21 21 oder unter dialog@vattenfall.de

Sehr geehrte Leserinnen und Leser,

die Ereignisse der letzten Zeit haben das Vertrauen der Öffentlichkeit in Vattenfall belastet. Wir haben Sie nicht offen und umfassend genug informiert. Das werden wir in Zukunft besser machen. Deshalb möchten wir mit Ihnen in einen offenen Dialog treten. Und der fängt mit Zuhören an:

Auf welche Energien wird Vattenfall in Zukunft setzen? Was tut Vattenfall konkret für den Klimaschutz? Wie sorgt Vattenfall für die Sicherheit seiner Kernkraftwerke? Was macht Vattenfall, um besser zu werden?

Stellen Sie uns Ihre Fragen! Wir werden sie Ihnen alle beantworten und in der Öffentlichkeit Rede und Antwort stehen – besonders auch bei kritischen Themen.

Rufen Sie uns einfach kostenlos an: **0800 - 3 21 21 21.** Wir sind von Montag bis Freitag zwischen 8.00 und 18.00 Uhr für Sie und Ihre Fragen da. Und wenn Sie uns lieber eine E-Mail schreiben wollen, ist es unser Ziel, Ihnen innerhalb von 48 Stunden zu antworten: **dialog@vattenfall.de** - oder Sie gehen auf **www.vattenfall.de/dialog.** Dort finden Sie zusätzlich die Antworten auf die meistgestellten Fragen.

Wir übernehmen Verantwortung.

H.-J. Cramer

Hans-Jürgen Cramer
Sprecher des Vorstands der Vattenfall Europe AG

Beispiel für eine Anzeige zur Schadensbegrenzung

Zehn goldene Regeln der Krisenkommunikation

1. Vertuschung ist Selbstbetrug – Mut zur Selbstkritik und Fehlereingeständnisse wirken vertrauensbildend!

2. Aktion schafft Meinungsvorsprung – Reaktion verursacht Rechtfertigungszwang!

3. Kurzfristige Schadensbegrenzung ist nur PR-Kosmetik – erfolgreiche Krisen-PR setzt auf langfristige Neuorientierung und Vertrauensbildung!

4. Krisen-Kommunikation ist Chefsache – aber auch in jedem Mitarbeiter steckt ein Öffentlichkeitsarbeiter!

5. Der Journalist ist weder »persona non grata« noch Säulenheiliger, weder abzublocken, noch zu korrumpieren – konstruktive Distanz im Umgang sowie eine offene und glaubwürdige Informationspolitik zahlen sich aus!

6. Kampflust unterdrücken – es geht nicht ums Gewinnen!

7. Eine angemessene Überreaktion riskieren!

8. Konsensmanagement ist nicht gefragt!

9. Freunde und Feinde überprüfen und involvieren

10. Prävention zur rechten Zeit (Probleme – Issues – Krisen)

Die Realität

Diese Realität einer tatsächlich vorhandenen Krisenkommunikation in vielen Organisationen misst sich nicht in wohlfeilen Pressemitteilungen oder geschickt platzierten »special events«. Man erkennt sie vielmehr an entsprechenden Stellenausschreibungen (»Issue Manager«, Referent »Krisen- und Umfeldkommunikation«), an öffentlichkeitswirksamen Krisensimulationen, an regelmäßigen Weiterbildungsmaßnahmen, angeboten von inzwischen nahezu inflationär abgehaltenen und trotzdem stets gut besuchten Krisenseminaren und Workshops, oder am diskreten Einbinden externer Kommunikationsspezialisten – oder aber letztlich am ziemlich souveränen operativen Handling eines Krisenfalls.

Auf der folgenden Seite werden markante Ergebnisse einer »Befragung zur Krisenbewältigung und Krisenkommunikation in Unternehmen« vorgestellt. Die Studie wurde 2006 an der Universität Bielefeld durchgeführt; sie beruht auf einer repräsentativen Stichprobe und einer Umfrage bei Führungskräften:

Realität der Krisenkommunikation

- Knapp 85 Prozent der befragten Unternehmen haben in irgendeiner Form mit Krisen Erfahrung; »schwere Krisen« haben bereits 47 Prozent der befragten Unternehmen durchlitten.
- Jedes zweite Unternehmen hätte sich rückblickend eine bessere Krisen-PR gewünscht.
- Hauptgründe für eine offenbar problematische Krisen-PR waren die »Unterschätzung der öffentlichen Meinung und der Medien« sowie die »mangelhafte interne Abstimmung und Einigkeit über die Krisenkommunikation«.
- Knapp 58 Prozent der Befragten sagen, dass Strategien zur Krisen-PR schon in der Schublade lägen oder vorbereitet würden.
- Die meisten Unternehmen stimmen der Aussage zu »Die beste Krisen-PR ist die Wahrheit« und nennen »Glaubwürdigkeit und Ehrlichkeit« als Bestandteile einer erfolgreichen Krisen-PR an erster Stelle; abgelehnt wird mehrheitlich die Aussage: »Krisen-PR ist nichts anderes als die Anwendung des gesunden Menschenverstandes.« Bemerkenswert ist hier noch, dass die »positive Offensivkommunikation« relativ selten als Bestandteil erfolgreicher Krisen-PR genannt wird.
- Für die meisten Unternehmen stellen beispielsweise aufgedeckte Bilanzfälschungen oder Lustreisen des VW-Vorstands eine »schwere Krise« dar, während Ackermanns »Victory«-Zeichen oder die Medienkritik an überzogenen Vorstandsgehältern als eher »leichte Krisen« bezeichnet werden. »Kriminelle Mitarbeiter«, »ein Mangelhaft bei Stiftung Warentest« oder »Verstoß gegen gesetzliche Bestimmungen« sind nach Ansicht der Befragten Beispiele für eher »mittlere Krisen«.
- Die meiste Angst haben Unternehmen vor Krisen aufgrund »schlechter Produktqualität« und wegen »Nichteinhaltung von Normen und moralischen Grundsätzen«.

Bemerkenswert ist die deutlich zu beobachtende Professionalisierung im Umgang mit Krisen und krisenhaften Situationen. Viele alltägliche Ereignisse, die früher in einer kapitalen Krise gegipfelt wären, werden heute, fachlich versiert, zunehmend souverän und unauffällig im Hintergrund »gemanaged« und verschwinden, mit dem nötigen Quäntchen Glück, weitgehend unbeachtet im Alltag der Informationsflut aus tatsächlichen Katastrophen, Skandalen und Unglücken. Unauffällig bleibt dies nicht etwa deshalb, weil ver- oder geschwiegen wird, nein, meist ist das genaue Gegenteil der Fall. Unauffällig, weil die Krise mit Hilfe einer professionellen Krisenkommunikation inklusive vorgelagerter Prävention routiniert und auch deshalb ohne besondere öffentlichkeitswirksame Medienbegleitung und -berichterstattung gemeistert wird. Routine ist nicht medienwirksam, geradezu langweilig. Und eine Krise ohne ein entsprechendes Medienecho, weitgehend ohne Öffentlichkeit, ist für die Betroffenen schlimmstenfalls eine intern zu behebende Betriebsstörung, ein rasch lösbares Problem – ohne Zuschauer, ohne Häme, ohne Spott.

Die Vertrauenskrise

Öffentliche, medienbegleitete Krisen, und das sind wohl die meisten »echten« Krisen, sind häufig Vertrauenskrisen. Deshalb zielt die Kommunikation in der Krise darauf, Glaubwürdigkeit und damit Vertrauen zu bewahren oder zurückzugewinnen. Vertrauen ist die wichtigste Basis für Krisenarbeit! Der Verlust des Vertrauens in ein Management, bei Mitarbeitern, Partnern und Medien bedeutet vor allem auch einen Vertrauensverlust in der Öffentlichkeit. Daher ist es auch ein völlig legitimes Ziel der Krisenkommunikation, die öffentliche Meinung, durchaus mit Hilfe der Medien, unter sorgfältiger Beachtung der Tatsachen behutsam positiv zu beeinflussen. Auch die sensible Einbindung psychologischer Aspekte wie Empathie, Mitleid, Angst, Wut gehört in eine verantwortungsbewusste Krisenkommunikation. Die Verantwortung über das gesamte Kommunikationsmanagement obliegt im Krisenfall der obersten Managementebene, da diese meist unter entsprechendem öffentlichem Druck, Zugzwang und unter Beobachtung steht sowie organisationspolitisch gesamtverantwortlich zeichnet. In der Regel liegen Konzeption, praktische Umsetzung und Controlling der jeweiligen Kommunikationsmaßnahmen jedoch nicht bei der Organisationsleitung, sondern dies wird in vielen Fällen auf die Spezialisten in Kommunikationsabteilungen, auf einen Pressesprecher oder einen fachlich versierten externen Dienstleister übertragen. Wichtig ist, dass die Verantwortlichkeiten und Zuständigkeiten im Fall der Fälle klar sind und auch eingehalten werden. Wichtigtuerei, persönliche Inszenierungen oder das Durchsetzen von Hierarchien zu Lasten von Kompetenz und Erfahrung sind gänzlich fehl am Platze. Krisenkommunikation ist nicht trendy, sexy, cool oder gar ein Jahrmarkt der Eitelkeiten. Sie ist praktiziertes Organisationsmanagement und damit ein wesentlicher Bestandteil unternehmerischer und sozialer Verantwortung – heute mehr denn je, da Nachrichten in Sekundenschnelle weltweit verbreitet sind, da sich die Menschen einer gewaltigen Informationsfülle bedienen können und da die Halbwertzeit von Geheimnissen, Verstecken und Delikten merklich geschrumpft ist.

Welche Anforderungen werden an die Krisenkommunikation gestellt?

- Informationsbringschuld zu sämtlichen »We care«-, also Wir-kümmern-uns-Maßnahmen, zu allen bekannten Ursachen, zu sämtlichen voraussichtlichen, möglichen oder bekannten Auswirkungen.
- Eindeutiges Bekenntnis und erkennbarer Wille zur raschen und offensiven Aufklärung. Wer schweigt, überlässt das Feld anderen, die möglicherweise weniger informiert sind.
- Klare Handlungsanweisungen, mit denen sich das Individuum vor den Auswirkungen der Krise eventuell selbst schützen kann.
- Sofern die Umstände eindeutig sind, ist die Übernahme von Verantwortung zu kommunizieren; dies ist nicht gleichzusetzen mit einem Schuldeingeständnis.
- Kommunikation von Vermeidungsstrategien, damit sich eine solche Krise nicht wiederholt.
- Dokumentation und Analyse der veröffentlichten Meinung.
- Dokumentation und Analyse der öffentlichen Meinung bei allen relevanten Bezugsgruppen.
- Umfassende Krisenverlaufsdokumentation inklusive des eigenen Verhaltens.

Die Herausforderung

Frühjahr 2000. Ein TV-Journalist berichtet in der ARD-Sendung »plusminus« über angeblich zu hohe Radiumwerte in deutschen Mineralwässern. Auch die VMH Mineral- und Heilquellen GmbH & Co. KG in Rosbach (VMH Rosbacher) wird als eines der Unternehmen genannt, das angeblich weit über den zulässigen Werten liegt. Die Verbraucher reagieren sofort und wenden sich anderen Produkten zu. Der renommierte Familienbetrieb ist mit dieser bedrohlichen Situation gänzlich überfordert. Zwar versucht er mit einigen halbherzigen, hilflos wirkenden Strategien, vor allem im Produktionsbereich, gegenzusteuern und den Schaden zu minimieren. Doch dann geht alles ganz schnell. Das Unternehmen gerät, auch aus anderen, produktionstechnisch bedingten Gründen, in finanzielle Nöte und meldet im Oktober 2001 Insolvenz an. Die besondere Tragik: Der Radiumvorwurf hatte sich kurze Zeit zuvor als haltlos und die Recherche eines übereifrigen Journalisten als schlampig erwiesen.

Alle Krisen, verschuldet oder unverschuldet, vermeidbar oder unvermeidbar, plötzlich oder doch vorhersehbar, haben eines gemeinsam: Sie aktiv und erfolgreich zu bewältigen ist eine gesamtorganisatorische Herausforderung, vor allem in

Bezug auf Information und Kommunikation. Da sind Profis gefordert! Auch wenn die Erfahrung zeigt, dass in den meisten Fällen die Organisation oder die Marke – anders als in unserem oben skizzierten Beispiel der VHM Rosbacher – auch noch nach der Krise in gleicher Form existiert: Die Krise verzeiht keine Fehler! Nach einer Studie der Markenberatung Publicis wollen 58 Prozent aller Deutschen nicht Kunde eines Unternehmens sein, das negativ in die Schlagzeilen geraten ist. Für 62 Prozent der Befragten hat sich beispielsweise die Markenwahrnehmung von VW durch die Skandale des Sommers 2005 (Lustreisen des Vorstands etc.) »stark verändert«, ermittelte die »Frankfurter Allgemeine Sonntagszeitung« im September 2005. Eine im Vorfeld strategisch geplante und immer wieder geprobte interne und externe Kommunikation und Prävention bietet vielfältige Möglichkeiten, Krisen abzumildern und nachhaltige Folgeschäden in der (Medien-) Öffentlichkeit wenn nicht zu vermeiden, so doch deutlich einzuschränken.

Irrtümer

Irrtum Nr. 1: Der Schaden entsteht durch das Problem, das die Krise auslöst. Schadensbegrenzung ist deshalb Problemlösung.

Falsch. In den meisten Fällen entsteht der größere Schaden durch zu späte und/oder falsche Reaktion und Bewältigung der Krise, nicht durch das zugrunde liegende Problem. In mehr als 90 Prozent aller dokumentierten Krisen ist das eigentliche Problem die kommunikative Bewältigung der Krise.

Irrtum Nr. 2: Wir müssen in der Krise klarmachen, wer eigentlich Recht hat, und wir müssen unsere Gegner überzeugen.

Falsch. Es geht nicht um Recht behalten oder gewinnen. Es geht vielmehr um Vertrauen, Glaubwürdigkeit und Loyalität. Emotionen stehen im Vordergrund, und es geht um effiziente Kommunikation, die stark von Symbolen, Gesten und plakativen Aktionen geprägt wird. Gerade in der Frühphase einer Krise wird die Kommunikation von der Logik des Mediensystems bestimmt.

Irrtum Nr. 3: Wir wissen, worum es geht, und wir kennen die Einstellungen, Meinungen und Reaktionen der Betroffenen …

Falsch. Die wenigsten Unternehmen oder Branchen betreiben eine derartige Meinungsforschung oder aktives Issue Monitoring. In der Krise gilt: »expect the unexpected« – erwarte das Unerwartete! Wer bislang immer nur »gesendet« hat, tut sich einigermaßen schwer, seine Kommunikation auf Zuhören und Dialog umzuschalten und entsprechende Seismographen aufzubauen. Immer noch zu wenige Kommunikationsverantwortliche wissen wirklich, in welchem Spannungsfeld sie sich tatsächlich und alltäglich bewegen.

Eine mäßigende Kriseneinflussnahme gelingt nur, wenn sich alle Verantwortlichen in der Organisation mit den erforderlichen Kommunikationsstrategien und -aufgaben sowie den Personen, die sie ausführen, identifizieren, und zwar von Anfang an, also auch im Vorfeld der Krise, in der Analyse- und Präventionsarbeit, wenn es um schonungslose Stärken-/Schwächenbewertungen geht, sowie im unternehmerischen Alltag. Klarheit, Gradlinigkeit und (Selbst-)Ehrlichkeit sind nicht nur Pflichttugenden im Krisenfall, sondern sollten einen grundsätzlichen Wertekosmos für jegliche Form der organisatorischen Kommunikation darstellen. Wobei Ehrlichkeit nicht zwingend Offenheit bedeutet. Manchmal erfordern es die Umstände, nicht alles zu sagen; aber das, was man sagt, sollte stimmen!

Skandal in der Krise: die Kommunikation

Denn kommen zu der eigentlichen Krisenursache auch noch Fehler in der PR, kann der Schaden exorbitant steigen. Schlimmer noch ist es, wenn die Krisen-PR zu einer PR-Krise führt. Es waren kommunikative Inkompetenzen, die aus einem mittleren Störfall in einem Werk der Hoechst AG eine öffentliche Vertrauenskrise gewaltigen Ausmaßes machten. Aus dem gleichen Grund wurde aus dem Finanzskandal um den Immobilienpleitier Jürgen Schneider eine Personenkrise um Hilmar Kopper, mit der Konsequenz, dass sich weniger der bankrotte Baulöwe, sondern hauptsächlich der Deutsche-Bank-Chef den Angriffen von Medien und Öffentlichkeit ausgesetzt sah. Die kaum vorhandene Krisen-PR der Daimler-Benz AG nach dem »Elchtest« wurde gar zum Kult, weil noch Jahre später nicht nur Experten diese Krise immer wieder als Negativbeispiel bemühten, sondern vor allem weil Komiker und Satiriker in der Öffentlichkeit das Bild der Krise und damit auch das Konzernimage prägten. Es war also erst die Organisationskommunikation, welche die jeweiligen Krisen eigentlich eindämmen und bewältigen sollte, die bei Medien und Bevölkerung massive Empörung hervorrief. Es war die Ignoranz der Manager, die technisch-organisatorische Defekte erst zu Öffentlichkeitskrisen eskalieren ließ und den materiellen wie den immateriellen Schaden potenzierte.

Eine zu jeder Zeit konsequente und konsequent glaubwürdige Kommunikationspolitik – und zwar nach außen wie nach innen – ist für ein effektives Krisenmanagement also unabdingbar. Eine Krise, und auch das zeigen viele Beispiele, muss keinesfalls automatisch zu Imageverlusten oder sonstigen kapitalen Schäden führen. Doch wer vorher nicht das Feld bestellt hat, darf sich später nicht über eine katastrophale Ernte wundern – darum Krisenkommunikation!

Warum Krisenkommunikation?

- Weil nach umfassender kommunikativer Analyse innerhalb und außerhalb der Organisation risikoaffine Produkte, Dienstleistungen oder sonstige riskante Umfeldfaktoren festgestellt werden;

- weil die unternehmerische Verantwortung für Mitarbeiter, Verbraucher, Anwohner, Kunden, Medien, für die Menschen sowie für immaterielle Werte in der Organisationskommunikation ernst genommen und als schützenswert erachtet wird;

- weil auch die dezentralen Risiken von Zulieferern und Partnern kommunikativ nur schwer einzuschätzen sind;

- weil Krisenkommunikation als integraler Bestandteil der Organisationskommunikation begriffen wird;

- weil eine Marke, Reputation, Vorbildfunktion auf dem Spiel stehen;

- weil die Organisationshistorie mögliche Kommunikationsrisiken birgt;

- weil es laufend das Produkt, die Dienstleistung, die Branche betreffende öffentliche Debatten gibt;

- weil das »gefühlte Risiko«, keine Krisenkommunikation vorzuhalten, als zu groß empfunden wird.

2 Mehr als Euro und Cent: Krisenökonomie

Krisenkommunikation ist eine Investition. Immer. Ihre Notwendigkeit lässt sich allerdings nicht ausschließlich mit betriebswirtschaftlichen Kriterien begründen. Wer Krisenkommunikation installieren und erfolgreich betreiben möchte, muss dabei mehr im Auge haben als reine Shareholder-Value-Interessen oder einen schnellen Return on Invest. Spannend ist hier auch der Zusammenhang zwischen Marketingkosten und den Kosten für Krisenkommunikation, sprich: zwischen mitunter gigantischen Marketingetats und häufig eher kümmerlichen, kaum oder nicht vorhandenen Krisenkommunikations-Etats. Wenn man Marketing definiert als sämtliche Tätigkeiten, die darauf ausgerichtet sind, ein Produkt, eine Dienstleistung, eine Marke auf den Markt zu bringen, dann muss ein professionelles Krisenmanagement diese ebenso kostspieligen wie wertvollen Marketingaktivitäten gewissermaßen sicherheitstechnisch ummanteln. Und dieses aus unternehmerischer Verantwortung gerierte Sicherheitspolster kann und soll durchaus wenigstens ein Tausendstel, im Idealfall bis zu einem Hundertstel des Marketingetats kosten. So viel sollte es dem Management schon mindestens wert sein, um eine vernünftige Prävention mit Hilfe von Krisenkommunikation sicherzustellen. Greifbar wird das Ganze dann, wenn die Marke in der Unternehmensbilanz auftaucht und somit einen schützbaren und finanziell exakt definierten Wert darstellt. Damit wird Krisenkommunikation zu einem konkreten Versicherungswert, indem sie einen ausgewiesenen Bilanzwert, eine Marke, schützt.

Glaubwürdigkeit und Akzeptanz

Krisenökonomie ist allerdings mehr als das wirtschaftliche, finanzielle Verhältnis von Aufwendungen und Schäden im Krisenfall. Auch und gerade so genannte weiche Faktoren wie Vertrauensverluste, Ängste, Unwissenheit, Laien-/Expertensicht, Misstrauen usw. gehören unbedingt in eine Krisenbilanz und die vorgelagerte Risikoanalyse. Der psychologische Aspekt dürfte mit Blick auf die Nachhaltigkeit von Schäden (Ängste, Misstrauen) im Krisenfall für alle Beteiligten die weitaus größere Bedeutung haben. Materielle Verluste und Schäden lassen sich vergleichsweise unkompliziert ersetzen; Vertrauen, Glaubwürdigkeit und Akzeptanz indes sind Werte, die sich jede Organisation mühsam verdienen und erarbeiten muss. Und jede Organisation sollte ein großes Interesse daran haben, diese

Werte zu pflegen, zu erhalten und zu schützen. Zu dieser Form unternehmerischer Verantwortung zählt auch die Krisenkommunikation.

2.1 Der psychologische Aspekt

Das griechische Wort »krisis« meint ursprünglich nichts anderes als »Entscheidung«. Es handelt sich also um eine Situation, in der eine Entscheidung dringend erforderlich ist. Im heutigen Sprachgebrauch sprechen wir von »Krise« meist dann, wenn die Organisation – von sich aus oder auf Druck von außen – eine bestimmte Situation als nicht mehr akzeptabel wahrnimmt. Dann sind umgehende Problemlösungen erforderlich, für deren Umsetzung häufig aber die Ressourcen fehlen oder knapp sind. Ressourcenknappheit muss nicht nur Geld-, Personal- oder Zeitmangel bedeuten, sondern z. B. auch, dass nicht genügend Informationen zu Verfügung stehen, um sofort und angemessen reagieren zu können. Zu einer Krise gehören also immer zwei Dinge: Einerseits muss es eine Situation sein, die eindeutig als inakzeptabel charakterisiert wird. Andererseits muss es irgendeine Form von Knappheit geben, die es dem Management nahezu unmöglich macht, eine Routinelösung anzuwenden. Die repräsentative Studie »Befragung zur Krisenbewältigung und Krisenkommunikation in Unternehmen« der Universität Bielefeld, Abteilung Psychologie, aus dem Jahr 2006 förderte hinsichtlich der Wechselwirkung Psychologie und Krise Bemerkenswertes zu Tage.

Krisen-PR ist Psychologie

So beurteilen die Unternehmen die Rolle der wissenschaftlichen Disziplin »Psychologie« besser als die Rolle derjenigen, die diese Disziplin praktisch ausüben, der Psychologen. Demnach sagen jeweils circa 95 Prozent der Befragten, »Krisen PR ist 90 Prozent Psychologie« und »Ich könnte mir vorstellen, dass psychologische Methoden auch in der Krisen-PR sinnvoll sein könnten.«; dem gegenüber haben nahezu zwei Drittel wenig bis kein Vertrauen in die Arbeit von Krisenpsychologen. Diese Diskrepanz mag auch daher rühren, dass das Image des Psychologen schlechter ist als das Image des Fachs Psychologie. Unbekannt dürfte den meisten Organisationen auch sein, dass sich die Psychologie nicht nur aus klinischen oder pädagogischen Ratschlägen speist und gewissermaßen nur für die »psychosoziale Hygiene« zuständig ist. Krisenkommunikatoren sollten wissen, dass die Psychologie sich auch intensiv mit Verhandlungsführung und Kompromissgestaltung, Sozialpsychologie, mit Netzwerken und ihre Dynamiken, Intrigen und Gerüchten beschäftigt. Sie sucht nach Motivationen (auch der Mitarbeiter), den Niederlagen und der Überwindung von Niederlagen. Es wäre folglich fahrlässig, den psychologischen Aspekt (und Rat) nicht bereits beim Aufbau einer Krisen- und Risikokommunikation einzubeziehen. So kommt es auch nicht von ungefähr, dass es Psychologen waren, die das Phänomen der Krise in vier nachvollziehbare wesentliche Elemente unterteilt haben:

Die Organisation merkt, dass die üblichen Problemlösungsmechanismen nicht greifen. Sonst wäre es keine Krise. Das Problem würde sich, z. B. mit Hilfe der üblichen Routinemechanismen, von selbst lösen.

Die Organisation erfährt, dass sie das Problem zwar noch nicht lösen kann, dass aber Unbehagen von innen und Druck von außen wachsen – sie muss reagieren.

Diese anwachsende Spannung mobilisiert im besten Fall innere und äußere Kräfte und setzt damit neue Ressourcen frei. Damit wird eine Notsituation beherrschbar. Es entsteht also gewissermaßen eine neue Routine.

Dieser Mechanismus funktioniert nicht, wenn das Problem nicht oder nur »ein bisschen« gelöst wird. Dann kommt es häufig zum Chaos, zur Desorganisation oder aber zu einer organisatorischen Erneuerung, einer Reorganisation. Aus psychologischer Sicht wäre dies ein typisches Zeichen für eine nicht wirklich bewältigte Krise.

Eine offensive, ehrliche und transparente Kommunikationspolitik, wie sie zunehmend betrieben wird, wirkt – nach außen wie innen – zweifellos deeskalierend. Wer in seinem Handeln und Tun auch intern unterstützt wird, agiert entsprechend selbstbewusster, gelassener, souveräner, sicherer als jemand, der isoliert und defensiv seinen Job absolviert. Ein Kommunikator, der weiß, dass er selbst und seine Organisation auf eine kritische Situation angemessen vorbereitet sind, ist nicht nur im kommunikativen Alltag psychologisch klar im Vorteil. Er weiß, dass er im Krisenfall auch eine bestimmte Erwartungshaltung befriedigen muss und kann. Schnelligkeit, Zuverlässigkeit, Menschlichkeit und Kompetenz sind die wesentlichen Botschaften, die von ihm erwartet werden. Eine Öffentlichkeit und Bezugsgruppen, die sich konsequent informiert fühlen, sind weniger verunsichert, agieren weniger misstrauisch, fühlen sich weniger hingehalten oder, positiv ausgedrückt, sie entwickeln ein sehr viel größeres Identifikationspotenzial gegenüber der Organisation, an deren Entwicklung sie aktiv teilhaben. Andererseits muss aber auch klar sein: Ein schlechtes oder defizitäres oder gar kein Krisenmanagement forciert Ängste, zementiert Misstrauen, bestätigt Klischees und zeitigt die sattsam bekannten übrigen Krisenfolgen.

Skandalbericht

• Positionierung auf der Zeitungstitelseite, Auftaktmeldung in Rundfunk und TV

• stark übertriebene Überschrift (Print) oder Anmoderation (HF/TV)

• Reizworte im Text wie: »Exklusiv«, »Aus gut unterrichteten Kreisen«

• Bedrohungspotenzial wird durch emotionale Begriffe und Superlative geschürt: »Geißel der Menschheit«, »Krebs durch Bier«, »Tod aus der Dose«, »Ultragift, absolut tödlich«, »Nestlé kills Babies!«

• emotionenheischende Fotomontagen und Bildauswahl; zum Thema Dioxin in der Milch: Kinderwagen mit dem Schild »radioaktiv verseucht«

• Pseudoargument: »Wie in der Branche bekannt ist, bestätigen renommierte Experten …«

• Betroffener kommt, wenn überhaupt, kaum zu Wort.

Glaubwürdigkeit und Ängste

Das Wissen, in welcher Form Vorbehalte, Klischees und Ängste in den Köpfen möglicher Bezugsgruppen existieren oder geweckt werden und auch neutralisiert werden können, ist für eine effektive Krisenkommunikation unerlässlich. Zur Glaubwürdigkeit einer Organisation gehört dementsprechend auch, andere Meinungen und Ansichten zuzulassen. Dazu gehören auch Ängste. Ängste sind normal. Ängste kann man nicht wegreden. Sie sind da. Angst vor unbekannten Technologien. Angst vor Nebenwirkungen. Angst vor Krankheit und Tod. Angst vor materiellen Verlusten. Je intensiver bestimmte Krisen die archaischen Grundbedürfnisse des Einzelnen berühren (Essen, Trinken, Wohnen, »Brutpflege«, also Kinder), desto größer die Ängste, desto heftiger die Reaktionen: Flucht, Ablehnung, Aggression, Kampf. Medien, besonders Leitmedien, können diese Ängste noch potenzieren. Mit Ängsten wird Auflage gemacht, werden Reichweiten erzielt, wird das Publikum gefesselt. Bestimmte Medien leben von dieser Art der Berichterstattung. Sie nutzen das oberflächliche oder auch kaum vorhandene Wissen ihrer Rezipienten und gerieren sich als investigativ, kompetent, allwissend, fürsorglich, vor allem aber als Sprachrohr und scheuen sich nicht, sogar vermeintliche Skandale zu erfinden (z. B. Elektrosmog, dessen Gesundheitsgefährdung, wenn es dieses überhaupt gibt, überwiegend als minimal angesehen wird). Die veränderte Medienlandschaft und Medienkultur führen zu einer Ungleichgewichtung zwischen Recherche und Sendebeitrag. Das neue Schlagwort heißt »Infotainment«, das heißt, verkürzt und provokant verdichtet, alle berichten das Gleiche. Nicht mehr der Inhalt zählt, sondern die Nachricht im Ganzen, auch wie sie dargebracht wird, und deren wahrscheinliches Auflagenstärken- und Quotenpotenzial. Eine objektive Berichterstattung über Krisenfälle und Skandale hat es dementsprechend zunehmend schwer durchzudringen, weil sie gegen eine reißerische Berichterstattung betriebswirtschaftlich und inhaltlich häufig chancenlos ist.

Die Ängste des Kommunikators

Ängste gibt es aber nicht nur auf Seiten der Bezugsgruppen einer Organisation. Ängste haben auch die Kommunikatoren, also diejenigen, die die Krise zu verhindern oder zu managen haben. Diejenigen, die das Vertrauen in unser Handeln bewahren, schaffen und fördern sollen. Sie haben Angst vor unbekannten Leichen im eigenen Keller, Angst um die eigene Karriere, Angst vor dem Unvorhersehbaren, Angst vor tendenziöser Berichterstattung. Angst, im Fall des Falles, jenseits von unternehmerischer Hochglanz-Romantik und Schönwetter-Kommunikation, zu versagen. Angst, den Wettlauf gegen die Uhr zu verlieren. Angst, Vertrauen zu enttäuschen. Angst, an der Komplexität der Krisenbewältigung zu zerbrechen. Angst, nicht rechtzeitig wieder zum betrieblichen Alltag zurückzukehren (Business Continuity). Und schließlich: Angst vor der eigene Courage. Alle diese Ängste sind natürlich. Und es ist durchaus auch sinnvoll, sich ihnen zu stellen. Die Erfahrung lehrt zwar, dass in der tatsächlichen Auseinandersetzung mit einer Krise kaum Raum und Zeit bleibt, über solche Ängste wirklich nachzudenken. Aber je intensiver man sich im Vorfeld mit ihnen beschäftigt hat, umso unwahrscheinlicher ist es, dass sie den Protagonisten im Ernstfall lähmen.

Alltag Krise

»Weltweit gerät alle 43 Sekunden eine Firma in eine Krisensituation.«[4] Ob das so stimmt, weiß niemand. Doch muss man nicht wirklich fast den Eindruck bekommen, als gäbe es täglich irgendwo eine neue Krise? Krisen sind ein normaler Bestandteil des Lebens und auch des Geschäfts, wenngleich sie meist eher euphemistisch daherkommen. So spricht der Discounter Aldi angesichts sinkender Umsätze und einer Häufung schlechter Bewertungen seiner Produkte durch die Stiftung Warentest nicht von einer Krise, sondern lieber von Zyklen. Die Beschäftigung mit Maßnahmen zur Krisenprävention ist somit keinesfalls Zeitverschwen-

---

4   Wagner, M.: Kommunikation in Krisensituationen; www.iv-newsroom.at/
     upload_pub/file_182.pdf.

dung zur Abwehr einer rein hypothetischen Bedrohung. Was auch immer in der Presse zu finden ist, hat Sensationscharakter, und diese Sensationen müssen auch politisch verarbeitet werden.

Nährboden der Krise

Wenn wir also über die psychologische Wirkung von Krisen sinnieren, kann der dominierende Einfluss der Medien nicht außen vor bleiben. Eine Krise, die ohne Medien stattfindet, ist keine. Gewagte Theorie? Wohl kaum. Die katalysatorische Rolle der Medien im Krisenfall ist unstrittig. Sie ist greifbar, fassbar, nachweisbar.

Mit Ängsten verhält es sich etwas anders. Sie sind individuell, persönlich, schwer zu verallgemeinern, aber all gegenwärtig. Ängste und aus ihnen erwachsende Parameter wie Unsicherheit, Unwissenheit, Panik sind der Nährboden, auf dem die Krise prächtig gedeiht. Hier muss die Krisenkommunikation in der Praxis genau darauf achten, dass sie nicht noch weitere Zutaten für eine Eskalation liefert, indem sie bestehende Ängste ignoriert oder womöglich sogar steigert.

Ängste führen zur Flucht, zur Aggression oder zur Verweigerung. Oder aber durch die Einwirkung von Krisenkommunikation zu einer »Orientierungshilfe« für eine Zustimmung. Bei einer sachlichen Entscheidung gegen eigene Ängste werden Argumente nur vermeintlich sorgfältig abgewogen. Tatsächlich entscheiden die Gefühle. Ein Passagier mit latenter Flugphobie und jobbedingter Vielfliegerei beispielsweise wird das einzig verfügbare labil anmutende Flugobjekt einer ihm unbekannten »Never-come-back-Airline« nicht oder nur äußerst widerwillig betreten. Weil aber rund 60 Prozent der Menschen unter Flugangst leiden, werden selbst die modernen Flotten von Markengesellschaften oft nur mit einem unguten Gefühl bestiegen. Bei der Auswahl profitiert die starke Marke von einem höherem Grundvertrauen gegenüber dem Billigprodukt. Kommt es aber zu einem Zwischenfall, ist dafür die Enttäuschung (= Vertrauensverlust) umso größer, je stärker die Marke ist. Die Ängste haben sich bestätigt…

Das menschliche Gehirn ist vergleichbar mit einer Zusammenschaltung von Filtern und Verstärkern. Das heißt, der Mensch nimmt Informationen nicht wahr wie der Computer, bei dem Input gleich Output ist. Für den Menschen sind Einspeicherung und Abruf vieler Informationen jeweils zustandsabhängig. Wenn wir also in einer bestimmten Stimmung sind, nehmen wir Informationen entsprechend unserer Stimmung, verbunden mit unserem persönlichen Lebensumfeld (individuelle Interessen, thematische Schwerpunkte etc.) und persönlichen Eigenschaften (Sensibilität, Risikobereitschaft etc.) auf. Sind wir dann in einer anderen Stimmung und müssen die Informationen wieder abrufen, dann wird z. B. in einer depressiven Stimmung alles grau und negativ eingefärbt, was zuvor deutlich

32

positiver war. Zudem sind Menschen Gewohnheitstiere, das heißt, wir sind am erfolgreichsten in Routinesituationen, an die wir uns erinnern. Diese Erinnerungen rekonstruieren wir aufgrund von Vorwissen und Vorurteilen und lassen uns dabei teilweise auch täuschen.

Psychologischer Hebel

Nicht umsonst ist ein wesentliches Element effektiver Krisenkommunikation ein psychologischer Hebel, mit dem die Angstzyklen in den Köpfen der Bezugsgruppen aufgebrochen werden sollen. Dieser Hebel definiert sich über zwei Mechanismen. Der eine heißt »Vermitteln von vertrauensbildender Information«, die Kopf und Herz erreicht. Mit nachrichtlicher, sachbezogener, schneller, aufklärender und umfassender Information erreicht der Kommunikator die Sachebene beim Empfänger; mit Empathie, Offenheit, Ehrlichkeit, mit glaubwürdigem Auftreten, einem sympathischen und vertrauenerweckenden Äußeren sowie mit angemessener Mimik und Gestik berührt er die Gefühlsebene des Adressaten. Der zweite Mechanismus des psychologischen Hebels ist die »Entscheidung der Verantwortlichen für eine unbedingte Aktivstrategie«. Eine erfolgreiche Krisenkommunikation setzt Aktivität voraus. Aktivität, nicht Aktionismus. Aktivität bedeutet strategisch angelegtes Handeln und Tun. Wer z. B. die Ängste anderer nicht negiert, sondern sie akzeptiert, kann dazu beitragen, diese Ängste glaubwürdig abzubauen. Vertrauen schafft man nicht mit Passivität, die erstrebenswerte Meinungsführerschaft (im Wettstreit mit den Medien) erzielt man nicht mit Ignoranz. Eine kritische Situation eskaliert, weil unzureichend kommuniziert und Betroffene nur mangelhaft Zuwendung erfahren. Wer sich defensiv verhält, liefert sich den Angriffen sowie den Themen des Umfelds aus, anstatt selbst aktiv zu werden. Defensive bedeutet nicht nur mangelhafte Gefahrensensibilisierung bis hin zur Gefährdungsleugnung, sondern im Falle des Falles auch einen wachsenden Realitätsverlust. Defensive fördert Ängste, überlässt anderen die Meinungsführerschaft und forciert Misstrauen. Offensiv kommunizieren heißt nicht, in der Sache nachgeben. Offensiv kommunizieren schafft Meinungsvorsprung und vermindert Rechtfertigungszwang. Gerade bei Handlungszwang kommt man mit offensiver Kommunikation aus der Reaktion in die Aktion. Nur eine aktive Kommunikation, verbunden mit eigenen Initiativen, einem eigenen Themenmanagement, selbstbewusstem Auftreten und Handeln, bewirkt eine kontrollierte Reaktion und initiiert bewusste positive Entscheidungen, im Idealfall sogar wider individuelle Ängste. Wenn all dies gelingt, funktioniert der psychologische Hebel der Krisenkommunikation.

2.2 Betriebswirtschaftlicher Aspekt und Evaluation

Gibt es einen realistischen Aufwand zwischen der Arbeit, für die Organisationen von außen wahrgenommen werden, und dem, was die Öffentlichkeit in der Risikobewertung von ihnen verlangt? Das ist allein schon deshalb schwierig zu beantworten, weil es sich bei der Risikobewertung in den weitaus meisten Fällen um ein Wahrnehmungsproblem handelt. Es geht kaum um wissenschaftliche Problematiken, die Anlass für eine Krise wären; meist haben es die Organisationen mit »gefühlten« Risiken zu tun. Allein schon deshalb hoffen alle, die Öffentlichkeitsarbeit betreiben, dass sie niemals in eine kritische Kommunikationssituation geraten und am allerwenigsten in eine, die mit sachlich-wissenschaftlichen Argumenten kaum zu entschärfen ist. Doch natürlich sorgt der Profi für jeden Fall vor. Das ist wie bei einer Unfallversicherung, von der man ebenfalls hofft, dass man sie nie in Anspruch nehmen muss, die jedoch regelmäßig Geld kostet. Prävention, das gute Gefühl, versichert zu sein, kostet eben, unter Umständen sogar sehr viel – Geld, Personal, Zeit. Ein Krisenmanagement zum Nulltarif gibt es nicht. Hier fragt sich nicht nur der Profi: Was kostet eine Krise, was kostet Verunsicherung, was kostet (vermeintliche) Sicherheit? Und ist wirklich jedes Problem mit den finanziellen und operativen Mitteln der Krisenkommunikation lösbar? Wenn man sich z. B. die Bilanz der Maul- und Klauenseuche (MKS) im Februar 2001 in England anschaut, dann kostete die Tilgung der Tierseuche circa 2,8 Milliarden Euro. Hinzu kommen Ausfälle im Tourismus von geschätzt weiteren circa drei Milliarden Euro sowie verlorenes Verbrauchervertrauen, das man, will man es quantifizieren, ebenfalls im Milliarden-Euro-Bereich ansiedeln kann, obwohl es gesundheitliche, MKS-bedingte Beeinträchtigung durch Lebensmittel damals nicht wirklich gegeben hatte. Und bei dieser Krise handelte sich es nicht einmal um ein Kommunikationsproblem, sondern das Ereignis selbst strahlte so stark aus, dass auch weit über Großbritannien hinaus ein allgemeines Gefühl der Unsicherheit entstanden war. Es gibt viele weitere Beispiele, die zeigen, dass eine Krise ganz real Geld kostet, vor allem, wenn eine ganze Branche betroffen ist. Als in der Sendung »Monitor« 1987 ein Bericht über Nematoden in besonders reißerischer Aufmachung erschien, entstanden der Fischindustrie nach eigenen Angaben Gesamtfolgeschäden von geschätzt über 450 Millionen Euro. Der Nitrofen-Skandal: Der Absatz von Bio-Eiern hatte sich damals in den ersten Wochen um 80 bis 90 Prozent abgesenkt. BSE-Krise: Ein Rindfleischmarkt als solcher existierte nach der Krise kaum noch. Letztlich zieht jede Krise, wie auch immer sie kommuniziert wird, ökonomische Verluste nach sich. Es muss also in der Krisenkommunikation vor allem auch darum gehen, diese Verluste möglichst klein zu halten. Dass auch dies trotz eines vermeintlich professionellen Krisenmanagements nicht immer klappt, zeigt die Sandoz-Krise.

Damals brannte in Basel ein Lagerhaus des Unternehmens. Mit dem Löschwasser gerieten angeblich kontaminierte Stoffe in den Rhein. Die Krise war da. Der PR-Chef von Sandoz hat die Krise damals ziemlich schnell und auch relativ präzise analysiert und der Unternehmensleitung gesagt, was passieren wird und dass er 100 Millionen Schweizer Franken benötigt, um größeren Schaden abzuwenden. Leider fand er nicht das Gehör des Vorstands, der gänzlich anderer Meinung war und eher in Richtung Rechtsabteilung liebäugelte. Daraufhin, so erzählte der PR-Verantwortliche später im Kollegenkreis, legte er seinen Posten nieder und ging nach Hause. Das hat dann die Vertrauenskrise bei Sandoz noch zusätzlich verstärkt. Dieses Beispiel zeigt ein weiteres sehr häufig auftretendes Problem in der Krisenökonomie. Es ist mitunter organisationsintern eine Menge Überzeugungsarbeit zu leisten, um der meist streng betriebswirtschaftlich denkenden und agierenden Organisationsleitung zu verdeutlichen, dass es nicht immer nur Schönwetter-PR gibt, sondern dass auch für schwierige Zeiten vorgesorgt werden sollte oder sogar muss und dass dies Geld kostet. Doch warum sollte ein Unternehmer Geld in die Hand nehmen, von dem er weder jetzt noch morgen, vielleicht sogar niemals wissen wird, ob es sich um eine sinnvolle Ausgabe handelt, ob es jemals einen Return on Invest geben wird? Nur auf den bloßen Verdacht hin? Weil es gerade trendy ist? Weil es dazu gehört? Nichts von alledem. Dass es manchmal hilft, zur Lösung derartiger Probleme wirklich rein ökonomisch zu argumentieren, verdeutlicht das Beispiel des Wirbelsturms Katrina, der im August 2005 die südöstlichen USA heimsuchte: 50 Milliarden Dollar Gesamtschaden, tägliche Kosten der Rettungsmaßnahmen 500 Millionen Dollar, Soforthilfe 10 Milliarden Dollar. Dagegen aufgerechnet stehen die vergleichsweise läppischen 14 Milliarden Dollar für das auf 50-Jahre angelegte Küstensanierungsprogramm für Louisiana, das man zwar im Jahr 2000 beschlossen hatte, aber eben nie durchführte, natürlich in keinem Verhältnis. Hätte man das Programm umgesetzt, dann hätte man signifikant gespart.

Mehr als Euro und Cent

Doch gerade im Fall der Krisenkommunikation ist eben nicht immer alles in Euro und Cent messbar. Hier geht es viel um Wahrscheinlichkeiten, Eventualitäten, Möglichkeiten, Wahrnehmungen. Und Konjunktive: »Was wäre, wenn …?«, »Könnte dies oder jenes passieren …?«. Oder rückblickend: »Hätten wir nicht besser …?« Die Überzeugung, ein aktives Krisenmanagement inklusive Prävention angemessen zu finanzieren, steht und fällt mit den Wertvorstellungen, dem Verantwortungsbewusstsein und der Risikobereitschaft der Geldgeber.

35

Ausschlaggebend ist aber auch die Argumentskette des Kommunikationsprofis, die anhand folgender Parameter beispielhaft geknüpft werden könnte:

- Was ist der Organisationsleitung ihre Marke, ihr Produkt, ihre Dienstleistung wert?
- Wie abhängig sind angegliederte, vor- oder nachgelagerte Organisationen vom Wohl der eigenen Organisation?
- Für wie schützenswert erachtet das Management das Organisations-Image, das Fremd- und Eigenbild, die Reputation bei wichtigen Bezugsgruppen?
- Die Drohkulisse im Krisenfall: Kunden- und Imageverluste drohen, Strafen und Schadensersatzforderungen drohen => Kosten drohen!
- Wie riskant ist das (thematische, soziale, politische, ökologische, produkttechnische) Umfeld, in dem sich die Organisation mit ihren Produkten und Dienstleistungen bewegt?
- Wie zufrieden sind die eigenen Mitarbeiter, wie hoch ist die Verlässlichkeit?
- Wie abhängig ist die Organisation von Zulieferern, wie sehr ist die Organisation in einen womöglich risikobehafteten Workflow eingebunden?
- Wie durchsichtig sind die Finanzströme und wer kontrolliert sie?
- Wie bindend sind bestehende gesetzliche Auflagen und Bestimmungen (KonTraG, Basel II)?
- Sind Korruption, Werkspionage, Entführungen, extraterritoriale kritische Situationen (Krieg, Terror) denkbar und wahrscheinlich?
- Wie professionell soll die Organisation auch im Bereich der Presse- und Öffentlichkeitsarbeit, besonders der Krisenkommunikation, aufgestellt sein? Ressourcenfrage: Personal, Zeit, Vertrauen, Know-how.

Während sich die im folgenden Kapitel näher beschriebene Krisen-Evaluation immer nur rückblickend »rechnet« (oder auch nicht), gibt es durchaus auch präventive Betrachtungen, um die betriebswirtschaftliche Rentabilität einer Krisenkommunikation zu prüfen. Hier einige Stichpunkte, die mit Blick auf entsprechende Verhandlungen sicherlich auch argumentative Wirkung haben können:

Krisenprävention als »Versicherung«: Präventive Krisenkommunikation ist durchaus als (symbolische) Pflicht-Versicherung für die so genannten weichen Werte einer Organisation zu verstehen. Wie viel ist eine Marke wert? Wie viel sollte eine Organisation sinnvollerweise in den Schutz einer Marke investieren? Weitere, ebenfalls mit Hilfe von Krisenkommunikation schützenswerte weiche Faktoren sind beispielsweise Image, Qualitätsmanagement und dessen unterschiedliche Zertifizierungen, das menschliche Element (Zulieferer, Mitarbeiter), Organisationskultur, Arbeitsumgebung, Entwicklungschancen.

Return on Invest: Um eine mögliche Rendite des für Krisenmanagement eingesetzten Kapitals zu bestimmen, ist z. B. mit Hilfe einer Szenariotechnik so exakt wie möglich zu eruieren, was die Organisation theoretisch – und im Eintrittsfall tatsächlich – für jeden in Krisenprävention investierten Euro zurückbekommt. Solche Berechnungen unterliegen natürlich gewissen Schwankungsfaktoren, da in weiten Teilen mit Eventualitäten, Prognosen und Unsicherheiten operiert werden muss.

Business Continuity: Hier helfen Recherche, Erfahrung, Wettbewerbs- und Konkurrenzbeobachtung weiter. Fehler, die andere in einer krisenhaften Situation gemacht haben, braucht man nun wirklich nicht noch einmal selbst zu machen. Wie trägt eine gute Krisenkommunikation dazu bei, nach einem »Neustart« (Recovery) möglichst schnell wieder zum Normalbetrieb zurückzukehren? Oder umgekehrt: Wie lange dauert es und gelingt es überhaupt, ein bestimmtes Maß an Normalität wiederzuerlangen, wenn keine Krisenprävention installiert ist? Zahlreiche Krisenverläufe belegen: Je früher und je besser die Krisenkommunikation, desto schneller sind die angestammten Werte wieder zu erreichen.

Reale Kostenersparnis durch Krisenpläne: Nicht alle betriebswirtschaftlichen krisenpräventiven Aspekte sind freiwillige Kürelemente. So hat beispielsweise der Gesetzgeber bereits 1998 die Pflicht des Unternehmens für ein vorausschauendes Risikomanagement unter bestimmten Voraussetzungen gesetzlich verankert. Das Gesetz zur Kontrolle und Transparenz im Unternehmensbereich (KonTraG) hat im Allgemeinen zum Ziel, die Methoden und Instrumente zur Überwachung und Leitung von Organisationen (Corporate Governance) in deutschen Unternehmen zu verbessern; so wurde beispielsweise die Haftung von Vorstand, Aufsichtsrat und Wirtschaftsprüfern deutlich erweitert. Im Besonderen beinhaltet das KonTraG jedoch eine Vorschrift, die die Organisationsleitungen dazu zwingt, ein unternehmensweites Früherkennungssystem für Risiken zu installieren und zu betreiben. So ist der Vorstand verpflichtet, z. B. ein Überwachungssystem einzurichten, um bestimmte Entwicklungen frühzeitig zu erkennen, die den Fortbestand der Organisation gefährden könnten. Entsprechende Aussagen zu Risiken und Risikostruktur der Organisation müssen im Jahresabschluss-/Lagebericht der Gesellschaft veröffentlicht werden. Das KonTraG betrifft nicht nur Aktiengesellschaften, sondern unter gewissen Voraussetzungen z. B. auch viele GmbH.

Auch im Rahmen von Unternehmensbewertungen (Rating), zu denen die Banken durch Basel II (Vorschrift zur Eigenkapitalausstattung der Unternehmen, die vor allem für die Kreditwürdigkeit und -vergabe von Bedeutung ist) gezwungen sind, werden Einrichtung und Betrieb eines unternehmensweiten Risikomanagementsystems von den Finanzinstituten kritisch hinterfragt und auch geprüft.

Ein ganzheitliches Risikomanagement mit angemessenen Krisenpräventionsstrategien verschafft den Organisationen heutzutage nicht nur gute Kredit-, sondern auch durchaus sinnvolle Versicherungskonditionen. Einige Industrieversicherer versprechen eine wirtschaftliche Absicherung gegen den Krisenfall (meist fokussiert auf Produktrückrufe, Entführungen oder ein Fehlverhalten des Managements). Um in den Genuss einer solchen Versicherung zu kommen, muss in der Regel ein überprüfbares Krisen-Managementsystem bestehen oder aber die zu versichernde Organisation muss sich verpflichten, Adäquates aufzubauen. Einige Versicherer agieren nur innerhalb bestimmter Branchen (z. B. Tourismusbranche), andere bieten umfassende, modular aufgebaute und variable Rundumsorglos-Pakete an, inklusive bestimmter Kommunikationsdienstleistungen. Das kann lohnen. Denn die erforderlichen speziellen Kommunikationsmaßnahmen werden im Krisenfall richtig teuer.

Evaluation

»Der Zweck der PR-Evaluation besteht darin, die Wirkung einer PR-Aktion oder eines PR-Programms im Hinblick auf die vorher deklarierten Ziele zu messen – und zwar mit der Absicht, die Qualität künftiger PR-Entscheidungen in dem in Frage stehenden Bereich zu erhöhen. Durch Evaluation soll bestimmt werden, ob die PR-Aktion die angestrebten Zielen erreicht hat oder nicht, warum nicht, ob sie den Aufwand an Geld und Personal wert war oder ob ein anderes Projekt besser gewesen wäre«, schreibt die Deutsche Public Relations Gesellschaft, DPRG, zum Stichwort Evaluation.

Tatsächlich wird das Messen von PR-Effizienz in der Praxis vielfach so leicht eingeschätzt wie das Messen eines gasförmigen Körpers mit einem Gummiband. Für viele vor allem kleine und mittelständische Unternehmen, Behörden und Organisationen ist es ist die vermeintliche Unmöglichkeit einer systematischen und praxisrelevanten Erfolgsprüfung für keine oder nur unzureichende Investitionen in Öffentlichkeitsarbeit oder gar in ein effizientes Krisenmanagement. Klassisches Controlling – im Sinne von Bewerten, Prüfen, Reagieren – aber ist für viele maßgeblich für eine betriebswirtschaftliche Plausibilität und für entsprechende Investitionen. Bei einer Evaluation handelt es sich immer um die retrospektive Abhandlung der Situation. War die Krise letztlich zu etwas gut? Zu etwas gut sind Krisen wohl immer dann, wenn sie Reformen bewirken, nicht Revolutionen erzwingen. Erst wenn alles vorbei ist, kommt die Manöverkritik und die Finanzarithmetik, die es erfordern, sich die eben überstandene Situation erneut vor Augen zu führen und auch noch umfänglich zu analysieren. Dazu sind viele nicht (mehr) bereit. Hinzu kommt, dass die Wahrscheinlichkeit, in eine Krise zu schlittern, von vielen Organisationen nach wie vor nicht als so hoch eingeschätzt wird, um in diesem Bereich (zusätzliche) Gelder zu investieren. Das ist umso unverständlicher, da in vielen durchaus risikoaffinen Organisationen, besonders im öffentlichen Dienst, bereits im normalen Alltag Entscheidungen in einer

Geschwindigkeit getroffen werden, die das Tempo einer klassischen Wanderdüne als Hochleistungs-Sprint erscheinen lassen. Wie soll dann erst im akuten Krisenfall agiert und entschieden werden, wenn es wirklich um die Wurst geht und Schnelligkeit und kurze Entscheidungswege den späteren Krisenverlauf bestimmen? Die meisten Argumente gegen Investitionen in Krisenkommunikation sind keine Argumente, sondern Ausreden und zeigen nur, dass die Verantwortlichen die Zeichen der Zeit nicht erkannt haben oder erkennen wollen, was wiederum durchaus für einen beginnenden Realitätsverlust im Umgang mit bestimmten Kommunikationssituationen sprechen könnte: »Nicht sein kann, was nicht sein darf!« Dass auch die vermeintlich mangelhafte Nachweisbarkeit der Effizienz von Öffentlichkeitsarbeit nicht stimmt, haben sogar Mathematiker mittels einer ebenso praxisuntauglichen wie eindrucks- und gleichwohl geheimnisvollen Formel nachgewiesen:

$$R = \left[\frac{\sum\limits_{i=1}^{n} \left(s_1^i - s_2^i \right) - A}{n} \right] \frac{1}{A} \cdot 100$$

Demnach ist eine PR-Rendite genau dann feststellbar, wenn, sehr vereinfacht ausgedrückt, die Schadensminimierung durch PR größer ist als der finanzielle Aufwand für Öffentlichkeitsarbeit. Dies ist natürlich ein klares Plädoyer für Präventions-PR. Ob man nun selbst nun an solche wissenschaftlichen Abhandlungen glaubt oder nicht: Wer am Erfolgsnachweis seiner mitunter kostspieligen und aufwendigen PR-Aktivitäten interessiert ist, der hat mehr Alternativen, als nur sehr präzise Falsches oder höchst vage Richtiges zu sagen. Und wer im Krisenfall z. B. bei seiner Pressekonferenz lediglich die Zahl der erschienen Journalisten als Erfolgs- oder Misserfolgskriterium seines Krisenmanagements oder als Indiz für das tatsächliche Krisenausmaß ansetzt, kommt im Sinne einer echten Bewertung damit nicht weit.

Evaluation

Evaluation ist die analytische (und wohl auch betriebswirtschaftliche) Basis, um aus der Krise lernen zu können, Strategien zur Nachbereitung von kritischen Ereignissen zu entwickeln und Krisenmanagement als Chancenmanagement zu begreifen. Zudem beschreibt Evaluation das Lernen aus der Krise und die Vorbereitung auf eine neue Krise durch Auswerten und Analysieren des eigenen Krisenmanagements, der öffentlichen Reaktion und der Krisenfolgen. Krisenfolgen können, sofern die Organisation nicht professionell gegengesteuert, verheerend und existenzbedrohend sein. Verlust von Vertrauen und Kompetenz bei wichtigen Bezugsgruppen, Motivationsverluste bei haupt- und ehrenamtlichen Mitarbeitern, Schwierigkeiten bei der Personalrekrutierung, politische Auflagen, gesetzliche Beschränkungen.

PR ist messbar

Der Erfolg von Presse- und Öffentlichkeitsarbeit und Krisenkommunikation ist messbar; qualitativ und quantitativ. Dank erprobter empirischer Methoden lässt sich heutzutage eine Fülle aussagekräftiger Daten erheben, die dazu beitragen, zahlreiche Aspekte der PR-Arbeit zu überprüfen, zu bewerten und zu kontrollieren – und Entscheidungen nicht nur und ausschließlich auf Basis von Eventualitäten und Bauchgefühl treffen zu müssen. Zugegeben: In diesem Spezialgebiet der Öffentlichkeitsarbeit ist die Theorie mitunter weiter als die Praxis. Doch wer Public Relations und Krisenkommunikation betreibt, tut dies aus gutem Grund. Er will wahrgenommen werden, möchte ein Produkt, eine Dienstleistung oder eine Organisation positionieren und schützen, ein Image nachhaltig aufbauen oder verändern, Meinungen »erzeugen«, Vertrauen schaffen, wiederherstellen oder Einstellungen verändern. Solange man von der eigenen PR-Linie überzeugt ist, wird die Effektivität von Public Relations selten in Frage gestellt. Oft kehrt jedoch nach der ersten Euphorie über gelungene Aktionen der Realitätssinn zurück oder es entstehen Zweifel, besonders dann, wenn sich die erhofften Resultate nicht sofort und unmittelbar einstellen. Und ob Investitionen in Krisenkommunikation sich rechnen, erfährt man schlechterdings erst dann, wenn man eine kritische Situation erlebt hat. Das kann nie und häufig passieren. So oder so wird nach Erfolg und Sinn, Kosten und Rendite gefragt.

Für eine maßgeschneiderte PR-Erfolgskontrolle, nicht nur im Krisenfall, sprechen also verschiedene Gründe. Sie dient:

• der Überprüfung der erreichten Änderungen im Meinungsklima gemäß vorheriger Zieldefinition;

- der Ermittlung des Bedarfs mit Blick auf eine Neuausrichtung der PR-Maßnahmen;
- der Legitimation von Budgets und Personaleinsatz;
- als »Frühwarnsystem« für sich ändernde Meinungen, Einstellungen oder Themen;
- als Kriterium zur Bewertung der Qualität der konzipierten und umgesetzten Maßnahmen.

Zieldefinition

Evaluation von Kommunikationsprozessen meint vor allem die Erfolgs- und Wirkungskontrolle. Mit unterschiedlichen Methoden wie Medienresonanzanalysen, Clipping, Markt- und Meinungsforschung oder auch kleinen, meist ad hoc organisierten Feedback-Instrumenten (Kunden-, Besucher-, Mitarbeiterbefragungen) werden Wirkung und Wirksamkeit von Kommunikationsmaßnahmen überprüft. Dies sollte langfristig und kontinuierlich betrieben werden, um Veränderungen erfassen und Zielformulierungen gegebenenfalls korrigieren zu können. Denn ohne eine messbare und konkrete Zieldefinition von gewünschten Ergebnissen (z. B. bei der Festlegung der Kommunikationsziele) ist jede Wirkungsmessung willkürlich und beliebig. Die Zielsetzungen »bekannter werden« oder »Schadensbegrenzung betreiben« allein reichen hier nicht aus. Doch was ist eine messbare Zieldefinition? Beispielsweise diese hier: »Spätestens innerhalb von drei Tagen nach Kriseneintritt ist Business Continuity zu gewährleisten.« Oder: »Innerhalb eines Jahres soll der Bekanntheitsgrad der Organisation um 50 Prozent bei der Beziehungsgruppe Journalisten gesteigert werden.« Aber auch solche Vorgaben sind nur dann sinnvoll, wenn z. B. klar ist, bei welchem Bekanntheitswert man startet; eine »Nullmessung« ist erforderlich. Erst durch Evaluation messbarer Zielvorgaben wandelt sich die Öffentlichkeitsarbeit vom bloßen Aktionismus zu einem kontrollierten und strategischen Kommunikationsmanagement mit klaren Zielen und Ergebnissen. Kriterien für eine praktikable Zielsetzung könnten beispielsweise sein:

Zielgröße: Was wird gemessen?
(z. B. Umsatz, Gewinn, Bekanntheitsgrad, Neukundenzuwachs, Durchdringungsgrad der PR-Botschaften)
Zeitbezug: In welcher Zeit soll das Ziel erreicht werden?
Zielausmaß: Festgelegt entweder in Prozent oder einem spezifischen Messwert

Je nach Risikoanfälligkeit sollten bis zu zehn Prozent des PR-Etats für Evaluations- und Dokumentationszwecke eingeplant werden. Insofern ist die Feedback- und Evaluationsplanung Teil der Taktik-, Zeit-, Kosten- und Maßnahmenplanung innerhalb eines entsprechenden Konzepts. Dabei ist zu beachten, dass nicht alles, was in diesem Zusammenhang theoretisch machbar scheint, für die jeweilige Organisation auch ökonomisch sinnvoll ist. Die Maßnahmen zur Erfolgskontrolle sollten in jeder Hinsicht in einem vernünftigen Verhältnis zur betriebenen Gesamt-PR und zur ermittelten Risikoanfälligkeit stehen.

Indizien für erfolgreiche PR

Natürlich gibt es auch jenseits aufwändiger und kostenintensiver Erfolgskontrollen Präventiv-Indizien, die erkennen lassen, dass sich die eigene PR bereits »rechnet«, so z. B.:

- wenn die Organisation zunehmend mit selbst definierten und entwickelten Themen in den Medien zu finden ist;
- wenn gute Kontakte zu den Schlüssel-Medien bestehen und gepflegt werden;
- wenn sich ein Dialog mit Medien und Zielgruppen einstellt und die Organisation in Meinungsbildungsprozesse einbezogen wird;
- wenn sich ein Vertrauensverhältnis zu wichtigen Journalisten aufbaut und die Organisation als verlässlicher Gesprächspartner über Branchenthemen akzeptiert wird.

Clipping

In der über reine Indizien hinausgehenden Alltagspraxis ist PR-Kontrolle oft nicht mehr als die Zusammenstellung von Zeitungsausschnitten und das Zusammenzählen der Auflagenzahlen. Häufigster Grund: Zeit- oder Geldmangel, nicht einkalkulierte Kosten für die Evaluation, Zweifel am Kosten-Nutzen-Verhältnis und schließlich unklare Zieldefinitionen. Das Sammeln und »Querlesen« von Clippings dient zwar der notwendigen Informations-Basis für die tägliche Arbeit, hat aber mit einer systematischen Aus- und Bewertung wenig zu tun. Zudem erhält man nur subjektive Eindrücke. Aufwändigere Verfahren bedienen sich zusätzlich der quantitativen Inhaltsanalyse. Hier wird im einfachsten Fall die Verbreitung und die Dauer der Berichterstattung gemessen und ausgewertet. Eine qualitative Inhaltsanalyse bewertet zusätzlich auch die Tendenz (positiver, negativer, neutraler Bericht, sind organisationseigene Argumente und Aussagen in die Berichterstattung eingeflossen?) der einzelnen Clippings. Dies macht durchaus

Sinn, wenn es anlässlich von Krisen und Skandalen eine zwar formal umfangreiche Berichterstattung gibt, sie aber inhaltlich keineswegs ausgesprochen positiv für die Organisation zu werten ist. Noch genauer, und vor allem unter vielseitigen Aspekten einsetzbar, ist die Medienresonanzanalyse, die computergestützt auf der Basis von Presseartikeln, TV- und Hörfunkmitschnitten sowie unter Einbeziehung zuvor festgelegter Internetbereiche (Websites, Blogs) eine quantitative und qualitative Inhaltsanalyse vornimmt. Auf Basis der grundsätzlichen Frage »Wer sagt was, wo, wie und mit welcher Wertung über ein bestimmtes Thema oder eine Organisation?«, lässt sich ein genaues Untersuchungsprofil festlegen, das durchaus aussagekräftige Analyseergebnisse liefert. Die Medienresonanzanalyse lässt sich auch auf Einzelprojekte (z. B. Resonanz einer Pressekonferenz im Krisenfall) anwenden. Diese aufwendigeren Erfolgskontrollen sollten jedoch nur durchgeführt werden, um Daten zu erhalten, die die Verantwortlichen zur Entscheidungsfindung befähigen – und nicht zum Selbstzweck. Dafür, z. B. für die interne Kommunikation, reichen oftmals auch weitaus simplere Dokumentationen aus. Übrigens: Gut konzipierte Erfolgsmessungen können durchaus auch unerfreuliche Wahrheiten ans Licht bringen (»Haben wir uns im Krisenfall tatsächlich wie geplant verhalten?«). Es ist dann eine Frage der Einstellung oder Haltung, wie mit einem negativen Ergebnis verfahren wird und ob es konsequent als Anlass zur »Kurskorrektur« genutzt wird.

3 Mut zur Entscheidung: Risikokommunikation ist nicht Krisenkommunikation

»Rauchen gefährdet Ihre Gesundheit«, »Zu Risiken und Nebenwirkungen lesen Sie die Packungsbeilage oder fragen Sie Ihren Arzt oder Apotheker«, »Die Benutzung der Spielgeräte erfolgt auf eigenes Risiko«. So oder so ähnlich wird ein Risiko- oder Gefährdungsbegriff alltäglich an Millionen Verbraucher kommuniziert. Und zwar auf eine Art und Weise, die den Risikobegriff eindeutig und einseitig als Bedrohung charakterisiert. Dass nahezu jede riskante Handlung auch eine Chance birgt, wird in der Öffentlichkeit kaum wahrgenommen. Diese Ambivalenz des Risikobegriffs setzt sich auch im beruflichen Alltag vieler Organisationen fort. Die Absicht, z. B. mit Public Relations positive Impulse für die Organisation zu setzen oder negative Einflüsse von der Organisation abzuwenden oder zu verhindern, bleibt stets eine riskante unternehmerische Entscheidung mit vier unterschiedlichen Ergebnisoptionen:

Riskante Handlung: Die Organisation betreibt Public Relations
Günstiger Verlauf → hohe Akzeptanz, steigende Bekanntheit, positives Image
Ungünstiger Verlauf → Kommunikationsfehler oder Unprofessionalität führen zu Imageverlusten und engen die Handlungsspielräume ein

Riskante Handlung: Die Organisation unterlässt Public Relations
Ungünstiger Verlauf → Mediendruck wächst, Imageschäden, Reputationsverluste
Günstiger Verlauf → keine (womöglich unprofessionelle, missverständliche) Kommunikation stört den organisatorischen Status quo

Fest steht: Riskante Handlungen sind im Moment ihrer Ausführung immer ergebnisoffen. Indes stellt sich gerade bei den oben angeführten Beispielen die Frage, ob derartige Warnhinweise das offenbar riskante Verhalten des Konsumenten tatsächlich wesentlich beeinflussen. Wer raucht, riskiert mit einer gewissen Wahrscheinlichkeit, später an bestimmten Krankheiten zu leiden. Diese zukünftige Wahrscheinlichkeit ordnet der Rauchende aber dem Genuss der Gegenwart unter und pafft munter weiter. Vielleicht weniger aus einem gesteigerten Selbstbewusstsein oder einer bewussten Ignoranz heraus, sondern vielmehr aus einer grundsätzlichen Unsicherheit und Unwissenheit darüber, wie die Zukunft aussieht. Risiko und Zukunft sind zwei Seiten derselben Medaille. Risiken realisieren sich, wenn überhaupt, erst in der Zukunft. Es wird also erst später zu überprüfen sein, wie riskant Rauchen und Spielgeräte wirklich waren und welche Wechselwirkungen dem einen oder anderen Medikament tatsächlich innewohnten. Dass das (einseitig) kommunizierte Wissen ob möglicher Produktrisiken die Organisation keinesfalls von irgendwelchen Haftungsansprüchen freistellt, zeigen die gewaltigen Schadensersatzzahlungen der amerikanischen Zigarettenindustrie. Hier kam, neben anderen industriepolitischen Arabesken, noch besonders erschwerend hinzu, dass die kommunizierten Risiken wider besseres Wissen keineswegs vollständig benannt worden waren. Wer also Risiko- oder auch Krisenkommunikation dergestalt praktiziert, lediglich das zu verkünden, was er für vertretbar und opportun hält oder was die Öffentlichkeit ohnehin schon weiß, sowie maßgebliche Risikopotenziale bewusst verschweigt, der spielt mit dem Feuer. Interessant ist der Warnhinweis zum Rauchen übrigens auch deshalb, weil er tatsächlich von einer »Gefährdung«, nicht von einem Risiko spricht. Gefahr und Risiko werden in der Fachliteratur unterschiedlich definiert. Einmal werden sie gleichbedeutend behandelt, im weitaus überwiegenden Teil jedoch klar unterschieden. Die Gefahr wird dann meist als etwas Unvermeidliches, von außen Kommendes angesehen (Hai-Attacke, Blitzeinschlag), das Risiko aber als Folge des menschlichen Handelns oder Unterlassens (Rauchen, Straßenverkehr). Folgt man dieser sicherlich diskussionswürdigen scharfen Trennung, dann wird deutlich, dass es im Fall von Risiken konsequenterweise auch Risikoverursacher, sprich: »Schuldige«, gibt, die später zur Verantwortung gezogen werden könnten. Wenn wir also, obige These nach wie vor voraussetzend, von Risikokommunikation bei Organisationen sprechen, meinen wir die Kommunikation von Menschen (Sendern), die Verantwortung dafür tragen, dass Risiken produziert werden. Und sollte sich das Risiko, das man im Vorfeld kommunizierte, dann irgendwann tatsächlich (beim Empfänger) realisieren, sind die potenziell Verantwortlichen (Schuldigen) schnell zu identifizieren und zur Rechenschaft zu ziehen. Dies wiederum ist das Risiko der Risikokommunikation.

Risiko- und Krisenkommunikation

»Krisenkommunikation ist Risikokommunikation unter erschwerten Bedingungen: Der Schaden ist eingetreten.« So plakativ beschreibt der Experte Peter Wiedemann die Gemeinsamkeiten, aber auch die Unterschiede beider Kommunikationsdisziplinen. Während also die Risikokommunikation lediglich (theoretische) Risiken klassifiziert, quantifiziert, analysiert und dies schließlich kommuniziert,

beinhaltet die Krisenkommunikation alle praktischen kommunikativen Gegen-
maßnahmen zur Vermeidung, Schwächung und Beilegung bereits existenter,
»passierter« Krisen. Die Risikokommunikation umfasst auch die Aufklärungs-
und Präventions- sowie die Legitimationskommunikation (hier sei beispielhaft
die NPO Greenpeace erwähnt, die großen Wert auf sämtliche Informationen legt,
die ihre zum Teil spektakulären Aktionen legitimieren). Risikokommunikation
ist zudem – ebenso wie Krisen- und Störfallkommunikation – gewissermaßen
Metakommunikation, das heißt, auch die Art der Kommunikation (Tonfall,
Mimik, Gestik etc.) wird zum Inhalt der Kommunikation. So verwirrend dies
theoretisch klingen mag, so eindeutig klärt Metakommunikation in der Praxis
eine bestimmte Kommunikationssituation.

Vereinfacht lässt sich also sagen, dass Krisenkommunikation erst einsetzt,
nachdem sich ein (eventuell zuvor kommuniziertes) Risiko realisiert hat. Dieser
kausale und temporäre Zusammenhang zwischen Risiko- und Krisenkommunikation ist unter Experten freilich nicht unumstritten, klammert er doch diejenigen (allerdings wenigen) Krisenfälle aus, die nach menschlichem Ermessen völlig
unvorhersehbar und deshalb im Vorfeld auch nicht kommunizierbar waren. Insofern sind Krisen auch trotz eines umfänglichen Risikomanagements möglich.
Oder umgekehrt: Gar kein oder ein mangelhaftes Risikomanagement führt nicht
unmittelbar und immer zur Krise.

Risikokommunikation ist kein Harmonieinstrument. Es ist ein Aberglaube,
dass alle Konflikte sich beilegen ließen, wenn man nur ordentlich miteinander
darüber reden würde. Konflikte um Risiken entstehen, wenn unterschiedliche
gesellschaftliche Gruppen unterschiedlicher Auffassung darüber sind, ob ein
Risiko besteht, wie groß es ist und ob die vorhandenen Sicherheitsmaßnahmen
ausreichen. Dann müssen von allen Parteien ehrliche Meinungen ausgetauscht
und diskutiert, wahre Interessen und Gefühle offengelegt und geäußert werden.
Das hat mit Harmonie nichts, mit strategischem Konfliktmanagement dagegen
sehr viel zu tun.

Laien treffen Experten

Dieses Phänomen wird dann besonders deutlich, wenn Laien- und Expertenmei-
nungen aufeinanderprallen. Beispiel: Das Bundesinstitut für Risikobewertung
wollte im Rahmen einer Umfrage wissen, wovor sich Verbraucher am meisten
fürchten. Überdurchschnittlich häufig lautete die Antwort »vor Lebensmitteln«.
Gemeint waren dann belastete Lebensmittel, genmanipulierte, verseuchte, mangelhaft gekennzeichnete oder umverpackte, umetikettierte Lebensmittel. Die
Ansicht von Experten weicht dagegen von dieser einseitigen Wahrnehmung stark

ab. Experten sehen Risiken als mögliche Ursache-Wirkung-Ketten. Dabei spielen Wahrscheinlichkeitsschätzungen von Schadensereignissen eine wichtige Rolle. Laien dagegen sehen Risiken in sozialen Zusammenhängen und navigieren im Alltag meist unbeschwert auf dem Meer des Nichtwissens. Hier kollidieren also ganz unterschiedliche Vorstellungen von Risikoqualität (noch Gefahr oder schon Risiko?) und Risikoquantität (ist jedes Lebensmittel, jedes Kraftwerk riskant?). Diese unterschiedlichen Denkwelten sind bereits in der präventiven Krisenkommunikation zu berücksichtigen. Journalisten verstehen sich übrigens meist als Brückenkopf zwischen Laien und Experten, meist mit klaren Sympathien in Richtung Laie. Es ist die Sichtweise der Laien, die bestimmt, wie eng das Risiko mit der Organisation verknüpft wird und welches Image die Organisation in der öffentlichen Meinung hat. Daher ist es wichtig, dass die organisationseigene Risikokommunikation sich als Dialoginstrument versteht und sowohl Experten- als auch Laienhearings abbildet. Dialog in der Risikokommunikation heißt nicht, lediglich einen Informationsanspruch zu befriedigen. Hier geht es um die tatsächliche Einbindung relevanter Gruppen: Anliegen werden aufgegriffen, Empfehlungen werden ausgetauscht, bis hin zur aktiven Mitwirkung an Entscheidungen, z. B. bei Standortfragen. Doch Vorsicht, nicht alle Risikothemen sind handwerklich gleich kommunizierbar! Die Inhalte der Risikokommunikation müssen auf die Bedürfnisse, Fragen und das Verständnis der entsprechenden Bezugsgruppen – auch der Laien – zugeschnitten sein. Denn aus einem vermeintlich unscheinbaren Laienthema kann sich schnell ein Risikothema und daraus wiederum eine handfeste Organisationskrise entwickeln. Die Risikokommunikation hat also nicht nur mit Inhaltsvermittlung zu tun, sondern ihr Erfolg und Misserfolg messen sich auch ganz wesentlich an der Beziehungsqualität aller beteiligten Gruppen.

Beziehungen

Spannend sind daher sicher auch die Sichtweisen von Experten, die die Unterschiede zwischen Krisen- und Risikokommunikation weniger inhaltlich, sondern formal, nämlich in einem bestimmten Beziehungsgeflecht, festmachen. Hier verfolgt Risikokommunikation das Ziel, die Distanz zwischen Betroffenen und Entscheidern zu reduzieren. Krisenkommunikation hingegen verfolgt das Ziel, die Rolle des Entscheiders zu reduzieren und die nachträgliche Zuweisung der Rolle »Entscheider« zu verhindern. Risikokommunikation basiert insoweit auf der positiven Bewertung von Kompetenz, Fairness und sozialer Verantwortung der Kommunikationspartner und mündet in wechselseitigem Vertrauen. Ob und inwieweit bestimmte Gruppen der Organisation tatsächlich Vertrauen entgegenbringen, lässt sich mit einem kleinen Vertrauens-Audit z. B. in Form eines kleinen

Fragenkatalogs für wichtige Interessengruppen vergleichsweise objektiv überprüfen (Agieren Organisationsvertreter fair? Verhandeln sie ehrlich? Täuschen sie? Sind sie zuverlässig? Halten sie sich an Absprachen? Argumentieren sie wahrheitsgemäß? Zeigen sie auch Interesse an Belangen und Befürchtungen jenseits der eigenen Sicht?). Ohne eine solche überprüfbare positive Einschätzung scheitert Risikokommunikation, da sie sich nicht wirklich mit den Fragen und Nöten befasst, die, von wem auch immer, in die Risikodebatte eingebracht werden. Auf dieser Grundlage baut sich eine stabile Risikokommunikation auf.

Lohnende Risikokommunikation

Unstreitig ist, dass ein vorgelagertes Risikomanagement sehr wohl Einfluss auf Dauer, Intensität und Verlauf einer Krise hat. Es geht dabei immerhin um Fragen der Gerechtigkeit, Kosten/Nutzen, des richtigen Umgangs mit dem Risikopotenzial sowie um Vertrauen und Glaubwürdigkeit. Auch hier sollte evaluiert werden: Welche Erfahrungen und Erfolge sind im Hinblick auf die installierte Risikokommunikation zu verzeichnen? Welche Defizite werden offenbar? Welche neuen Risikothemen und -probleme kommen auf die Organisation zu? Dies trägt dazu bei, dass es sich sehr wohl lohnen kann, die »Krisen-PR« einer Organisation bewusst in eine präventive Risiko- und eine operative Krisenkommunikation zu gliedern. Das Problem: In der Praxis werden beide Begriffe – Krisen- und Risikokommunikation – meist unter dem Dachbegriff »Krisen-PR« subsumiert, was den »Risiko«-Faktor in den meisten Fällen ideologisch und operativ ausklammert. Das ist umso unverständlicher, wenn man weiß, dass viele Kommunikationsexperten die Ansicht vertreten, dass die Risikokommunikation im Idealfall sogar eine derart intensive Wirkung entfalten könne, dass das befürchtete Ereignis, die Krise, womöglich gar nicht erst eintritt, nach dem Motto: Gefahr erkannt, Gefahr gebannt. Risikokommunikation ist quasi der Brandmelder, Krisenkommunikation der Feuerlöscher. Doch sehen dies längst nicht alle so. Kritiker offensiver Kommunikationsstrategien sehen bei allzu viel Risiko-Transparenz die Gefahr selbstinduzierter Krisen. Warum sollte man schlafende Hunde wecken? Tatsächlich kostet es ein gehöriges Maß an Überwindung und an Mut, freiwillig die Hand in die eigenen Wunden, also die organisationseigenen tatsächlichen oder vermeintlichen Schwachstellen, zu legen. Dennoch kann nicht lautstark genug für eine strategische Risikokommunikation geworben werden. Jede Organisation, die sich für eine professionelle Krisenkommunikation entscheidet, sollte auch den Mut haben, eine ebenso professionelle Risikokommunikation vorzuschalten. Das Risikoprofil von Organisationen mag sich mit der Zeit ändern. Alte Risiken gehen, neue kommen. Wichtig ist nach Ansicht von Fachleuten neben der offenen Kommunikation aber auch, nach schmerzhaften Einschnitten neue Perspektiven aufzuzeigen (Changemanagement). Dementsprechend flexibel muss die organisationseigene Risikokommunikation aufgebaut sein.

Risikokommunikation

Welche Anforderungen werden an die Risikokommunikation gestellt?

Operative Risiken fachlich analysieren, einschätzen und bewerten.

Was muss vermittelt werden?

Mögliche Ängste aller Beteiligten erkennen und ernst nehmen.

Auf welche Fragen muss man sich einstellen?

Betrachtung der Lage durch die Brille der Laien.

Wie, was und womit kommuniziert man am effektivsten?

Lösungsansätze sowohl sachlich als auch emotional zur Diskussion stellen.

Wird man verstanden? Welche Vergleiche, Bilder, Erfahrungen können helfen, Risiken zu verdeutlichen?

Die beteiligten Stakeholder sensibilisieren und bewusste Entscheidungen herbeiführen. Auffangszenarien entwickeln, falls aus dem Risiko der Ernstfall wird.

4 Ängste entstehen im Kopf: wie Krisen wahrgenommen werden

Information ist alles. Doch wer informiert eigentlich wirklich? Wir leben in einer Welt, in der wir uns vor allem mit Hilfe der Medien informieren oder informieren lassen. Ja, es stimmt zwar: Die allgemeine Medienskepsis wächst proportional zur ebenfalls anschwellenden Medienvielfalt, während die Qualität journalistischer Erzeugnisse rapide abnimmt. Flüchtigkeit, Oberflächlichkeit, Nachlässigkeit kennzeichnen viele Medienangebote unserer Zeit, aber auch die Medienkonsumenten selbst. Der Spruch »Wir haben die Medien, die wir verdienen« ist so falsch nicht. Man darf aber auch nicht außer Acht lassen, dass das, was für Unternehmen, Behörden oder Institutionen bereits Ausmaße einer Krise sind, sich für das Medium eher meist (noch) als Skandal darstellt.

Die Medien haben den Helikopter-Blick, sie schauen von außen und von Oben auf das Geschehen und stellen fest: »Das ist ein Skandal, was da passiert ist!« Sicher, bei der Entstehung des Skandals spielen die Medien eine entscheidende Rolle. Skandale sind keine Naturereignisse, sondern sie werden lanciert, und sie werden eben gelegentlich von den Medien auch aufgebauscht. So etwas folgt einer eigenen psychologischen Dramaturgie. Wenn man berücksichtigt, dass Medien im Prinzip drei Aufgaben zu erfüllen haben – informieren, unterhalten und Service bieten –, handelt es sich im Fall der Skandalberichterstattung sicherlich zu einem gewissen Teil um Information, aber ganz wesentlich auch um Unterhaltung des Publikums. Ein Skandal ist einfach auch spannender Stoff, Aufreger, die uralte Geschichte von Gut und Böse. Zu Ethik und Qualität im Journalismus werden und wurden schon immer viele Diskussionen geführt. Während vor allem Journalistenorganisationen den zunehmenden Verlust jeglichen journalistischen Anspruchs konstatieren, natürlich gekoppelt mit einem immensen Qualitätsverlust aufgrund der fortschreitenden Ausdünnung qualifizierten Redaktionspersonals, bauen die Medienverantwortlichen ihre Unternehmen mehr und mehr zu streng profitorientierten Medienfabriken um. Trotz Schleichwerbungskandalen, unverblümter PR-Kommunikation und fahrlässiger Rechercheleistungen genießen deutsche Medien dennoch weithin und immer noch eine große Glaubwürdigkeit beim Konsumenten – mit entsprechend großem Einfluss.

Unverändert dagegen ist zunächst unser Misstrauen, wenn das uns seit vielen Jahren bekannte, aber wenig vertraute Unternehmen davon spricht, es habe zu »keinem Zeitpunkt eine Gefahr für die Bevölkerung« bestanden. Trotz einer deutlich kritischeren Medieneinstellung glauben wir dieser Entwarnung erst wirklich und wahrhaftig, wenn die Medien die Aussage des Unternehmens mehrfach bestätigen; wir verlassen uns immer noch gern und vor allem auf das, was schwarz auf weiß in der Zeitung steht oder via Bildschirm verkündet wird.

Aber all das funktioniert natürlich auch umgekehrt. Die moderne Medienlandschaft kann Menschen, Organisationen zur Schau, ja, an den Pranger stellen, Produkte fördern, protegieren, vernichten, sie gewissermaßen erst machen. Wie oft werden dramatische Bilder und Bildcollagen in die Köpfe der Menschen transportiert, real oder subversiv, Bilder von Gift aufnehmenden Kindern, Angehörigen und Freunden. Wenn es keine passenden Bilder gibt, erzeugen die Medien die gewünschten Bildwelten beim Konsumenten mit blumigen Texten und plakativen Schlagzeigen. Solche Bilder erzeugen Emotionen. Immer. Emotionen sind die Grundlage der öffentlichen Meinung, und diese letztendlich die Lizenz zum Handeln. Wenn man komplexe Sachverhalte nicht selbst beurteilen kann und den Argumenten der Experten nicht (mehr) traut oder sie nicht versteht, dann bekommen Bilder und Symbole eine zentrale und prägende Bedeutung. Dabei ist es völlig egal, ob sie wirklich zutreffen oder nicht. Wichtig ist, dass sie zum Handeln zwingen. Und so entsteht eine Eigendynamik, die sich über alles hinwegsetzt: über die klassischen rationellen Bewertungssysteme mit Grenz- und Richtwerten, über die Meinungen führender Experten, über eigene Vorurteile und Klischees. Die Krise entkoppelt gewissermaßen die wissenschaftliche von der öffentlichen Bewertung. Neutrale Fakten werden plötzlich in einen neuen, einen politischen und gesellschaftspolitischen Kontext gestellt. Wie oft hören wir die Floskel »Der öffentliche Druck ist zu groß geworden!«, den Satz, der erklärt, entschuldigt, rechtfertigt, warum der Politiker X zurückgetreten, der Trainer Y entlassen, das Produkt Z vom Markt genommen wurde. Alle Macht geht von den Medien aus.

Medien machen Ängste

Die Medienrepublik Deutschland gibt nicht nur Entwarnung, sie ist – gelegentlich berechtigt, häufig unberechtigt – auch in der Lage, Ängste zu schüren, sie gleichsam erst entstehen zu lassen. Viele Medienvertreter machen keinen Hehl aus ihrer Profession, sich ihre eigene Krise zu suchen, stets auf der Suche nach den vier Zutaten für eine deftige Skandalsuppe: Man nehme einen wohlklingenden Schadstoff (z. B. das HI-Virus), reichere ihn mit etwas Kontamination an (hier lebenswichtiges Blut), gebe, fein abgeschmeckt, die richtige Dosis Drama und Enthüllung dazu (Zitate aus vorsätzlich unter Verschluss gehaltenen Dokumen-

ten) und schmecke die ganze Soße am Ende mit der Wahl des richtigen Veröffent-
lichungszeitpunkts ab (mediales Sommerloch) und fertig war der Blut-Aids-
Skandal anno domini 1994, an dessen Ende dann überraschenderweise die Auf-
lösung des Bundesgesundheitsamts stand.

Angst-, Panik- und Krisenmache

Haben wir nicht alle schon tendenzielle, einseitige, Stimmung machende Berichte
gegen Gentechnologie, gegen einen bestimmten Politiker, gegen Fastfood, ja,
sogar gegen das eine oder andere vermeintlich heilbringende Medikament gelesen, gesehen, gehört? Und haben wir im Fall des Falles nicht festgestellt, dass
unser Verhalten davon nicht unbeeinflusst bleibt? Gen-Food bleibt liegen, der
amerikanische Präsident ist ein Kriegstreiber, Atomkraftwerke sind gefährlich,
und das mit der Kontamination bei diesem oder jenem Lebensmittel haben wir ja
immer schon geahnt. Die Krise kennt keine Grautöne. Indem sie nur noch eine
Sichtweise zulässt, ist sie weder lösungs- noch konsensorientiert. Und auch hier,
im Fall der medialen Angst-, Panik- und Krisenmache, ist die Glaubwürdigkeit
der Medien beim Rezipienten noch immer deutlich größer als jedes noch so
inbrünstig vorgetragene Dementi einer Organisation, eines Betroffenen, die ja
allesamt doch nur eigene, womöglich wirtschaftliche Interessen verfolgen. Je
komplexer das Thema, je rudimentärer das eigene Wissen, je größer die eigene
Betroffenheit und je »reißerischer« die Berichterstattung, die zudem noch
bestimmte Grundängste berührt und Klischees bedient (»Tödliches Kebab«,
»Rückrufaktion: gefährliches Spielzeug«, »Gift für Kinder«), desto schneller neigt
der Rezipient dazu, sich eine einseitige Meinung zu bilden, nämlich die vorgege-
bene. Verifikation? Falsifikation? Unnötig. Es stand doch in der Zeitung, und
»Mister News«, RTL-Kloeppel, hat es bestätigt; wird also schon stimmen.

Unser Gehirn, die darin gespeicherten Werte und Überzeugungen, lassen sich
durch diese äußeren Reize (Medien, aber auch Ereignisse) maßgeblich beeinflussen. Eine daraus resultierende Verzerrung, Generalisierung oder gar Tilgung eines
bestimmten Sachverhalts geschieht dabei ganz unbewusst. Das bewusste Steuern
von Prozessen und das bewusste Einordnen und Gewichten äußerer Einflüsse
funktioniert indes nur dann, wenn wir konkrete Entscheidungen, eigene Einstellungen oder persönliche Erinnerungen und Erfahrungen mit diesen Impulsen
von außen verbinden. Eine vergleichsweise unkritische Mediengläubigkeit weiter
Teile der Bevölkerung und die damit einhergehende Meinungsmanipulation sind
ganz wesentliche Aspekte bei der Psychologie von Krisen und der Analyse der Krisenanfälligkeit. Welches Vorwissen besteht? Welche Klischees werden bedient?
Wie groß ist der Grad persönlicher Betroffenheit? Wie stehen die Medien zu

bestimmten Organisationen, deren Themen und deren (Führungs-)Personal? Und: Wie ist deren Fremdbild, auch im Verhältnis zum Eigenbild? An eine Organisation mit dem Image »hohe Zuverlässigkeit« stellt die Öffentlichkeit besonders hohe Ansprüche. Bei Zwischenfällen reagiert sie deshalb stets enttäuscht, oft überkritisch, ja, sogar übertrieben. Beim Nitrofen-Skandal im Jahr 2002 ging es um das überraschende Auftauchen eines seit langem verbotenen chemischen Stoffs in Getreide und tierischen Produkten, vor allem in Eiern. Damals gab es die öffentliche Aussage von Ärzten, dass Schwangere nach dem Verzehr von Eiern, angstgetrieben vor möglichen Nitrofenspuren im Ei, die brisante Frage stellten: Wird mein Kind geschädigt, muss eine Abtreibung empfohlen werden? Also eine hochdramatische individuelle Gefühlslage, die man als Krisenmanager durchaus ernst nehmen musste. Man tut also gut daran, in einer Krise genau zu beobachten, wer überhaupt an der Krise beteiligt ist, wer in der Krise kommuniziert, welches gesicherte Wissen vorliegt und wie kommuniziert wird, um letztlich zu einer vergleichsweise objektiven Beurteilung des kommunikativen Status quo zu kommen.

Denn nur daraus lässt sich eine Strategie entwickeln, um mit den Ängsten aller Beteiligten umzugehen. Und genauso wichtig ist es zu verstehen, welche Prozesse sich wie auf die Wahrnehmung der Menschen in Krisensituationen auswirken.

Die Wahrnehmung der Menschen in Krisensituationen

Sitzt der Verbraucher, Bürger, Politiker abends vor dem Fernseher und schaut sich die Nachrichten an, so nimmt er eine Vielzahl mehr oder weniger wichtiger Informationen auf. Sie werden verarbeitet und auf irgendeine Weise in zukünftiges Handeln und Denken integriert.

Doch wie entscheidet er, ob eine Information wichtig oder unwichtig ist? Wie diese Information verarbeitet wird und welche Entscheidungsmuster daraus entstehen? Viele Dinge in unserem alltäglichen Handeln werden nicht von unserem so genannten Bewusstsein gesteuert, wie wir als aufgeklärte rationale Menschen es gern sehen würden, sondern von unserem »Unterbewusstsein«. Ein Faktum, das gerade Führungskräfte nicht selten verängstigt. Nicht umsonst betonen – vor allem in unkomfortablen Situationen – Führungspersönlichkeiten gern, dass ihr Handeln von der Ratio bestimmt sei, als seien Emotionen und Empathie etwas Grundfalsches und fernab jeder Intellektualität. Und überhaupt: Wenn das Unterbewusstsein derart mächtig ist, wie ist es dann um den freien Willen bestellt? Und wie funktioniert das Unterbewusstsein überhaupt?

Je häufiger ein Mensch in seinem Leben eine bestimmte Situation erlebt hat, desto sicherer agiert er zukünftig in dem gleichen Kontext. Aber auch andere

Aspekte unseres Verhaltens werden durch Häufigkeiten bestimmt: Wenn wir uns beispielsweise für eine Waschmittelsorte entscheiden müssen, tendieren wir oft zu der Marke, die wir öfter in Werbespots gesehen oder gehört haben.

Eine Krise stellt bisherige Erfahrungen, Normen, Ziele und Werte in Frage und hat oft für die Person einen bedrohlichen Charakter. Signalwörter und Bilder reißen sie aus ihrer alltäglichen Gedankenwelt heraus und führen ihn in einen Zustand der Angst und Unsicherheit. Doch wie genau erreichen nun diese Informationen den Verbraucher bzw. gelangen in sein Unterbewusstsein und führen vielleicht einmal dazu, dass er im Einkaufsregal eines Supermarkts nicht mehr zur vertrauten Marke greift, sondern sich lieber dem Produkt der Konkurrenz zuwendet?

Um nicht abstrus in irgendwelche Erklärungsmodelle abzudriften, lässt sich diese Form der Wahrnehmung heute auch mit Erkenntnissen der modernen Hirnforschung belegen. Zu verdanken haben wir diese Belege computergestützten Verfahren, die es uns erlauben, die Aktivität des Gehirns nahezu bis auf die Ebene einzelner Neuronen nachzuverfolgen. Alles, was wir erleben, wahrnehmen, erinnern und mental antizipieren, entsteht in unserem Nervensystem, besonders im Gehirn, das aus eben diesen Neuronen, circa fünf Milliarden Stück, besteht. Unter Neuronen verstehen wir ebenso genannte Nerveneinheiten. Um nun diesen Nerveneinheiten auf die Spur zu kommen und ihre Auswirkung auf das Gehirn zu erkennen, nutzt man zum einen die Eigenschaft von Wassermolekülen, sich in starken magnetischen Feldern auszurichten (Magnet-Resonanz-Tomographie). Zum anderen knüpft man an den Umstand an, dass aktive Neuronen mehr Energie verbrauchen, die durch vermehrten Traubenzuckerumsatz bereitgestellt wird. Verabreicht man einer Testperson radioaktiv markierten Traubenzucker, lassen sich aktive Hirnareale durch die erhöhte Strahlenabgabe sichtbar machen. Durch aufwendige Rechenoperationen werden die radioaktiven Signale in zweidimensionale Bilder verwandelt, durch Kombination mit der konventionellen Computertomographie sind sogar dreidimensionale Bilder möglich (Positionen-Emmissions-Tomographie).

Bei allen Formen der Wahrnehmung ist die vielleicht spannendste Beobachtung der modernen Hirnforschung jene, die unser Unterbewusstsein betrifft. Es spielt wie gesagt eine weit größere Rolle für unser Denken und Handeln, als es vielen Menschen womöglich lieb ist, bzw. Unternehmen, die in Krisensituationen geraten sind, sich das jemals vorgestellt haben. Tatsächlich ist es so, dass unser Zentralnervensystem ständig ein Abbild von unserer Umgebung kreiert, ohne dass wir das bemerken. Jeder Sinnesreiz wird erst mehrfach gänzlich unbewusst gefiltert und in seiner Bedeutung gefärbt, bevor er überhaupt in jene Regionen vordringt, die mit der Bewusstseinsbildung einhergehen. Kommt es nun zu einer Krise, speichert das Unterbewusstsein den Markennamen, der bereits durch gigantisches Marketingbudget im Unterbewusstsein der Konsumenten verankert ist, in einem anderen Kontext im Unterbewusstsein ab. Dieser Kontext ist zwangsläufig ein negativer, da er mit einer Krise, also mit negativen Erfahrungen, verbunden ist. Diese Verankerung in Verbindung mit der Krise führt zu einer Bewusstseinsbildung, die sich dann beim nächsten Einkauf bei der Auswahl des Produkts niederschlagen kann.

Die Signale, die nun in gefilterter Form von außen ins Bewusstsein dringen, werden in der Hirnrinde, im Kortex, zusätzlich durch interne Schleifen perfekt ausgebaut und aufrechterhalten. Auch dieser Prozess findet, wie das meiste in unserem Gehirn, größtenteils unbewusst statt. Die neurophysiologische Erklärung für die meist unbewussten internen Schleifen lautet wie folgt: Im Kortex beträgt das Verhältnis von Außen- zu Binnenverdrahtungen von Nervenzellen eins zu fünf Millionen. Auf jedes auf- oder absteigende Neuron kommen also fünf Millionen intrakortikale (binnenverschaltete) Neuronen, die die eingehenden Informationen untereinander hin- und herschicken, bis sich etwas »Selbstgewebtes« daraus bildet. In unserer ganz normalen Welt würden wir dazu sagen, dass durch bestimmte Erfahrungen Verallgemeinerungen entstehen und diese gekoppelt werden an so genannte Glaubenssätze. Unter Glaubenssätzen verstehen wir eine Art Voreingenommenheit gegenüber einem Zustand. Für unser Unternehmen in der Krise bedeutet dies eine generalisierte nachhaltige negative Einschätzung der Marke.

Wie sehr das Unterbewusstsein für unser Denken und Handeln bestimmend ist, schildert der Verhaltensphysiologe Gerhard Roth in seinen 1995 und 2001 erschienenen Büchern, wobei er sich auf Experimente bezieht, die der amerikanische Hirnforscher Benjamin Libet schon in den 80er-Jahren vorgenommen hat. Roth zeigt konsequent auf, dass das, was wir als bewusste Entscheidung wahrnehmen, das Ergebnis eines komplexen unbewussten Prozesses ist. Während unser Bewusstsein noch grübelt, hat das Unterbewusstsein längst eine Entscheidung gefällt. Durch aufwändige Hirnstrommessungen kann man demonstrieren, dass das Bewusstsein dem Unterbewusstsein deutlich hinterherhinkt. Ersteres ist dann vor allem damit beschäftigt, einer Entscheidung, Wahrnehmung oder Handlung im Nachhinein eine logische Erklärung zu geben.

Ein Prozess, den ein krisengeschütteltes Unternehmen natürlich gar nicht gern hört. Dies bedeutet nunmehr, dass von der ersten Nachrichtenmeldung über die Krise eines Unternehmens sich eine Meinung im Unterbewusstsein bildet, die sich immer mehr verallgemeinert und festsetzt und in Form eines Glaubenssatzes im Unterbewusstsein verankert. Der Glaubenssatz kann dann eben lauten: »Unternehmen X stellt keine guten Produkte her.« Er kann allerdings auch zusätzlich noch lauten: »Unternehmen X interessiert sich nicht für den Verbraucher.«

Trotz der Macht des Unbewussten sind natürlich persönliche Veränderung und Neulernen möglich. Und das, wie die Wissenschaft neuerdings weiß, zeitlich unbegrenzt bis ins hohe Alter. Eine Prämisse, die jeder gute Krisenmanager und

Krisenkommunikator im Hinterkopf haben sollte. Sie birgt nämlich die Chance in sich, nicht nur während der Krise positive Signale ins Unterbewusstsein zu senden, sondern auch nachhaltig nach einer Krise zu kommunizieren, um ein Umlernen des Verbrauchers zu erreichen.

Der Neurobiologe Gerald Hüther spricht in seinem Buch »Bedienungsanleitung für ein menschliches Gehirn« von der lebenslangen Plastizität des Gehirns und zeigt auf, dass das menschliche Gehirn weniger mit einem bestimmten Programm zur Welt kommt als mit der Fähigkeit, programmiert zu werden – und zwar insbesondere durch Beziehungserfahrungen in unserer Umwelt. Warum es jedoch nicht immer einfach ist, neue Gedanken, Muster und Verhaltensweisen zu etablieren, macht Hüther ebenfalls deutlich: Jede Reaktion zieht eine synaptische Verschaltung der betreffenden Neurone nach sich. Mit jeder Wiederholung der Reaktion wird diese neuronale Verschaltung stärker gebahnt, schließlich wird aus dem Trampelpfad an Nervenzellen eine neuronale Autobahn. Und diese Autobahn ist so breit und bequem, dass wir sie irgendwann automatisch benutzen: Ehe wir uns versehen, läuft alles ganz fix hierüber ab – und wir haben wieder nach altem Muster reagiert oder gehandelt.

Eine Gefahr, die dem Krisenkommunikator bewusst sein muss. Lässt er nach einer Krise die Kommunikation schleifen, so wird eine neuronale Autobahn entstehen, die nur mit negativen Leitplanken besetzt ist. Die Entscheidungswege des Verbrauchers werden somit auch zu einer negativen Entscheidung bezüglich des Produkts des Unternehmens führen. Einmal gebahnte Reaktionswege können zudem nicht mehr aufgelöst werden, das heißt, einmal geknüpfte synaptische Verbindungen bleiben ein Leben lang bestehen. Um eine alte Verhaltensweise oder ein altes Muster, z. B. in einer Angstreaktion aufzugeben, muss man daher die alte Bahnung hemmen, will man (gleichzeitig) ein neues Verhalten begründen, muss man eine Neubahnung herstellen, also spezifische Neurone neu verknüpfen. Das heißt: Hat sich in einem Kunden ein Grundmisstrauen gegen ein Unternehmen manifestiert, so ist dies zwar nicht zu tilgen, aber indem ein Unternehmen über einen langen Zeitraum regelmäßig und konsistent positiv handelt, lässt sich aufgrund nachhaltiger positiver Erfahrungen, die der Konsument macht, eine Einstellungsänderung vollziehen. Solche Einstellungsänderungen lassen sich aber nicht mit einer schnell geschalteten Imagekampagne allein hervorrufen. Vielmehr braucht es Jahre, in denen die Integrität, der Läuterungsprozess immer wieder sichtbar unter Beweis gestellt wird. Und jeder Rückfall in alte (negative) Muster fällt wie ein Schlüsselreiz auf das alte Reizschema und löst sofort wieder das alte Grundmisstrauen aus.

Die neuen Hirnuntersuchungen belegen vor allem eines: Eine Neubahnung kann nur begründet werden, wenn der am Ende stehende Zustand intensiver ist als der alte. Denn eine neue Intensität im Erleben bedeutet eine hohe Ausschüttung von Botenstoffen und eine quantitativ hohe Beteiligung von Neuronen. Auf diese Weise entsteht eine starke neue neuronale Bahnung, eine neue Autobahn, die bald breiter ist als die alte. Damit die neue neuronale Verknüpfung stabil wird, ist jedoch eines nötig: Wiederholung, Wiederholung, Wiederholung des neuen Verhaltens. Denn je öfter wir eine bestimmte Reaktion wiederholen, desto mehr entsprechende Neuronen verbinden sich und desto selbstständiger läuft diese Reaktion schließlich ab. Diese Erkenntnisse der neuronalen Wissenschaft sind ein Plädoyer für die Nachhaltigkeit von Kommunikation vor, während und nach einer Krisensituation.

Unternehmen sollten sich frühzeitig mit möglichen Krisensituationen auseinandersetzen – und sich vor allem professioneller Unterstützung bedienen. Support von außen ist oftmals sinnvoller, als allein mit »Bordmitteln« die Ausnahmesituation Krise bewältigen zu wollen. Zum einen hat ein Außenstehender einen ungetrübteren Blick, zum anderen besteht in Unternehmen die Tendenz, dem Propheten im eigenen Lande keine Beachtung zu schenken. Auch hier spielen psychologische Faktoren eine Rolle: Verdrängung bezeichnet in der Psychologie einen Mechanismus, der darauf zielt, unangenehme Vorstellungen aus dem Bereich bewusster Empfindungen fernzuhalten. Verdrängen wird auch als Synonym für selektive Wahrnehmung und selektive Denkprozesse verwendet. So wie Normen und Tabus sehr stark im Unterbewussten eines Menschen verankert sind, so werden auch bei Unternehmern in der Krise die Verdrängungsmechanismen zunehmend stärker in Anspruch genommen und funktionieren als Abweiser von unangenehmen Auseinandersetzungen in der unmittelbaren Gegenwart. Eine Art Vogel-Strauß-Taktik: Die Konflikte werden aufgestaut und ignoriert.

Verdrängungsmechanismen haben häufig ihre Ursachen im gesellschaftlich definierten Wertesystem und in der Aufrechterhaltung eines positiven Selbstbilds. Im Krisenfall führt die Verletzungen von geltenden Normen zu Angst- und Schuldgefühlen und damit zu einer negativen Selbstbewertung, die so weit führen kann, dass eine Person an der Aushöhlung ihres Selbstwertgefühls zerbricht.

Problematisch ist auch eine Überkonzentration auf die bedrohenden Faktoren. Dadurch werden diese übermächtig für den Betroffenen, so dass er das Umfeld nicht mehr wahrnimmt. Das Blickfeld engt sich schrittweise ein, es führt zur Inflation der Wahrnehmung, zum Tunnelblick. Die selektive Wahrnehmung in der Krise findet überwiegend im Feld der erlebten Bedrohung statt. Ein ursprünglich erkundungsgesteuertes Verhalten weicht einem angstgesteuerten. Schließlich lässt jeder Anruf der Bank oder eines Lieferanten den Unternehmer hochschrecken. Er nimmt vorweg bereits das Unangenehme an, obwohl sich später meist herausstellt, dass es sich lediglich um Routinehandlungen handelt. Diese Einengung verursacht höchsten Stress beim Unternehmer, der in der ohnehin angespannten Situation verheerende Auswirkungen haben kann. Auch in diesem Fall ist die Supervision von außen von Vorteil.

5   Gewusst wie: die sechs Faktoren der Krise

Es sind sechs Faktoren, die über Erfolg oder Misserfolg der Krisenkommunikation bestimmen: Zeitfaktor, Personalfaktor, Vertrauensfaktor, Komplexitätsfaktor, Kostenfaktor und Know-how-Faktor. Jeder dieser Faktoren hat seine eigene und eigenständige Bedeutung und Gesetzmäßigkeit. Gleichzeitig sind sie aber auch eng miteinander verwoben und müssen sowohl für die Prävention als auch für die Intervention in der Summe betrachtet und beachtet werden. Alle in diesem Buch beschriebenen Fallbeispiele und Werkzeuge lassen sich letztlich auf diese sechs Faktoren zurückführen.

Der Zeitfaktor

Krisenreaktion heißt sofortiges Handeln. Krisen sind dynamisch, ihre Auslöser unterschiedlich, ihr Verlauf variiert – doch immer lösen sie einen dramatischen Wettlauf gegen die Zeit aus. Jede Minute zählt – im wahrsten Sinne des Wortes.

Bei Ereignissen von einer bestimmten Tragweite beträgt beispielsweise die Zeit, bis ein TV-Übertragungswagen sendebereit vor dem Tor steht, nur noch 20 Minuten.

Nicht nur die klassischen Medien sind schneller, zahlreicher und aggressiver denn je. Es sind die neuen Techniken im Internet (z. B. Massenmails, Weblogs, Hatesites, Messenger), die für eine explosionsartige Verbreitung von Nachrichten sorgen – und zwar ohne Rücksicht auf deren Wahrheitsgehalt.

Selbst für alte Kommunikationsprofis oft schmerzvoll sind immer wieder zwei Phänomene:
1. Bereits in den ersten Stunden einer Krisenreaktion werden *alle* Weichen gestellt und von den öffentlich wahrgenommenen Handlungsweisen ganz zu Beginn einer aufkommenden Krise wird der gesamte spätere Krisenverlauf bestimmt.
2. Einmal gemachte Fehler lassen sich nur sehr schwer und auch dann nur mit sehr großem (= hohem finanziellem) Aufwand korrigieren.

Daraus ergibt sich: Das taktische Ziel, die Meinungsführerschaft zu erlangen, ist völlig aussichtslos, wenn durch zu zögerliches Vorgehen und langes Warten nur reagiert werden kann. Dann bleibt in Form von Dementis und Richtigstellungen eine bloße Verteidigungsrolle.

Für die Praxis bedeutet das: Schnelligkeit geht vor Vollständigkeit.

Je offensiver also die Informationspolitik ist, desto kürzer kann der Gesamtverlauf einer Krise sein. Auch wenn das Ziel ehrgeizig klingt, vielleicht unerreichbar scheinen mag – als Zielvorgabe bei akuten Ereignissen sollten maximal 30 Minuten nach dem Eintritt für die erste Eigenmeldung angestrebt werden.

Zunächst kommt es ohnehin nicht auf Details an. Anfangs genügt es zu sagen:

- »Es ist etwas geschehen und wir wissen das.«
- »Wir haben die nötigen Schritte eingeleitet.«
- »Wir wissen genau, was zu tun ist.«
- »Mehr können wir derzeit nicht sagen.«
- »Sobald wir Neuigkeiten haben, werden wir aktiv informieren.«

Diese scheinbar banal klingenden Aussagen sind für die Außenwirkung enorm wichtig, denn sie vermitteln die klare Botschaft, dass wir aktiv, betroffen, kompetent, servicebereit und offen sind.

Sinngemäß angepasst auf die spezifische Situation des Unternehmens sind diese Kernaussagen für jede Krisenlage gültig. Deshalb ist es unabdingbar, dass die verantwortlichen Krisenkommunikatoren ohne langwierige Rücksprachen mit ihren Vorgesetzten jederzeit die Befugnis haben, solche Erstmeldungen »rauszuschießen«. Der lapidare Satz »Eine Stellungnahme war bis Redaktionsschluss nicht zu erhalten« ist jedenfalls ein kommunikativer Offenbarungseid.

Der Personalfaktor

Der Vorgesetzte weiß: Seine Mitarbeiter sind in ihrem Fachgebiet kompetent, verantwortungsbewusst, belastbar und vielleicht für den Standardbetrieb zahlenmäßig ausreichend. Der Kriseneinsatz unterscheidet sich aber grundlegend vom gewohnten Geschäftsbetrieb. Die Ausnahmesituation erfordert Auswahl, Anleitung, praktisches Training, Entscheidungshilfen und immer wieder kritische Prüfung. Zu den wichtigsten Vorbereitungen gehört eine Personalmatrix, in der die Rollen vorab verteilt werden.

An erster Stelle stehen geeignete Führungskräfte. Ein Kommunikator, in der Regel der Leiter der Unternehmenskommunikation, muss als strategischer Berater möglichst permanent bei der Geschäftsleitung bzw. (falls ein solcher gebildet wird) beim Krisenstab angesiedelt sein. Dort hat er, als wichtigste Aufgabe, die kommunikativen Erfordernisse vorzutragen und sie möglichst auch durchzusetzen. Zum anderen bekommt er für die interne und externe Kommunikation die nötigen Informationen aus erster Hand.

Eine zweite Führungsperson ist der »Anchorman«, auch Chef vom Dienst (CvD) genannt. Hier werden alle Medienaktivitäten koordiniert und gesteuert. Hier gehen alle Informationen ein, hier werden Recherchen in Auftrag gegeben, Medien beobachtet, Medienanfragen gesammelt, Texte produziert und in die verschiedenen ausgehenden Kanäle eingespeist. Aus dem Input der »Nummer 1« formuliert er Sprachregelungen, die für das ganze Haus verbindlich sind. Der CvD ist gleichzeitig auch die Kontrollinstanz für alle Inhalte und die Schnittstelle zu den anderen Kommunikatoren im Hause, wie z. B. Kundenbetreuern, Qualitätsmanagern und zum Marketing. Außerdem ist er Schnittstelle zu Externen oder Drittkommunikatoren. Bei personell sehr knapp besetzten Organisationen kann diese Rolle durchaus von einem externen Dienstleister übernommen werden.

Die dritte – in der Außenwahrnehmung sicherlich wichtigste – Position ist die des Sprechers, denn die Krise braucht ein Gesicht. Er (oder sie) ist Sympathie- und Kompetenzträger. Da 55 Prozent des Auftritts von der Körpersprache bestimmt werden (Blick, Mimik, Gestik, Körperhaltung, Kleidung), 38 Prozent der Wirkung auf die Stimme entfallen (Artikulation, Dynamik, Tempo) und nur 7 Prozent auf den reinen Inhalt, muss schon im Vorfeld sehr sorgfältig überlegt sein, wer in schwerer Zeit dieses Gesicht des Unternehmens ist. In jedem Fall müssen für die Sprecherrolle ausgewählte Mitarbeiter ein intensives TV- und Medientraining (vgl. Teil II, Kap. 3.1) absolviert haben, das möglichst einmal jährlich aufgefrischt wird. Bei besonders spektakulären Krisen erwartet die Öffentlichkeit einen hochrangigen Unternehmensvertreter als Sprecher. Selbstverständlich gilt auch für Vorstände, dass sie niemals unvorbereitet vor Kameras treten sollten. Eine Sprecherrolle mit Außenwirkung sollte übrigens nicht an eine Agentur oder externe Unterstützer vergeben werden. Das würde als »abschieben von Verantwortung« aufgefasst.

Die drei kommunikativen Führungsrollen sollten im laufenden Einsatz nicht getauscht oder vermischt werden, wenngleich die Not des Personalmangels in der Praxis es oft erfordert, mehrere Hüte aufzusetzen. Besser ist es, zeitig fantasievoll zu planen, woher Verstärkung rekrutiert werden kann. Intern vielleicht aus anderen artverwandten Abteilungen (wie z. B. »Protokoll« oder Abteilung Strategie) oder extern von spezialisierten Agenturen oder erfahrenen Beratern.

Je nach Unternehmen und Krise werden unterhalb der drei Schlüsselpositionen ausreichend ausführende Mitarbeiter benötigt. Krisenarbeit erfordert in erster Linie Erfahrung. Erfahrung, die gerade den in der PR-Branche oft sehr jungen Kräften fehlt. Da Krisenarbeit in den meisten Unternehmen (glücklicherweise) nicht zum täglichen Kerngeschäft zählt, empfiehlt es sich, regelmäßig mit dem ganzen Team Seminare, Workshops oder Übungen durchzuführen (vgl. Teil II, Kap. 3.6). Das nötige Spezialwissen, die praktische Krisenerfahrung und Vergleichsmöglichkeiten durch reale Einsätze können entweder »kampferprobte« eigene Kollegen oder externe Referenten einbringen.

Wenn ein Ernstfall eintritt, ist es erfahrungsgemäß nie ein Problem, seine Truppen zu motivieren, denn alle *wollen* helfen. Im Gegenteil: Mit Dienstplänen und frühzeitiger Planung für interne und/oder externe Verstärkung muss verhindert werden, dass sich die eigenen Mitarbeiter übernehmen und womöglich bis zum Zusammenbruch im Einsatz sind.

Eine noch relativ junge Erkenntnis ist, dass nicht nur an der operativen Front Betreuung erforderlich ist. Unter dem enormen physischen und psychischen Druck kann es auch im Bereich Kommunikation vorkommen, dass – wörtlich gesehen – die Nerven blank liegen. Mitarbeiter in den Stäben – besonders im Katastropheneinsatz oder bei Schadensereignissen – können durch den Umgang mit Betroffenen am Telefon oder sogar aufgrund schrecklicher Berichte oder Bilder ein so genanntes Posttraumatisches StressSyndrom (PTS) und damit nachhaltige gesundheitliche Schäden erleiden. Das zu verhindern gehört zur Fürsorgepflicht von Vorgesetzten.

Der Vertrauensfaktor

Jede Krise ist mit einem oft massiven Vertrauensverlust verbunden. Sorgfältig aufgebautes Image und mühsam erkämpfte Marktposition sind in Gefahr. Kunden und Medien reagieren auf Störungen anspruchsvoll, hochemotional, oft überkritisch, ungerecht und aggressiv. Oberste Aufgabe der Krisenkommunikation ist es, Vertrauen zu schaffen, zu bewahren oder wieder herzustellen. Dies gelingt nur, indem mit *allen* Anspruchsgruppen zielgerichtet kommuniziert wird (siehe auch Komplexitätsfaktor im nächsten Abschnitt). Schnelle, zuverlässige und glaubwürdige Kommunikation wird so gut wie immer honoriert. Fürsorge führt nachweislich zu Imagegewinn.

Warum das so ist, soll eine kleine Exkursion verdeutlichen. Stark vereinfacht haben auch wir modernen Menschen nach dem atavistischen Prinzip nur drei Grundbedürfnisse: Nahrungsaufnahme, sicheres Hausen und Brutpflege. Wann immer eines dieser drei Elementarbedürfnisse in Gefahr ist oder auch nur in Gefahr zu sein *scheint*, reagieren wir – wiederum wie unsere Altvordern – mit einem der drei möglichen Grundmuster: Flucht, Kampf oder »Totstell-Reflex«. Übertragen auf unsere heutige Zeit stellt sich Flucht als (Kauf-)Verweigerung dar. Kampf findet in Form von Prozessen und Medienkonflikten statt. Und verharren im »Totstell-Reflex«? Dies ist zu beobachten, wenn sich Betroffene tot stellen, die Decke des Schweigens über den Kopf ziehen und hoffen, dabei nicht erwischt zu werden. Eine Form der Angst.

Wir sind geradezu eine Angstgesellschaft: Wenn wir in ein Verkehrsmittel steigen, reisen Bilder von rauchenden Trümmern im Kopf mit. Immerhin 60 Prozent der Menschen haben Flugangst. Nachdem die SARS-Epidemie in Hongkong und Teilen Chinas einige hundert Menschenleben forderte, brach der Tourismus in der *gesamten* Region Asien zusammen. Verglichen mit den großen Weltkrankheiten wie Malaria, Grippe oder klinischen Infektionen war das Risiko zu erkranken minimal. Die öffentliche Reaktion war also völlig unverhältnismäßig (vgl. Risikokommunikation).

Nicht anders die Wirkung der sich ständig wiederholenden Bilder von Anschlägen. Sie legen nahe: An jeder Ecke lauert ein Terrorist. Dennoch steht das angenommene Risiko, einem Terroranschlag zum Opfer zu fallen, in keinem Verhältnis zur tatsächlichen persönlichen Bedrohung. Ebenso verhält es sich bei Themen wie BSE im Kalb, Pflanzenschutzmittel im Huhn, Schweinepest, Vogelgrippe, Bakterien im Trinkwasser oder tödliche Babynahrung.

»Unser tägliches Gift gib uns heute?« Die Leitmedien verstärken durch skandalisierende Berichterstattung unsere latenten Ängste. Daraus entwickelte Peter Höbel im Jahr 2000 die griffige »Formel«: *Angst + Medien = Krise*. Wer wirksame Krisenkommunikation betreiben will, kommt daher an der Angst und damit am Vertrauensfaktor nicht vorbei. Eher technisch-wirtschaftlichen und an Zahlen, Daten, Fakten orientierten Branchen und Disziplinen fällt es traditionell schwer, sich in die fragile Gefühlswelt der Öffentlichkeit hineinzuversetzen. Jeder hat zwar mindestens ein Handy in der Tasche und doch agieren aus Furcht vor Elektrosmog mehr als 12.000 Bürgerinitiativen in Deutschland gegen die dazugehörigen Funk-Umsetzer. Gegen solche Emotionen helfen weder sachliche Argumente noch verordnete Grenzwerte.

Es ist die Aufgabe der Krisenkommunikatoren, gemeinsam mit Psychologen gegen diffuse Ängste emphatische emotionalisierende Botschaften zu entwickeln. Die tradierten kognitiven Ansätze und mit Fakten operierende Beschwichtigungskonzepte fördern Misstrauen und sind kontraproduktiv.

Der Komplexitätsfaktor

Unterschiedliche Interessen von unmittelbar oder indirekt Beteiligten, operative Sachzwänge und Rahmenbedingungen bilden in Krisensituationen stets ein hochkomplexes und schwer durchschaubares »Nervengeflecht«. Lieferanten, Kunden, Opfer, Hinterbliebene, Behörden, Verbände, Medien, Mitarbeiter, Wettbewerber, Geschäftspartner, Versicherungen, Staatsanwälte, Krisengewinnler und viele mehr haben eines gemeinsam: Alle kommunizieren.

Jede Krise verläuft im Detail anders. Selbst gleichartige Krisen können aufgrund unterschiedlicher Rahmenbedingungen unterschiedliche Verläufe nehmen. Dennoch lassen sich bestimmte Grundmuster vorab antizipieren. Ein Freund-Feind-Radar ermöglicht zumindest, grundsätzlich die zu erwartenden Konfliktparteien einzuschätzen. So empfiehlt es sich, mit regelmäßigen Partnern Verfahrensabsprachen zu treffen. Und wenn schon Inhalte nicht exakt festgelegt werden können oder womöglich aufgrund gegensätzlicher Interessen Auseinandersetzungen drohen, so lassen sich doch Spielregeln und Fairnessabkommen zur gegenseitigen Unterrichtung schließen. Ideale Voraussetzung ist das frühzeitige Gespräch in »Friedenszeiten«.

Mindestens ebenso gravierend wie externe sind die internen Konflikte. In der Regel werden einzelne Aspekte noch immer von verschiedenen Stellen unabhängig voneinander angegangen. Also: Die operativen Aufgaben sind Sache der entsprechenden Fachabteilung, für die Öffentlichkeitsarbeit ist die Pressestelle oder eine PR-Agentur zuständig, für juristische Probleme nimmt man die Rechtsabteilung oder seinen Hausanwalt und ob (wenn überhaupt) der richtige Psychologe gefunden wird, ist Zufall. Gutes Krisenmanagement setzt nicht nur Erfahrung auf all diesen Einzelgebieten voraus, sondern umfasst sämtliche Teilbereiche integrativ. Nur die Lösung aus einem Guss ist wirklich hilfreich.

Dass im Krisenfall fast immer Zielkonflikte zwischen Öffentlichkeitsarbeit und Anwälten entstehen, ist sicher kein böser Wille der Beteiligten. Jeder macht seinen Job eben so, wie er ihn gelernt hat und für richtig hält. Während Juristen typischerweise möglichst wenig sagen wollen, um für eventuelle spätere Verfahren nichts zu präjudizieren, versuchen vernünftige PR-Leute durch Transparenz zu punkten. Beispiel eines gelebten Zielkonflikts: Die Presseabteilung eines deutschen Verkehrskonzerns lud nach einem schweren Unfall Fernsehteams ein, in einer Werkstatt zu filmen. Die gute Absicht der PR-Leute: Zeigen, wie sorgfältig und modern in dem Betrieb gearbeitet wird. Die Rechtsabteilung hingegen befürchtete (allerdings ohne konkreten Anlass), die Fernsehbilder könnten sich in einem zu erwartenden Prozess *vielleicht* schädlich auswirken. Die Juristen setzten durch, dass die Fernsehleute wieder ausgeladen wurden. Folgerichtiger Gegenstand breiter Berichterstattung? Na klar! »Was haben die zu verbergen?«. Ein solches Eigentor ist leicht zu verhindern – wenn die Vorgehensweise abgestimmt ist. Mögliche Konflikte kann und muss man bereits in der Risikoanalyse antizipieren und in ruhigen Zeiten auflösen. Und dann im Ernstfall gemeinsam im Team des Krisenstabs abwägen.

Der Kostenfaktor

Verkaufsförderung, Werbung, Marketing und Public Relations sind selbstverständlicher, mit Kosten verbundener Kommunikationsalltag. Krisenmaßnahmen erfolgen dagegen häufig erst, wenn der Ernstfall bereits eingetreten ist. In einer Zeit, in der Evaluation und Wertschöpfung auch in der Kommunikation immer mehr an Bedeutung gewinnen, fällt es nicht unbedingt leicht, den Wert von Krisenmanagement einschließlich Krisenkommunikation zu bestimmen. Im Gegensatz zu messbarer Verkaufsförderung ist Krisenkommunikation immer auf fiktive Annahmen angewiesen. Wozu Geld ausgeben für Fälle, die möglicherweise (oder hoffentlich) nie eintreten? Fest steht, dass Unternehmen und Organisationen nur einen Bruchteil der Budgets für Marken*schutz* ausgeben, den sie in Marken*aufbau* investieren.

Kein vernünftiger Betriebswirt lässt das Vermögen seines Unternehmens unversichert. Für jedes Gebäude, für jede Maschine, für jedes Fahrzeug werden selbstverständlich hohe jährliche Prämien gezahlt. Dass sich auch der Schutz »weicher« Werte lohnt, ist noch längst nicht Allgemeingut bei den Controllern. Dennoch: Jede Investition in Krisenprävention stellt eine Art Versicherung für die Marke, für das Image und die Reputation des Unternehmens dar. Jeder investierte Euro sichert im Ernstfall ein Vielfaches an Umsatz und manchmal sogar den Bestand des Unternehmens (vgl. Teil I, Kap. 2.2).

Zweifelsohne zahlt auch eine solide Alltags-PR mit Kontaktpflege zu Journalisten und vorausschauender Öffentlichkeitsarbeit auf die Habenseite ein, von deren Polster im Krisenfall gezehrt werden kann.

Der Know-how-Faktor

Effizientes Krisenmanagement, das haben wir an den vorher beschriebenen Faktoren gesehen, lebt von der Kunst, schnelle Entscheidungen mit den richtigen Leuten in einem komplexen Umfeld sicher zu treffen. Das stellt selbst erfahrene Manager vor Probleme. Alltägliche wirtschaftliche und administrative Mechanismen greifen nicht wie gewohnt. Deshalb müssen Risiken sorgfältig analysiert, spezifische Krisenprozesse definiert und festgeschrieben sowie Krisen-Tools intern und extern etabliert werden. Das gesammelte Know-how wird in einem Krisenmanual zusammengefasst.

Die Vorbereitung erfolgt in Schritten mental, organisatorisch, personell, technisch, strategisch und inhaltlich-taktisch. Wobei der mentalen Vorbereitung die höchste Bedeutung beizumessen ist. Krisenmanagement funktioniert immer nur »top-down«.

Teil II: Prävention

»Manche halten das für Erfahrung, was sie 20 Jahre lang falsch gemacht haben.«
(George Bernard Shaw)

Hunderte von Büchern, Tausende von Aufsätzen befassen sich damit, wie Strategien entwickelt wurden. Eines ist allen diesen Werken gemein: Die Erkenntnis, dass es ohne vorangegangene Szenarienbildung auch keine taugliche Strategien geben kann. Diese Erkenntnis findet sich in allen Kulturkreisen – westlichen wie fernöstlichen – und hat Jahrhunderte überdauert. Wir finden sie in den Werken von Sun Tsu (»Die Kunst des Krieges«), Musashi (»Das Buch der fünf Ringe«) und im »Hagakure« (Der Weg des Samurei von Tsunetomo) genauso wie in den westlichen Schulen von Seneca, Machiavelli oder Clausewitz. Sie alle singen das Hohe Lied der frühzeitigen Planung. Das »Hagakure« spricht hier von einer umfassenden, möglichst lückenloser Planung: »Sei auf jede Situation vorbereitet […] Dagegen beschäftigen sich die anderen nicht schon im Voraus mit den Möglichkeiten. Wenn sie ein Problem lösen, ist das nichts als zufälliges Glück« (Hagakure, S. 17). Eine einleuchtende und einfache Empfehlung, die doch oft ignoriert wird. Beispiele für fehlende Szenariopläne kennt jeder aus seinem beruflichen Alltag. Doch Versäumnisse, die im Kleinen einfach nur lästig sind, haben im Großen fatale Auswirkungen. Und so ist es erschreckend, dass große Unternehmen oftmals keine Vorstellung von Szenarien haben, geschweige denn, dass sie Szenariopläne in der Schublade hätten. Unverständlich, geht es doch bei diesen Unternehmen um Tausende von Arbeitsplätzen und viele Millionen Euro Umsatz. Woran liegt das? Die psychologische Implikation ist, dass der Plan selbst das Problem enthält, denn wer einen Szenarioplan erstellt, gibt damit implizit zu, die Entwicklung nicht kontrollieren zu können. So wichtig der Plan ist: Ihn zu erstellen kann den Eindruck erwecken, man sei nicht in der Lage, quasi freihändig strategische Entscheidungen zu treffen. Und wer möchte das gern zugeben? Dabei ist diese (Selbst-)Einschätzung völlig korrekt und keinesfalls »unehrenhaft«. Niemand kann, gerade in Krisensituationen, irgendeine künftige Entwicklung jemals wirklich kontrollieren. Aber nur wer einen Szenarioplan erstellt, verschafft sich die Möglichkeit, zukünftige Entwicklungen möglichst im Ansatz zu erkennen, frühzeitig zu behandeln und somit in ihrem Fortlauf zu beherrschen. Denn diese Pläne nehmen potenzielle Entwicklungen vorweg und gewährleisten den geplanten Umgang mit ihnen.

1 Spieglein, Spieglein an der Wand: Krisenprofil und Selbstbild

Alle Krisen in Wirtschaftsunternehmen haben gemeinsam, dass der vitale Nerv des Unternehmens durch ein oder mehrere Ereignisse kritisch getroffen wird. Dies kann sich überraschend, schleichend oder in Wellen vollziehen. Krisenursachen sind immer auch Ausdruck der jeweiligen politischen, wirtschaftlichen, gesellschaftlichen und sozialen Situation. Ökologisches Bewusstsein, Globalisierung, offene Grenzen, soziale Schere, Produktionsverlagerung und Fusionen sind nur einige Entwicklungen, die erhebliches Konflikt- und Krisenpotenzial für Unternehmen in sich bergen. Krisen entstehen somit von innen als auch von außen.

Wie gehe ich nun als Unternehmen an eine solche Szenarioplanung heran? Wie kann ich bei mir selbst meine Risikoherde identifizieren? Wie entwickle ich aus diesen Risikoherden Krisenszenarien? Und wie kann ich bei all diesen Krisenszenarien noch meine Bezugsgruppen antizipieren? Dafür gilt es Antworten zu finden.

Ein Unternehmen ist hier ähnlich gefordert wie ein Autofahrer, der eine längere Reise antritt. Er muss wissen, wo Gefahren lauern, welche Risikoherde er vor und auf seiner Fahrt beachten muss. Ist der Wagen nicht überladen? Stimmt der Reifendruck? Kurz: Ist das Auto fahrtauglich? Und vor allem: Ist der Fahrer ausgeschlafen, so dass er auf jede Veränderung der Verkehrsbedingungen reagieren kann? Hat er eine Ausweichroute, um im Fall eines Staus dennoch pünktlich und wohlbehalten ans Ziel zu kommen? Nichts anderes als ein Fahrer ist der Leiter eines Unternehmens. Auch er muss sich fragen, wo die Risikoherde sind, die im Extremfall zu Krisen führen können. Wichtig hierbei ist jedoch, zuerst zu wissen, was in dem Unternehmen am wertvollsten ist. Vor die Szenariobildung haben deswegen die Strategen die so genannte Initialisierungsphase gesetzt.

Unter der Initialisierungsphase versteht man die Analyse der so genannten unternehmerischen Basis. Hierzu gehört zum einen festzustellen, was Mission und Vision des Unternehmens sind. Weitere Punkte, über die sich ein Unternehmen im Vorfeld Gedanken machen muss:

- Was sieht die strategische Zielsetzung des Unternehmens aus? (heute und in der Zukunft)?
- Was sind die operativen Werttreiber (mit welchen Produkten verdient das Unternehmen Geld)?
- Was ist die Marktstrategie?

- Wo liegen die Kernkompetenzen?
- Wie ist unsere Wettbewerbsposition?
- Wie ist unser Selbstbild im Gegensatz zum Fremdbild?
- Wie sind unsere betriebswirtschaftlichen Parameter mit der aktuellen Kommunikationslage synchronisiert?

Diese ersten Fragen sollten nicht isoliert beantwortet werden, sondern über jede dieser Fragestellung sollte eine so genannte SWOT-Analyse (**S**trengths, **W**eaknesses, **O**pportunities und **T**hreats) durchgeführt werden. Diese Analyse der Stärken, Schwächen, Chancen und Risiken liefert ein sehr genaues Abbild davon, wo das Unternehmen aktuell steht und auf welchem Weg es sich in die Zukunft begeben wird. Diese Initialisierungs- und Ausgangsphase ermöglicht es uns erst, die Risikoherde in späterem Zusammenhang zu Krisenszenarien zu antizipieren.

Relevantes Umfeld

Eine weitere Vorbereitungsmaßnahme nach der Initialisierungsphase ist die genaue Umfeldanalyse des Unternehmens. Hierbei sind sowohl externes als auch internes Umfeld gemeint. Diese Umfeldanalyse ist deswegen so wichtig, weil es bei jedem Krisenszenario eine Menge Akteure gibt, die davon betroffen sind. Die Unternehmensleitung muss sich klarmachen: Wenn ich die Akteure frühzeitig identifiziere, erleichtert mir das den Umgang mit ihnen in der Krisensituation.

Die Unterscheidung vom *externen Umfeld* kann z. B. wie folgt getroffen werden:
- Absatzmarkt: Kunden, Handel,
- Beschaffungsmarkt: Zulieferer, Lieferanten,
- Akzeptanzmarkt: allgemeine Öffentlichkeit, Medien, Politik,
- Kapitalmarkt: Aktionäre, Analysten, Banken,
- Arbeitsmarkt: potenzielle Mitarbeiter.

Die Unterscheidung im *internen Umfeld* kann getroffen werden nach:
- Vorstand,
- Kommunikation,
- Recht,
- Produktion,
- Vertrieb,
- Einkauf,
- Logistik,
- Marketing,
- Auslandsniederlassungen.

Risikoeinschätzung des Kernprodukts

Nachdem das Unternehmen näher beleuchtet sowie das relevante Umfeld des Unternehmens analysiert wurde, sollte nun das Kernprodukt, der Werttreiber des Unternehmens mit einer Risikoeinschätzung belegt werden. Bei der Risikoeinschätzung sind folgende Faktoren zu beachten:

* Sind gesundheitliche Gefahren durch oder für das Produkt möglich? (Beispiel Lebensmittelindustrie: Hygiene, Seuchengefahr, Erkrankungsgefahr)
* Wie steht es um die gesellschaftliche und emotionale Akzeptanz der Produkte oder einer ganzen Branche? (Beispiel Pharma/Chemie: Gentechnik, Tierschutz, Umweltverschmutzung)
* Mangelt es an gesellschaftlicher Akzeptanz für bestimmte Maßnahmen? (Beispiel Bauvorhaben: ökologische Eingriffe, Lärm)
* Handelt es sich um ein risikobehaftetes Produkt? (giftig, strahlend, ätzend, explosiv, brandgefährdet, karzinogen)
* Werden gefährliche Technologien eingesetzt oder werden Produkte in deren Umfeld hergestellt? (Chemie, Kraftwerk, Senderanlagen, Müll etc.)

Über all dies muss sich ein Unternehmen frühzeitig klar werden. Denn nur die Beantwortung dieser Fragen kann dazu führen, die Problematik der Situation richtig einzuschätzen und die geeigneten Strategien zu entwickeln. Nur wer dies tut, verschafft sich Klarheit über den hohen Komplexitätsgrad, und nur wenn dieser erkannt wurde, kann er auch reduziert werden. Kennzeichen nämlich genau dieser Komplexität innerhalb einer Krise sind die hochgradigen Vernetzungen und das Vorliegen von starken Interdependenzen zwischen den zu beachtenden Faktoren, gepaart mit der Möglichkeit, dass diese im Zeitablauf einer Veränderung unterliegen können.

Krisenfelder

Sind die nötigen analytischen Vorarbeiten erledigt, steht das Unternehmen vor der nächsten unabdingbaren Aufgabe: Es muss eine Systematik entwickeln, mit der die eigenen Risiken bewertet werden können.

Dieser Teil stellt sich in den Unternehmenskulturen meist als der schwierigste dar. Unternehmen werden von Menschen geführt und es ist nur zu menschlich, wenn es schwerfällt, zuzugeben, an welcher Stelle eigene Fehler im täglichen Geschäft gemacht werden, die irgendwann zu einer Risikosituation und im schlimmsten Fall zu einer Krise führen können. Um solche Krisenfelder in einem Unternehmen zu definieren, könnte man z. B. einen Workshop mit den relevanten Unternehmenspersonen durchführen. Hierzu gehören sicherlich der Vorstand, die Rechtsabteilung, der Bereich Kommunikation, Marketing, Vertrieb, Forschung und Entwicklung etc. Doch das Naheliegende erweist sich manchmal als zu kurz gedacht. Die Erfahrung lehrt uns hier nämlich etwas anderes: Sobald eine ganze Reihe von Führungspersönlichkeiten an einem Tisch sitzt, entsteht sofort eine unterschwellige Konkurrenzsituation. Und wie Wölfe in der freien Wildbahn, die um ein Revier oder die Rangfolge im Rudel kämpfen, so ist auch in einer solchen Situation niemand geneigt, mögliche Schwächen zuzugeben. Niemand wird coram publico preisgeben, dass im eigenen Bereich etwas nicht »ganz glattlaufen könnte«. Das offene Darlegen von potenziellen Risiken wird hier meist nicht nur abgelehnt, sondern es wird deutlich reduziert. Aus eigener Erfahrung können wir von dieser Form der Krisenfindung nur abraten.

Deutlich besser geeignet und deshalb dringend zu empfehlen sind so genannte Einzelinterviews, die mit einem vorgefertigten strukturierten Fragenkatalog an die Situation herangehen. Hierbei wird jeder der oben genannten einzelnen Beteiligten einem circa 45- bis 60-minütigen Interview unterzogen. Dieses Vier-Augen-Interview dient dazu, möglichst viele Szenarien gemeinsam zu entwickeln bzw. auch auf die Risikobereiche des Unternehmens hinzuführen. Der Krisenbeauftragte des Unternehmens oder ein extern Beauftragter führt diese Interviews in der Regel mit einer so genannten Kreativhilfe durch. Diese Kreativhilfe kann z. B. das von PRGS so genannte Krisenachteck sein. Dieses Achteck umschließt die relevanten wichtigen Krisenfelder und bietet dem Teilnehmer damit Möglichkeiten, für sein Unternehmen und für seinen Arbeitsbereich genau hier Szenarien und Ideen zu finden, die zu Krisen in diesem Bereich führen können.
Generell findet eine Kategorisierung in vier Oberthemen statt:
1. Naturkatastrophen,
2. normale Unfälle,
3. bösartige Attacken und
4. Politik.

Diese Überbegriffe werden natürlich noch konkretisiert:

Zu den Naturkatastrophen zählen z. B.:
• Überschwemmungen,
• Erdbeben,
• Explosionen,
• Vulkane oder
• Feuer.

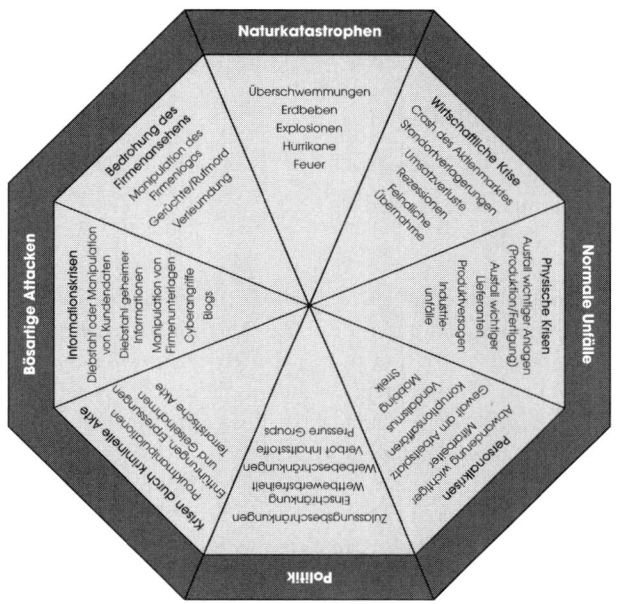

Krisenachteck
(Quelle: PRGS – Unternehmensberatung für Politik- und Krisenmanagement)

Unter normalen Unfällen werden folgende Ereignisse subsumiert:

- wirtschaftliche Krisen (z. B. Crash der Aktienmärkte, Standortverlagerung, Umsatzverluste, Rezession, feindliche Übernahme),
- physische Krisen (Ausfall wichtiger Anlagen, Produkte und Fertigungen, Ausfall wichtiger Lieferanten, Produktversagen, Industrieunfälle),
- Personalkrisen (z. B. Abwanderung wichtiger Mitarbeiter, Gewalt am Arbeitsplatz, Korruptionsaffären, Vandalismus, Mobbing, Streik).

Die bösartigen Attacken unterteilen sich in:

- Krisen durch kriminelle Akte (Produktmanipulation, Entführung, Erpressung und Geiselnahmen, terroristische Akte),
- Informationskrisen (Diebstahl oder Manipulation von Kundendaten, Diebstahl geheimer Informationen, Manipulation von Firmenunterlagen, Cyberangriffe, Blogs) und
- Bedrohung des Firmenansehens (Manipulation des Firmenlogos, Gerüchte, Rufmord, Verleumdung).

Als nächster Punkt sind hier die immer weiter zunehmenden, aber teilweise außer Acht gelassenen politischen Krisen zu nennen. Hierzu gehören z. B.:

- Einschränkung der Wettbewerbsfreiheit,
- Verbot von Inhaltsstoffen,
- Verbot von Fertigung,
- Pressure Groups,
- Zulassungsbeschränkungen und
- Werbebeschränkung.

Dieser Kreativtool macht es möglich, dass sich jeder Einzelne in den Gesprächen seiner eigenen Situation, der Situation seiner Abteilung und seiner zu verantwortenden Bereiche bewusst wird und zu antizipieren beginnt, welche möglichen Krisenszenarien ihn betreffen könnten. Nachdem die Interviews abgeschlossen wurden und sich die Krisenfelder herauskristallisiert haben, geht es darum, diese Krisenfelder weiter zu antizipieren. Jetzt müssen Szenarien entwickelt werden: Was könnte in diesem oder jenem Krisenfeld im schlimmsten Fall passieren und wie würde es sich auswirken? Dieses »Worst Case Thinking« trägt dazu bei, anhand der Faktoren der Initialisierung die Bedeutung der möglichen Krisen zu ermitteln sowie deren Entwicklung bzw. deren Verlauf anhand der Wirkung im relevanten Umfeld zu prüfen. Hier kann auf die Spieltheorie verwiesen werden, auf die aus Platzgründen an dieser Stelle nicht näher eingegangen werden kann. Nur so viel sei gesagt: Mittels der Spieltheorie wird versucht, das rationale Entscheidungsverhalten in sozialen Konfliktsituationen abzuleiten. Wichtig dabei ist, dass Entscheidungssituationen zugrunde gelegt werden, in denen der Erfolg des Einzelnen nicht nur vom eigenen Handeln, sondern auch von den Aktionen anderer abhängt. Die Spieltheorie ist eine Strategiepraktik, weil sie komplexe Umfelder durch Optionen strukturiert, die sonst so nicht erwogen worden wären. Durch Offenlegung des strategischen Prinzips schafft sie die Grundlagen für ein umfassendes Risikomanagement. Als Technik zum gemeinsamen strategischen Denken ist sie eine Vorgehensweise, auf der man aufbauen kann. Sie ist Universalansatz, ohne eine »Theorie für alles« zu sein. Als Systematik zum Aufbrechen zu einfacher Muster von Kooperation und Nicht-Kooperation ist sie keine spezielle Strategie, die nur auf bestimmte Ausschnitte des Geschäftslebens passt.

Bewertung

Aus allen diesen Gesprächen und der konsequenten Anwendung der Szenarioplanungstechnik der Spieltheorie ergibt sich eine Vielfalt von Krisenherden, die nun kategorisiert werden müssen. Es ist unsinnig zu versuchen, sich auf jedes Krisenszenario, das ein Unternehmen treffen könnte, vorzubereiten. Sie werden, wenn Sie das hier beschriebene Vorgehen nutzen, feststellen, dass Sie sehr schnell zu 50 bis 100 Szenarien in Ihrem Firmenumfeld gelangen. Die eigentliche Kunst besteht nun wieder in der Reduktion und dem Bilden so genannter Dachszenarien, die dann exemplarisch behandelt werden. Davor steht jedoch die Kategorisierung der einzelnen Krisen. Diese sollten im Abgleich mit der Initialisierungsphase nach Eintrittswahrscheinlichkeit und Auswirkung bzw. dem zu erwartenden Schaden für das Unternehmen bewertet werden. Die hier angeführte Grafik kann als Vorlage dienen.

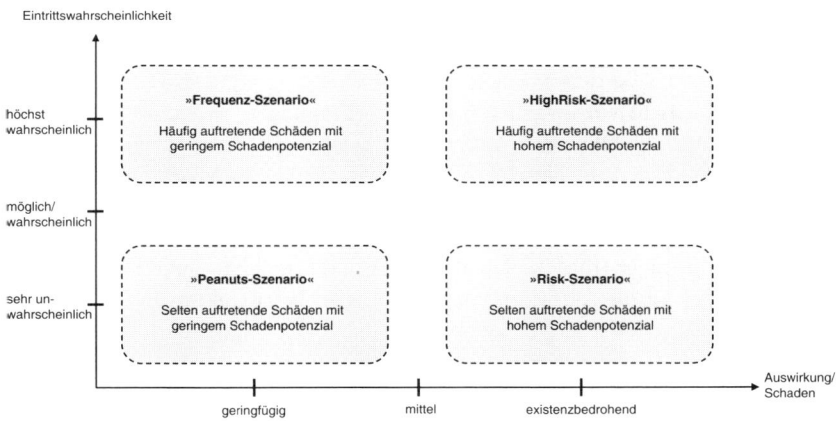

Krisenmatrix
(Quelle: PRGS – Unternehmensberatung für Politik- und Krisenmanagement)

Fazit

Bei der Bildung eines Krisenprofils geht es nun darum, Risikopotenziale aus allen Bereichen des Unternehmens unter kommunikativen und Krisenmanagement-Aspekten zu erfassen, zu analysieren und zu bewerten. Diese Erstanalyse bildet die Basis, die fortgeschrieben werden muss. Was heute aus Sicht der Experten noch kein wirkliches Krisenpotenzial darstellt, kann im Zuge der Veränderungen im Unternehmen, der Schaffung neuer Produkte, der Expansion in andere Länder durchaus zum Risiko werden. Deswegen ist das Erstellen der Risikoprofile ein lebender Prozess, beginnend am heutigen Tag sollte er auch in der Zukunft in regelmäßigen Abständen in einem Unternehmen gepflegt werden, um frühzeitig zu erkennen, in welchem Risikospannungsfeld man sich bewegt.

2 Gut gerüstet: Infrastruktur und Ressourcen

Niemand ist in der Lage, eine Krise absolut perfekt zu managen. Im Ergebnis unterscheidet die Summe rechtzeitig erkannter und verhinderter Fehler gutes von schlechtem Krisenmanagement. Und das Gleiche gilt natürlich auch für die dazugehörige Kommunikation.

Geregeltes Krisenmanagement ist hierzulande nur vereinzelt das direkte Ergebnis dirigistischer Eingriffe. So schreibt z. B. die bundesdeutsche Störfallverordnung chemischen Betrieben zwingend behördlich abgesegnete Krisenpläne vor. Auch Fluggesellschaften unterliegen harten Bedingungen, jedenfalls dann, wenn sie Verkehr in die USA anbieten. Bevor die Staaten eine Genehmigung erteilen, ihr Land anzufliegen, fordern sie ein standardisiertes Krisenkonzept nach dem »Aviation Disaster Family Assistance Act«.

In Old Europe basieren Vorsorgemaßnahmen überwiegend auf Freiwilligkeit und Verantwortungsgefühl der Unternehmen und Organisationen. Entsprechend unterschiedlich ist die Auffassung darüber, was an Infrastruktur und Ressourcen erforderlich ist.

Einem deutschen Reiseveranstalter bleibt es selbst überlassen, ob und wie er sich im Falle eines Falles um seine Gäste kümmern will. Das birgt für den arglosen Pauschalreisenden das Risiko, dass die Billigheimer dort sparen, wo man Mängel auf den ersten Blick eben nicht sieht oder gar nicht erst vermutet. Umgekehrt beinhaltet die Freiheit, besser zu sein als andere, für Qualitätsanbieter auch die Chance, ihre höhere Leistungsfähigkeit auch in schwierigen Ausnahmesituationen werbewirksam unter Beweis zu stellen (vgl. Teil III, Kap. 9).

Dafür sind eine Menge Voraussetzungen erforderlich.

2.1 Personelle Ausstattung

Die erforderlichen Führungspositionen für die Kommunikation wurden bereits ausführlich beschrieben (vgl. Teil I, Kap. 5). Aber auch alle übrigen für einen Einsatz vorgesehenen Mitarbeiter benötigen Klarheit über ihre jeweiligen Funktionen in der Krisenmaschinerie (»Wo ist in dem großen Gefüge meine Aufgabe?«). Dies gilt für sofort eingesetzten Kräfte, die Verstärkungen und spätere Ablösungen – und zwar nicht nur in den Krisenstäben und Pressestellen, sondern auch in einer

Vielzahl ergänzender Dienste wie Telefonzentralen, Bürger- oder Nachbarschaftstelefone, Transport, IT, Logistik und Pfortendienste (Auskünfte und Einlass).

Besonders externe Werkschützdienste werden bei der Planung oft vergessen, obwohl sie die Visitenkarte in der Außenwahrnehmung sind. Weder Bürger noch Journalisten interessiert es, ob rüpelhaftes Verhalten vom betriebseigenen Pförtner oder von einem angeheuerten Wachdienst kommt. Und wenn der Staatsanwalt mit einem Durchsuchungsbeschluss vor dem Tor steht, ist umsichtiges Verhalten an der Pforte nicht weniger wichtig als der kluge Rat eines Anwalts.

Bei der Rollenzuteilung sind auch besondere Fähigkeiten wie Fremdsprachenkenntnisse (internationale Presse, ausländische Angehörige etc.), arbeitsteiliges Vorgehen und Prioritätenkatalog im Vorfeld in die Personalplanung einzubeziehen. Hierfür lässt sich eine universelle Muster-Matrix zur individuellen Personalbewirtschaftung erarbeiten.

Damit sich auch die Kommunikatoren auf ihr Kerngeschäft konzentrieren können, sollten sie durch geeignete Kollegen aus anderen Bereichen entlastet werden, z. B. für organisatorische und logistische Aufgaben, Koordination, Recherchen (»Back Office«). Solche Reservekräfte sollten auch in die Schulungsmaßnahmen einbezogen werden, damit sie im Ernstfall nicht überfordert sind oder womöglich im Weg stehen.

2.2 Krisenraum und Krisenausstattung

Damit die vielen eben aufgeführten Helfer vernünftig arbeiten können, brauchen sie geeignete Arbeitsräume. Manche Krisenexperten lieben es, den Krisenraum mit dem kriegerischen Namen »War Room« zu bezeichnen. Reine Geschmackssache. Wichtiger sind Lage und Funktionalität. Es genügt meist ein dafür aufgerüsteter Konferenzraum. Einige Rahmenbedingen:

- Er soll für die Stabsmitglieder gut erreichbar sein, also ohne Spießrutenlaufen durch eine Kameragasse.
- Er darf von außen nicht einsehbar sein, sonst wird gnadenlos durch die Fenster fotografiert, gefilmt – und (keine Übertreibung!) sogar mit Abhörgeräten gelauscht. TV-Teams scheuen sich nicht, notfalls sogar Hebebühnen aufzustellen.
- Der Zugang sollte also codiert oder bewacht sein.
- Internetzugang und ausreichend Telekommunikation auch für Konferenzschaltungen sind Standardausrüstung.
- Bewährt haben sich ein oder mehrere Beamer, Whiteboards und Flipcharts.
- Ideal ist es, wenn eine Ruhezone und Verpflegungsmöglichkeiten (»Teeküche«) integriert oder zumindest in der Nähe sind. Denn trotz des empfohlenen

Schichtbetriebs oder vorgesehenen Ablösungen ist es keine Seltenheit, dass Führungskräfte in einer heißen Phase 20 oder mehr Stunden im Stabsbereich ausharren müssen.

- Ausgesprochene High-Risk-Unternehmen leisten sich sogar abhörsichere Räume (»Bunker«), Notstromversorgung, redundante Telefon- und Datennetze und Ausweichstandorte.

Für kleinere Organisationen, die großen vorsorglichen Aufwand scheuen oder sich einen eigenen voll ausgestatteten Konferenzraum schlichtweg nicht leisten können, geht es auch günstiger. Sie können sich frühzeitig nach Alternativen umsehen:

- Gibt es beispielsweise in der Nähe ein Hotel mit gut ausgestattetem Konferenz- oder Business-Center, mit dem man eine Nutzungsvereinbarung für den Notfall treffen kann?
- Gibt es andere Firmen in der Nähe, mit denen man vielleicht eine Einrichtung teilen kann?
- Gibt es öffentliche Einrichtungen, wie IHK oder Gemeinde, die geeignete Räume vorhalten und zur Verfügung stellen?

2.3 Telekommunikation

Trotz Internet und E-Mail bleibt bei der Bewältigung von Krisenlagen nach wie vor das Telefon das wichtigste Kommunikationsmittel. Deshalb müssen für unterschiedliche Aufgaben ausreichend Leitungen vorhanden sein. Die erste und wichtigste Funktion: Das Telefon wird als Führungsinstrument benötigt. Das erfordert Anschlüsse, deren Nummern nicht öffentlich bekannt sind. So mancher Pressesprecher musste die Lektion bitter lernen, wenn er keine Chance mehr hatte, sich mit Dritten abzustimmen oder mit Medien zu sprechen, weil seine auf den Visitenkarten veröffentlichten Nummern im Nu mit Anrufen aller Art »zugemüllt« waren. Im Krisenraum, aber auch auf jeden Sprecher-Schreibtisch gehört mindestens ein Telefon dessen Nummer vertraulich bleibt. Idealerweise sollte die Nummer eines solchen »roten Telefons« nicht einmal zum Standardnummernblock der Organisation gehören. Denn so schlau sind Journalisten allemal, dass sie alle Endziffern eines Nummernblocks durchprobieren.

Ausschließlich auf Mobiltelefone zu vertrauen ist ebenfalls riskant, denn schon bei Ausfall weniger Funkumsetzer können Netze zusammenbrechen oder überlastet sein (vgl. Teil III, Kap. 4). Beim ICE-Unglück sind die Netze völlig zusammengebrochen. Wer auf Mobilfunk vertraut, sollte als Backup zumindest noch einen zweiten Provider (mit eigenem Netz) haben oder sogar ein Satelliten-Telefon. Die Anschaffung solcher Geräte ist inzwischen recht preiswert, und die Betriebskosten dürften in einem Krisenfall keine Rolle spielen. Selbst für Sat-Phones gibt es inzwischen Pre-Paid-Karten.

Mobiler Einsatz

Vor Ort spielt die Musik.. Reporter, die eine gute Story wollen, wissen das. Also müssen auch die Pressesprecher »draußen« präsent sein. Manchmal bedeutet das: Belagerungszustand auf dem eigenen Gelände. Vielleicht liegt der Einsatzort aber auch irgendwo auf dem flachen Land. Um überall arbeitsfähig zu bleiben, muss ein mobiler Einsatz eingeplant werden. Ein Handy allein genügt da nicht.

Nicht anders liegt der Fall, wenn alle in den vorausgegangenen Abschnitten beschriebenen sorgfältig vorbereiteten Kriseneinrichtungen womöglich ausfallen – etwa wenn das vorgesehene Gebäude selbst betroffen ist. Für den Außeneinsatz und als Reserve hat sich da ein fix und fertig gepackter Krisenkoffer bewährt. In dem kleinen tragbaren Büro sind alle nötigen Utensilien und Geräte griffbereit. Das kann von einfachen Büro- und Schreibmaterialien bis zur Hightech-Ausrüstung mit Satelliten-Telefon und wasserfestem Notebook nach Militärnorm reichen.

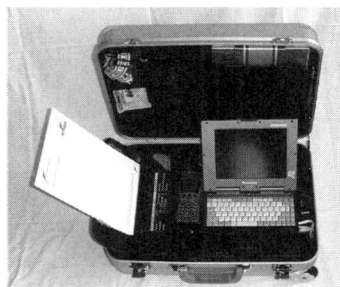 

Praktisch für den mobilen Einsatz: Krisenkoffer mit Satelliten-Telefon (links).
Gut ausgestatteter Krisenraum mit Bildschirmen und Telekommunikation
(Fotos: crisadvice/Hessisches Ministerium des Inneren)

77

2.4 Outbound Dienste/Bürgertelefon/Callcenter

Völlig unterschätzt wird in Krisen die Flut völlig unstrukturiert hereinbrechender Anrufe. Die können leicht in die Hunderte, sogar auch in die Tausende gehen. Die Masse davon ist objektiv betrachtet so überflüssig und so hinderlich wie der berüchtigte Stau durch Neugierige auf der Gegenfahrbahn bei Autobahnunfällen. Nur: Diese Erkenntnis hilft uns erst mal nicht weiter. Wir brauchen Lösungen, den Ansturm zu bewältigen.

Zur *Information* nutzen die Menschen zunächst wie seit langem Radio und Fernsehen als Hauptquellen. Für die *Kommunikation* ist und bleibt das Telefon das wichtigste Mittel. In Krisenfällen reicht es nicht, Betroffene und Öffentlichkeit nur über die Medien zu informieren. Ein wesentlicher Bestandteil zur Vertrauensrückgewinnung sind persönliche Gesprächsangebote. Um die uneingeschränkte Dialogbereitschaft anbieten und darüber sprechen zu können, ist ein Rückkanal nötig. Psychologisch gesehen besteht immer bei betroffener Nachbarschaft – etwa nach tatsächlichen oder vermeintlichen Störfällen – der Wunsch nach direkter, nach persönlicher Ansprache. Auch beeinträchtigte Kunden, egal, ob in einer Streiksituation oder bei einem schadhaften Produkt, wollen Informationen aus erster Hand.

Was also tun, wenn die Zahl der Anrufer Dimensionen erreicht, die mit »Bordmitteln« nicht mehr zu bewältigen sind? Ebenso wichtig wie die Telefon-Technik ist deshalb die Organisation der Anrufe. Selbst Großunternehmen sollten daher genau durchrechnen, ob sie es sich zumuten wollen und können, die Anrufe selbst zu bewältigen. Denn als vorgeschalteter Filter kann ein externes Ad-hoc-Call-Center eingesetzt werden. Die Vorteile liegen auf der Hand: Routineanrufe von nicht Betroffenen und Neugierigen werden dort abschließend bearbeitet. Anrufe von nicht unmittelbar betroffenen Kunden werden gezielt weitergeleitet oder kommen solange auf eine Rückrufliste, bis Kapazitäten dafür frei sind. An das Krisenteam werden nur vorselektiert Rückruflisten von unmittelbar involvierten Personen übermittelt. Auch die Medien werden so gefiltert und für die Pressesprecher priorisiert auf Rückruflisten gebündelt. Wenn dann die Spreu vom Weizen getrennt ist, können sich die Krisenmanager voll auf ihre Kernaufgaben konzentrieren.

2.5 Ad-hoc-Services, Verteiler und »Footage«

Auch bei ihrer ureigensten Aufgabe, der Bedienung der Medien mit Veröffentlichungen, müssen sich Pressestellen organisatorisch umstellen. E-Mail- und Fax-Verteiler per Hand aufzusetzen verschlingt viel wertvolle Personalkapazität. Ad-hoc-Nachrichtendienste erledigen diese Aufgabe zuverlässig und effizient. Sie nutzen dieselben Kanäle wie die Presseagenturen und kommen so direkt in die Redaktionssysteme. Solche Originaltext-Verteiler können zielgruppenspezifisch selektieren und haben den Charme, dass die so versandte Nachricht nicht redaktionell verändert worden ist. Auch Pressefotos können so verteilt werden.

Nach dem gleichen Prinzip funktionieren auch O-Ton-Services, die als Hauptzielgruppe die zahlreichen Privatradios haben. Gerade kleine Stationen, die beim Run auf Telefoninterviews gegenüber den als wichtiger eingestuften überregionalen Sendern oft chancenlos sind, nehmen solche Beiträge dankbar entgegen – und sei es nur als Schnipsel für einen »gebauten Beitrag«.

In der Vergangenheit eher geringschätzig beurteilt wurden vorgefertigte »Bewegtbilder«. Solche von Unternehmen und Organisationen selbst gedrehte Video-Beiträge und »Footage« (vorbereitetes Schnittmaterial) für Fernsehsender standen in dem schlechten Ruf, Werbematerial zu sein. Also ab in den Müll. Gegen diese vornehmlich öffentlich-rechtlich dominierte Einstellung bahnt sich neuerdings ein Umdenken an. Fernsehjournalisten und Sender begreifen in Zeiten zunehmender Konkurrenz, von Personalmangel und knapper Kassen die angelieferten Bilder als wertvolle ergänzende Informationen. Vorausgesetzt natürlich, das Material ist professionell aufbereitet und wirkt weder zu schönfärberisch noch »reklamig«.

Einige Vorteile:

- Die Sender bekommen schnell und kostenfrei aktuelle Informationen (z. B. CEO-Statement) und Hintergrundbilder (z. B. aus der Produktion),
- es wird verhindert, dass mangels neuer Bilder unaktuelles oder falsches Archivmaterial auf den Schneidetisch wandert,
- der Anfragedruck wird reduziert und vielleicht auch die Anzahl aktueller Aufnahmeteams vor Ort,
- die eigenen Botschaften können gezielter platziert und verfolgt werden,
- Das Material kann anderweitig verwendet werden, z. B. auf den eigenen Internetseiten, zur Dokumentation und für die Schulung.

Nachteil: Die Kehrseite der Medaille ist der üppige Preis und die Tatsache, dass das Material regelmäßig à jour gehalten werden muss. Und vielleicht wird der eine oder andere Journalist das Material nach wie vor misstrauisch bewerten.

2.6 Medienbeobachtung und Frühwarnung

Die besten Materialien und Verteiler nützen nichts, wenn die eigenen Schüsse ins Blaue abgefeuert werden. Um zielgerichtet, schnell und angemessen reagieren zu können, ist permanente Medienbeobachtung nötig. Selbstverständlich hatten Kommunikatoren immer schon ein Auge auf Tickermeldungen und aktuelle Fernsehberichterstattung. Aber das genügt nicht.

Die systematische Auswertung (möglichst nahe an der Echtzeit) überlässt man besser den technisch perfekt ausgestatteten Profis der entsprechenden Medinauswerter. Auch hier lohnt sich ein frühzeitiger Leistungsvergleich, denn es ist nicht sicher, ob ein Ausschnittdienst, der den täglichen Pressespiegel routinemäßig erstellt, auch in der Lage ist, passgenaue Medienanalysen für den Krisenfall zu liefern. TV-Auswertung in Echtzeit war bis vor kurzem in Deutschland überhaupt noch nicht erhältlich. Auch die qualifizierte Internetbeobachtung steckt noch in den Kinderschuhen und wird zunehmend bedeutsamer. Zielloses vor sich hin »Googlen« ist jedenfalls nicht ausreichend.

Zur Kontrolle der eigenen Effizienz ist eine intelligente Verknüpfung der eigenen Aussendung mit Suchprofilen sinnvoll. Die Medienresonanzanalyse gibt Anhaltspunkte, wo im eigenen Bereich nachgesteuert werden sollte (vgl. Teil I, Kap. 2.2).

2.7 Internet/Darksite

Obwohl das Internet in der Echtzeitkommunikation inzwischen eine Schlüsselrolle spielt, wird es in Krisen von den meisten Unternehmen noch unterschätzt. Inzwischen schauen fast alle Journalisten bei ihrer Recherche oder vor einem Ortstermin auf die Unternehmenswebsite. Das Internet in Krisen nicht schnellstens mit umfassenden Informationen zu füttern ist also ein Doppelfehler: Erstens beraubt sich der Kommunikationsmanager der Möglichkeit, frühzeitig auf die Meinungsbildner Einfluss zu nehmen. Zweitens ist eine unaktuelle Website eine denkbar schlechte Visitenkarte.

Im Umgang mit anderen Zielgruppen, etwa Kunden, kann eine mit aktuellen Informationen zur Lage bestückte Website den Anfragedruck bei Hotlines und Servicetelefonen reduzieren. Dieser Aspekt sollte allerdings nicht überbewertet werden, denn wirklich Interessierte und Betroffene werden alle Kanäle ausschöpfen, also sowohl ins Internet gehen, als auch anrufen. Unter Umständen generiert das Web sogar erst das Bedürfnis zum persönlichen Gespräch. Aber auch dieses Phänomen sollte als Chance aufgegriffen werden.

Damit eine passende Internetsite in Krisenfällen wirklich schnell zur Verfügung steht, empfehlen sich »Darksites«. So bezeichnet, weil diese speziell vorbereiteten Seiten schon fix und fertig auf einem Server liegen und bei Bedarf blitzschnell freigeschaltet werden können. Sie sind grafisch möglichst einfach gestaltet und die Navigation muss auch für mit dem Internet wenig vertraute Nutzer möglichst simpel sein. Auf überflüssigen Schnickschnack wie Animationen sollte verzichtet werden. Für den Einsatz ist sie entweder schon mit Texten bestückt oder sie wird mit Textbausteinen leicht und schnell angepasst.

Zur hohen Kunst der »Krisenbewältigung 2.0« gehören ferner der gezielte Einsatz von Suchmaschinen-Marketing und Blogs. Mehr dazu in den Kapiteln Gerüchte, Informations- und Produktkrisen (vgl. Teil III, Kap. 5, 7 und 9).

Muster-»Darksite« der Landesregierung Baden-Württemberg mit einfacher grafischer Gestaltung und leicht zu bedienender Navigation
(Quelle: crisadvice nach einem Screenshot der MFG Baden Württemberg)

Welche technische Variante gewählt wird, hängt von der Grundstruktur des eigenen Auftritts und den technischen Möglichkeiten ab. Von einer erzwungenen Vorschaltseite über einen »teaser« von der Startseite mit Verweis auf spezielle Informationsseiten bis hin zum aufspringenden Pop-up reicht die Palette der Möglichkeiten.

Eines aber ist garantiert nicht mehr zeitgemäß – den eigenen Auftritt in der Krise einfach komplett abzuschalten. Das ist nur peinlich.

2.8 Alarmierung/organisatorische Voraussetzungen

Damit wir unsere ausgefeilten technischen Einrichtungen überhaupt nutzen können, sind noch weitere organisatorische Maßnahmen zu treffen. Alarmierung und Verfügbarkeit der Mitarbeiter sind in den meisten Fällen die Achillesferse der Planung. Welcher Manager sitzt schon seine Dienststunden durchweg brav am Schreibtisch ab und wartet nach Feierabend, am Wochenende, an Feiertagen und selbstverständlich auch während Urlaub oder Krankheit auf »den« Anruf? Eben.

Für die technische Seite gibt es verschiedene Lösungen, die der Größe und Komplexität der jeweiligen Organisation angepasst werden: Telefonrundruf von der eigenen Zentrale, Anrufbeauftragung bei einem Callcenter, eine Telefon-Kaskade nach dem »Schneeballsystem« (immer der gerade Alarmierte ruft einen weiteren Mitarbeiter an) bis hin zum automatisierten Anruf-System.

Welche Alarmierung in Frage kommt, kann meist ohne großen Aufwand geklärt werden. Schwieriger ist da schon die Frage nach der Rufbereitschaft. In Organisationen mit hohen plötzlichen Risiken sollte eine 24/7 Rufbereitschaft Standard sein – zumindest für *einen* Pressesprecher. Was für eine gut bezahlte Führungskraft selbstverständlich sein dürfte, ist einer Assistentin oder Sekretärin noch lange nicht zuzumuten.

Das Reizwort »Bereitschaft« kann für Personalverantwortliche zum Albtraum werden. Wer soll/kann/muss auf die Bereitschaftsliste und wie wird diese Bereitschaft vergütet? Freizeitausgleich? Sonderbezahlung? Zusätzliche Planstellen? Muss der Betriebsrat zustimmen?

2.9 Strategie und Taktik

Informationen über die eigene Organisation sind sicherlich in Hülle und Fülle vorhanden. Es ist schließlich Tagesgeschäft, solche Informationen in medientauglicher Qualität zu liefern. Zur Krisenreaktion gehört es, solche Informationen gut aufbereitet und leicht verständlich vorzuhalten:

- Wer sind wir und was machen wir? Warum machen wir was? Wie ist unsere Unternehmensstruktur?
- Was haben wir für Produkte?
- Was ist über unsere Mitarbeiter zu sagen?
- Welchen Stellenwert haben Sicherheit, Qualitätsmanagement, Service?

Fragen über Fragen. Wenn eine Organisation unfreiwillig in den Fokus der Öffentlichkeit gerät, werden diese (und mehr) Fragen unter Garantie gestellt.

Also können passende Antworten in ruhigen Zeiten schon mal vorbereitet werden. »Q+As« (Frage-und-Antwort-Kataloge), griffig formulierte Hintergrunddienste, Fotos, Film-Footage, O-Töne, Websites – das volle Programm.

Es ist psychologisch wichtig, sich im ganzen Krisenteam mit diesen Themen zu beschäftigen. So können strategische Ziele und taktische Vorgehensweise gemeinsam definiert werden. Was wollen wir als Betroffene sagen und – was wollen wir *nicht* sagen? Was sind unsere Kernbotschaften? »Antizipieren« heißt das Zauberwörtchen: Mit der Fantasie eines Hollywood-Regisseurs großzügig vordenken, was passieren kann, und szenarisch aufbereiten. Mehr dazu in den späteren Kapiteln.

Von Einzelbausteinen zum Masterplan

Möglicherweise wirken die umfangreichen Anforderungen abschreckend – vor allen Dingen für den Budgetverantwortlichen. Dies wird jedoch nur diejenigen schrecken, die mit ihrer Kommunikationsplanung bei null anfangen. Kommunikationsmanager, die im Alltag einen verantwortungsbewussten Umgang mit den Medien und der Öffentlichkeit pflegen, werden ihr ohnehin vorhandenes technisches und organisatorisches Instrumentarium nur ergänzen, verfeinern und für den Krisenfall erweitern müssen.

Für alle Infrastrukturmaßnahmen, ganz gleich wie umfangreich sie angelegt werden, gilt gleichermaßen: den Markt sondieren, Angebote vergleichen und frühzeitig Absprachen treffen. Passende externe Dienste maßgeschneidert für den Tag X »stand-by« abonnieren und testen. Die verschiedenen Bausteine müssen zueinander passen und harmonisch in ein Gesamtkonzept (»Masterplan«) gegossen werden.

Wer seine Präventionsaufgaben komplett inhouse erledigt, ist gut beraten, Prozesse und Einrichtungen auf den Prüfstand zu stellen und zumindest nach deren erster Fertigstellung auditieren zu lassen. Es liegt auf der Hand, dass sich hinsichtlich der eigenen Organisation gelegentlich Betriebsblindheit einstellt. Mitunter werden Vorgänge mit Rücksicht auf einzelne Personen und deren Befindlichkeiten definiert, was in einem Ernstfall fatale Folgen haben kann. Schon deshalb ist der neutrale Blick von einem, »der keine Aktien drinnen hat«, von Vorteil.

Und schließlich: Selbst wenn alle Hausaufgaben erledigt sind, ist das kein Grund, sich entspannt zurückzulehnen. Krisenprävention ist eine permanente Aufgabe.

Konzentrierter Einsatz im Krisenstab: Die Führungskräfte aus verschiedenen Bereichen sind oft viele Stunden zusammen bei der Arbeit. (Foto: crisadvice)

3 Übung macht den Meister: Krisentraining

Es herrscht weitgehend Einigkeit darüber, dass es eine Standardkrise genauso wenig gibt wie einen sicheren Krisenschutz. Insofern sind Planung und Abhandlung von Krise im Sinne von Patentrezepten und trügerische Sicherheit vorgaukelnden Checklisten nicht realistisch. Dennoch ist es sehr wohl möglich, eine Krise mit gezieltem Krisenmanagement unter Kontrolle zu bekommen oder zumindest das Krisenrisiko zu minimieren. Vieles, was Krisenkommunikation ausmacht, ist Intuition, Bauchgefühl, Empathie. Vieles, aber eben nicht alles. Der operative Alltag verlangt einem glücklicherweise auch einige handwerkliche Kniffe ab, die man erlernen und immer weiter optimieren kann. Zu einer professionellen Krisenpräventions-Arbeit gehören daher Schulung, Training, Weiterbildung für alle verantwortlich Beteiligten sowie regelmäßige Simulationen der in den entsprechenden Plänen skizzierten Szenarien. Workshops, die sich mit den Standards und dem Status quo der organisationseigenen Öffentlichkeitsarbeit sowie der Risikoanfälligkeit der Organisation beschäftigen, regelmäßige Meetings des eingerichteten Krisenstabs, kontinuierlicher Austausch mit allen relevanten Bezugsgruppen innerhalb und außerhalb der Organisation sollten im Vorfeld selbstverständlich sein. Viele Organisationskrisen hätten überzeugend, nachhaltig und glaubwürdig gelöst werden können – nämlich vor ihrem Entstehen. Insofern können Krisen zwar nicht verhindert, aber ihre Bewältigung kann sehr wohl trainiert werden. Natürlich sind auch hier, im Krisentraining, learning by doing und überstandene Erfahrungen – eigene, aber auch die anderer – das Nonplusultra. Gleichwohl gibt es Fehler und Versäumnisse, die man nicht erst selbst machen oder erleiden muss, um sie als Fehler zu erkennen. Generell gilt: Eine spezifische, auf die jeweilige Organisation und deren Interessen und Möglichkeiten ausgerichtete Schulung (psychologisch, operativ etc.) ist am Ende günstiger als jede allgemein gehaltene Stangenschulung. Dieses Kapitel will für diese regelmäßige und individuelle Auseinandersetzung mit dem Krisentraining werben und sensibilisieren.

3.1 TV- und Medientraining

Im Krisenfall stellt sich die Frage »Wo sind die Medien?« meist nicht. Sie sind plötzlich da, je nach Krisenausprägung in stattlicher Anzahl, Vielfalt und Penetranz. Insofern stellt sich eigentlich auch nicht die Frage, warum ein Krisenmanager TV- und medienfit sein sollte. Eigentlich. Eine Analyse von 120 Unternehmenskrisen ergab, dass in 43 Prozent der Fälle nicht autorisierte Statements und Aussagen der zweiten und dritten Mitarbeiterebene eine effektive Krisenkommunikation kräftig verhagelt hat (PRGS 2007). In 27 Prozent wurden auf diese Weise falsche Daten und Informationen unters Volk gebracht. Und bei jedem fünften Unternehmen wirkte sich dieses Verhalten sogar krisenverschärfend aus. Acht Prozent konstatierten immerhin noch »sonstige Schwächen« im Umgang mit den Medien. Eine im Vorfeld stabilisierte und organisierte interne Kommunikation (»One voice to the media!«) ist hier zum einen sicherlich unabdingbar. Zum anderen zeugen solche selbst induzierten Schwächen nicht gerade von einem professionellen Kommunikations- und Medienmanagement. Und genau das kann man u. a. mit Hilfe vielfältiger Simulationen in Medientrainings wunderbar lernen.

Interview

Ein Interview zu geben, sich in den Medien professionell darzustellen ist, neben mehr oder weniger Talent, vor allem auch ein Handwerk, das man erlernen kann. Viele kommerzielle Anbieter, Medientrainer, Agenturen, haben sich auf Medientrainings spezialisiert. Aber auch freie TV- und Hörfunkjournalisten geben ihr Wissen in sehr praxisbezogenen Seminaren und Workshops gern weiter. Zudem bieten auf Anfrage auch einige private TV- und Hörfunkstudios spezielle Business-Castings an. Natürlich ist nicht jeder Mensch gleich talentiert für Interviews. Generell gilt: Aktivität ist gefordert, indem der Krisenmanager Inhalte offensiv anbietet und gemeinsam mit dem Redakteur abspricht. Überhaupt geht es nur gemeinsam: Der Journalist ist Experte fürs (elektronische) Medium, der Krisenprofi zusätzlich Experte fürs Thema. Er sollte den Journalisten niemals fragen, was er antworten soll, sondern von sich aus Aspekte und Argumente anbieten. Der Journalist soll informiert, ja, auch beraten werden, aber wer den Eindruck vermittelt, er wolle diktieren, beeinflussen, manipulieren, handelt letztlich mit Zitronen. Je intensiver man sich auf ein Interview, auf eine Mediensituation vorbereitet, desto leichter, kompetenter und sympathischer sieht es später aus. Menschen können von Natur aus sprechen. Immer, jederzeit. Jedenfalls so lange, bis man ihnen ein Mikrofon vor den Mund oder eine Kamera vors Gesicht hält. Schweißausbrüche, trockener Hals, Atemnot, Blackout. Die Nervosität vor einem öffentlichen Auftritt ist weit verbreitet und insofern durchaus normal. Das Gehirn stuft solche Mediensituationen nämlich als eine unbekannte, ungewisse und damit bedrohliche, möglicherweise gefährliche Situation ein. Die biologische Reaktion wäre Flucht. Doch der Verstand des Krisenmanagers befiehlt: Standhalten, die Situation birgt eine Chance, ein Vorteil. Das fällt noch leichter, wenn man im Vorfeld bereits zwei mögliche Handicaps eliminiert hat: Ungewissheit und Unvermögen. Ersteres lässt sich recherchieren, das Zweite trainieren. Natürlich gilt auch beim Medientraining: learning by doing kann nicht falsch sein. Mitarbeiter, die eigene Video-Cam und zur Not auch ein Spiegel helfen dabei, vor allem beim Einüben kritischer Interviewsituationen. Das ist die eine Seite. Andererseits gibt es kaum einen Bereich in der Kommunikation, in dem die eigene Selbsteinschätzung und das tatsächliche Leistungsvermögen im Ernstfall so eklatant differieren wie beim Medienauftritt, egal, ob live oder Konserve. Daher kann vor allem Krisenmanagern nicht eindringlich genug geraten werden, regelmäßig, mindestens einmal jährlich, professionelle Medientrainings zu besuchen, um einerseits ihr theoretisches Medienwissen aufzufrischen (Wie ticken Journalisten? Was bewirken Interviews? Fragetechniken, Green- und Bluebox?) und sich andererseits mit operativem Training medienfit zu halten (Welche Fähigkeiten und Eigenschaften werden erwartet?). Ein- bis zweitägige Praxisworkshops mit konkreten Fallbeispielen – jenseits kommunikationswissenschaftlicher Abhandlungen – sind am besten geeignet, sich das richtige Know-how anzueignen. Auch das ist Krisenprävention.

Der O-Ton

Wenn elektronische Medien um ein Interview bitten, dann heißt das im Medien-Deutsch meist: »Wir brauchen einen O-Ton.« Das »O« steht für »Original«, und diese Töne sind der Oberbegriff für alles, was vor Kamera und Mikrofon gesprochen wird. Unterschieden wird bei O-Tönen zwischen Statement und Interview. Statements sind in der Regel zwischen fünf und 30 Sekunden lang (circa ein bis sechs Sätze). Während beim Statement nur eine Aussage oder ein Zusammenschnitt von Aussagen gesendet wird, sind bei einem Interview mehrere Antworten und auch die Fragen des Journalisten zu sehen und zu hören. Der Krisenmanager sollte in der kurzen Zeit, die im zur Verfügung steht, klar sagen, was ihm nützt. Ob Statement oder Interview – länger als 20 Sekunden müssen Antworten und Botschaften nicht sein. Daher sollten stark erklärungsbedürftige Themen, deren Darlegung mehr als 30 Sekunden dauern würde, vermieden werden. Wer länger spricht, riskiert, dass keiner mehr zuhört und der Journalist die Antwort später »zurechtschneiden« wird. Verständlichkeit geht immer vor Vollständigkeit. Nur wer vorher weiß, was er später sagen will, überzeugt. Wichtig: Der erste Eindruck ist entscheidend, der letzte bleibt!

Tipps zum TV-Auftritt

- Der Krisenmanager ist fernsehtauglich: Er hat ein kamerataugliches Gesicht, eine entsprechende Figur und wirkt insgesamt sympathisch.
- Falls im Studio produziert wird, gehen Sie davon aus, mit einer Blue- oder Greenbox konfrontiert zu werden. Vermeiden Sie dann blaue oder grüne Kleidung, weil die Kamera Blau- und Grüntöne wegfiltert. Zu empfehlen sind gedeckte Farben oder Pastellfarben. Feingestreifte Kleidungsstücke, Karo- und Pepitamuster sind eher schlecht, sie können zu Flimmereffekten führen.
- Achten Sie darauf, dass die Kleidung Sie nicht beengt. Einzwängen verhindert richtiges Atmen und erzeugt Stress. Vermeiden Sie Schmuck, der störende Nebengeräusche produziert.
- Schminken Sie sich nicht selbst. Vertrauen Sie auf das Können der Maskenbildner.
- Die Kamera mit Rotlicht ist Ihr Zuschauer. Wenn das Rotlicht angeht, bleiben Sie natürlich. Weniger Bewegung vor der Kamera ist mehr, das heißt sparsame Gestik.
- Sprechen Sie mit normaler Lautstärke und artikulieren Sie sich ruhig und normal. Wer durchs Gespräch hetzt, verspricht sich schneller.
- Lassen Sie Versprecher Versprecher sein; fehlerloses Sprechen ist unnatürlich. Thematisieren Sie nur diejenigen, die beim Zuschauer Missverständnisse hervorrufen könnten, und korrigieren Sie diese kurz.
- Lernen Sie Statements auf keinen Fall komplett auswendig, fokussieren Sie sich auf die Kernbotschaften. Machen Sie sich bewusst, was Sie sagen möchten. Hauptsätze, Hauptsätze, Hauptsätze. Benutzen Sie möglichst viele Verben.

Inhalt

Zum Inhalt der Botschaften: Auch wenn es ein anschließendes Dementi erschwert und mögliche Hintertürchen generell eher geschlossen hält, hat es sich in der Krisenkommunikation bewährt, explizite Botschaften zu kommunizieren; also Worte zu wählen, die direkt ausdrücken, was gesagt werden soll. »Das Rohr ist geplatzt« ist explizit, »Die Materialien der Leitungssysteme wirken eher instabil« ist dann eher implizit, das heißt, die eigentliche Nachricht steht irgendwo zwischen den Zeilen. Im Krisenfall kommt noch ein weiterer wichtiger Aspekt hinzu: Botschaften niemals negativ formulieren oder negativ behaftete Begriffe (z. B. vom Journalisten) übernehmen! Das bedeutet, dass beide oben genannten Zitate im realen Fall eher ungünstig wären. »Wir arbeiten mit Hochdruck daran, das Rohrsystem wieder verfügbar zu machen!« ist in diesem Fall eine positive, Aktivität vermittelnde klare, gleichwohl erträglich unscharfe Aussage. Gerade bei impliziten Botschaften spielen Mimik, Gestik und Tonfall eine große Rolle, da sich diese Botschaften tatsächlich meist auf der nonverbalen Ebene abspielen.

Interview-Check

Unsere schnelllebige Mediengesellschaft hat im Krisenfall kein Verständnis für Gestammel, Gestotter und sprachliche Inkompetenz. Ebenso wenig verzeiht sie Unsicherheiten, Schuldverschiebungen und Unschuldsbeteuerungen. Als Interviewpartner sind Sie im Krisenfall die »Firewall« Ihrer Organisation. Man muss Ihnen und Ihren Aussagen vertrauen. Dazu gehören eben auch ein medienkompatibles Auftreten und Aussehen. Diese Fähigkeiten und Eigenschaften liegen nicht immer beim Führungspersonal. Eine Organisationsspitze agiert dann souverän, wenn sie den Geeignetsten an die Front schickt:

- Welche Botschaften wollen Sie transportieren?
- Sind Ihnen alle Themenaspekte, auch kritische, vertraut?
- Sind Sie mit (Fernseh-)Interviews vertraut?
- Sind Sie auch auf überraschende Fragen vorbereitet?
- Haben Sie sich auf den Ort vorbereitet, an dem aufgenommen wird?
- Wird live gesendet oder für einen »gebauten Beitrag« aufgezeichnet?
- Sind Ihnen Anlass, Art, Thema, Themenhintergrund, Konzept, redaktionelles Umfeld, die zu erwartende »Tendenz« (also Information, Enthüllung, Skandal) der Sendung bekannt?
- Haben Sie alle Rahmenbedingungen im Vorgespräch klären können?
- Kennen Sie die »Eigenarten« des Interviewers?

Wenn absehbar ist, dass aufgenommenes Material in der Sendung gegen Sie verwendet wird, sollten Sie anstelle eines Interviews nur ein Statement geben oder auf den Auftritt ganz verzichten.

Risikokommunikation wurde bereits an anderer Stelle als Metakommunikation bezeichnet; die Art der Kommunikation, Mimik, Gestik, Tonfall, tragen mit zum Inhalt der Kommunikation bei. Wer sich explizit ausdrückt, sollte dementsprechend auch ausschließlich kongruente Nachrichten aussenden. Das bedeutet, dass

Sprache, Gestik, Mimik – alles zusammen – das Gleiche signalisieren. Wer in einer Pressekonferenz von »Kooperation mit den Medien« spricht, auf der körpersprachlichen Ebene dagegen »Bleibt mir bloß vom Leib« signalisiert, begeht einen so genannten »Doublebind«, er kommuniziert inkongruent, also mindestens ein Informationskanal widerspricht einem anderen. Mit jeder Nachricht vermittelt der Sender immer auch viel über sich selbst: Was findet er wichtig? Wie stringent ist seine Gedanken-, Argumentationskette? Wie gibt er sich? Ein Krisenmanager möchte nicht nur einen guten Eindruck machen, er muss überzeugen. Ob er dies mit Imponiertechniken erreicht, ist fraglich. Gewiss, Fachsprache, »Name dropping« und Gelassenheit bis nahe an die Arroganz können hie und da Kompetenz vermitteln. Wenn es aber wichtig ist, dass der Empfänger den Inhalt gut versteht, hat sich eine einfache Sprache gepaart mit empathischem Verhalten bewährt – ohne dass die Kompetenz darunter leidet oder Glaubwürdigkeit verloren geht. Wer versteht, vertraut eher. Ähnlich verhält es sich mit den so genannten Fassadentechniken. Sie setzt man ein, wenn man keine Schwäche und möglichst wenig Gefühl zeigen will, also z. B. bei Geschäftsverhandlungen. Häufiges Erkennungsmerkmal: »Man-« oder »Du«-Sätze sowie Passivkonstruktionen. Die Aussage »Man wird das Problem lösen.« ist ein gutes Beispiel für Hilflosigkeit und den Versuch, eine wie auch immer geartete Verantwortung zu delegieren. Doch in Krisenfällen haben sich Ich- oder Wir-Botschaften bewährt: »Ich werde das Problem lösen.« Diese Aussage kann der Empfänger ignorieren, einfach durchgehen lassen, zurückweisen oder akzeptieren. Ich-Botschaften zwingen also Sender und Empfänger, ihre Beziehung untereinander zu definieren. Man spricht hier vom Beziehungsaspekt einer Nachricht. Dafür hat der Empfänger ein besonders empfindliches Ohr. Hier fühlt er sich ernst genommen oder missachtet. Verschwiegene Gedanken oder verschleierte Gefühle machen misstrauisch. Dem Beziehungsaspekt einer Nachricht kommt im öffentlichen Auftritt und in der Krisenkommunikation große Bedeutung zu.

3.2 Telefontraining

Das Telefon klingelt. Der Krisenmanager hebt ab. Am anderen Ende meldet sich ein Sender und fragt nach einem Interview, möglichst rasch, umgehend, sofort. Der Profi sagt nicht sofort »Ja!« oder spricht womöglich unvorbereitet. Der Blutdruck steigt. Normal. Der Profi weiß allerdings auch: Ein Telefoninterview im Radio ist eine Chance, den eigenen Standpunkt zu verdeutlichen. Und der Blutdruck sinkt wieder.

Zunächst gilt es unbedingt herauszufinden, wer was von Ihnen will:
- Für welchen Sender/welche Sendung soll das Gespräch sein?
- Ist es ein Interview, wird es live gesendet oder wird aufgezeichnet (und damit wahrscheinlich geschnitten)?
- Wie lang wird der Bericht sein?
- Was genau ist das Thema?
- Welche Aussagen (Inhalte/Tendenz) werden erwartet?

Wer sich eine kurze Bedenkzeit nimmt und einen Rückruf verspricht (letztlich auch, um den Anrufer zu verifizieren), handelt professionell – wenn er sich denn auch wie versprochen meldet. Und dann kann es losgehen. Hier noch einige Tipps:
- Gesprochen ist gesendet! Lassen Sie möglichst einen Mitarbeiter zuhören, damit Sie nicht vor sich hin sprechen. Wenn Sie Anlass zu der Befürchtung haben, dass Ihr Interviewpartner mit dem Gesagten nicht seriös verfahren wird, schneiden Sie das Gespräch mit (Diktiergerät, Anrufbeantworter). Darauf müssen Sie aus rechtlichen Gründen allerdings gleich zu Beginn hinweisen.
- Bleiben Sie, wer Sie sind. Sie sprechen, um Informationen zu vermitteln, nicht um zu beeindrucken.
- Sprechen Sie langsam und deutlich artikuliert. Kleine Pausen erhöhen die Aufmerksamkeit.
- Bilden Sie kurze Sätze (zehn bis maximal 20 Wörter) ohne Fremdwörter (Fachsprache vermeiden oder erklären), Abkürzungen, Anglizismen. Beachten Sie das Maximum: die 30-Sekunden-Botschaft.
- Entscheiden Sie sich für Aktivformulierungen, statt mit dem Passiv unbestimmt zu bleiben, wählen Sie den Indikativ, statt mit dem Konjunktiv ein Wunschkonzert zu zelebrieren, nutzen Sie Verben, statt mit Substantiven Ihre Entschlusskraft zu verwässern.
- Superlative sind ebenso fehl am Platze wie unnötige Füllsel, Betonungen oder inflationär gebrauchte Wörter wie z. B. großartig, entschieden, überaus, absolut …
- Verlieren Sie nicht den Empfänger und seinen möglichen Erfahrungshorizont aus den Augen; anschauliche Beispiele und bildhafte Formulierungen tragen besser zum Verständnis bei als abstrakte und massenhaft vorgetragene Zahlenkolonnen. Andererseits binden Zahlen Aufmerksamkeit. Daher Zahlen selektiv und plastisch einsetzen (»Der Brand vernichtete rund 82.500 Quadratmeter Lagerfläche« klingt weniger anschaulich als »Der Brand vernichtete Lagerflächen in einer Größenordnung von etwa zehn Fußballfeldern«.)

Beim Einsatz des Materials für ein Print-Medium wird meist wesentlich mehr gesprochen, als der Journalist verwenden kann. Zulässig ist eine redaktionelle

Bearbeitung des Telefoninterviews, wenn der Journalist Äußerungen sinngemäß in eigenen Worten wiedergibt und dies für den Leser auch erkennbar ist, wenn er »Glättungen« in Satzbau und Grammatik vornimmt (poliert) oder die Veröffentlichung (ohne Sinnentstellung) auf einzelne Punkte reduziert.

Das Telefon ist zwar ein Dialog- und damit durchaus ein Kommunikationsmedium, doch es spart wesentliche Aspekte der Kommunikation aus. Begleitende Mimik, Gestik, Tonfall bleiben wenn überhaupt der Interpretation des Zuhörers überlassen. Eine allgemeine Beschreibung von Kommunikation lieferte Harold D. Laswell bereits 1948. Diese hat als Laswell-Formel Eingang in die Kommunikationsforschung gefunden und stellt folgende simple Frage: »Wer sagt was in welchem Kanal zu wem mit welcher Wirkung?« Bei menschlicher Kommunikation, auch am Telefon, rücken soziale Prozesse in den Mittelpunkt. Kommunizieren und telefonieren kann also als soziales Handeln verstanden werden. Handeln stellt in diesem Zusammenhang ein beabsichtigtes Verhalten dar. Mit dem Telefonat werden dann bewusst konkrete Ziele verfolgt. Wenn dementsprechend mindestens zwei Individuen, ein Sender und ein Empfänger, ihre kommunikativen Handlungen nicht nur wechselseitig aufeinander richten, sondern darüber hinaus auch die allgemeine Absicht ihrer Handlungen verwirklichen können und damit Verständigung erreichen, kann von menschlicher Kommunikation gesprochen werden. Erst der wechselseitig stattfindende Prozess der Bedeutungsvermittlung macht Kommunikation aus.

Merkbox Autorisierung von Zitaten[5]
- Wenn ein Medium (Zeitung, Zeitschrift, Radio, TV) Äußerungen von Ihnen zitiert, die Sie öffentlich gemacht haben, darf es das ohne Ihre Genehmigung tun. Als Ausnahme gilt nur, wenn es solche Aussagen in Form eines Interviews zusammenfasst. Sie müssen sich nicht gefallen lassen, dass der unzutreffende Eindruck entsteht, Sie hätten diesem Medium ein Interview gegeben.
- Zitiert ein Medium eine persönliche Stellungnahme von Ihnen, die nicht für die Öffentlichkeit bestimmt war, darf es das ohne Ihre Genehmigung (nur) tun, wenn die Verbreitung dieser Information für die allgemeine Meinungs- und Willensbildung besonders wichtig ist (z. B. Aufdecken gravierenden Fehlverhaltens oder Gefährdung der Allgemeinheit).
- Will ein Medium Ihre Äußerungen in veränderter Form veröffentlichen, benötigt es dazu Ihre Genehmigung. Das gilt für die Umformulierung

---

5   Udo Branahl, Umgang mit Journalisten, in: DUZ 12/2004

wörtlicher Zitate wie auch für die Ergänzung eines Interviews. Kürzungen, die die Aussage nicht verändern, bedürfen hingegen keiner besonderen Autorisierung.

- Werden komplizierte Sachverhalte und Zusammenhänge dargestellt, bieten Sie Ihrem Gesprächspartner an, seinen Beitrag vor der Veröffentlichung auf dessen fachliche Richtigkeit zu überprüfen und – falls erforderlich – Änderungsvorschläge zu machen.

- Als Pressesprecher im Öffentlichen Dienst sind Sie verpflichtet, den Medien Auskünfte zu geben. Daher steht es Ihnen nicht frei, Ihre Auskunftsbereitschaft von der Zusage des Journalisten abhängig zu machen, dass Ihre Stellungnahme erst nach vorheriger Autorisierung durch Sie veröffentlicht wird.

- Nutzen Sie die ggf. dennoch vorliegende Autorisierung dazu, Ihren Rechtsanspruch auf eine zutreffende Wiedergabe Ihrer Äußerungen in dem Beitrag abzusichern, ist ein solches Verlangen legitim. Das ist in der Praxis weit verbreitet und wird von den Medienvertretern auch weitgehend akzeptiert. Dies gilt besonders für die Autorisierung eines Interviews sowie die Wiedergabe einer Stellungnahme in einem Printmedium.

- Zunehmenden Unmut bei Journalisten löst die immer häufiger anzutreffende Praxis von Auskunftspersonen aus, die Veröffentlichung generell von einer Genehmigung abhängig zu machen und beim Autorisieren weitgehende inhaltliche Veränderungen zu verlangen.

Um Ärger zu vermeiden sollten die Spielregeln vor einem Gespräch (ganz gleich ob persönlich oder telefonisch) stets klar besprochen und festgelegt werden.

Doch das funktioniert nicht immer reibungslos. Denn wichtig ist nicht, was der Sender gemeint hat, sondern was der Empfänger versteht. Die Kommunikationswissenschaft arbeitet viel mit Modellen, um das Menschliche und Zwischenmenschliche, das »Psychologisierende«, das besonders in der Krisenkommunikation eine große Rolle spielt, in den Blick und auch ein wenig »in den Griff« zu bekommen.

Vier-Ohren-Modell

Das Kommunikationsquadrat ist das bekannteste und inzwischen auch weit verbreitete Modell von Friedemann Schulz von Thun. Bekannt geworden ist dieses Modell auch als »Vier-Ohren-Modell«. Es besagt, wenn ich als Mensch etwas von mir gebe, bin ich auf vierfache Weise wirksam. Jede meiner Äußerungen enthält, ob ich will oder nicht, ob Krisen- oder Alltagssituation, vier Botschaften gleichzeitig:

- eine Sachinformation (worüber ich informiere)
- eine Selbstkundgabe (was ich von mir zu erkennen gebe)
- einen Beziehungshinweis (was ich von dir halte und wie ich zu dir stehe)
- einen Appell (was ich bei dir erreichen möchte)

Schulz von Thun hat daher die vier Seiten einer Äußerung als Quadrat dargestellt und dementsprechend dem Sender »vier Schnäbel« und dem Empfänger »vier Ohren« zugeordnet. Beispiel: Beifahrer und Fahrer im Auto. Der Beifahrer sagt: »Du, die Ampel da vorne zeigt Grün.« Je nachdem, mit welchem Tonfall, mit welcher Mimik und Gestik der Beifahrer (Sender) diesen Satz von sich gibt, hat der Fahrer (Empfänger) vier Möglichkeiten der Interpretation.

Auf der *Sachebene* des Gesprächs steht die Sachinformation im Vordergrund, hier geht es um Daten, Fakten und Sachverhalte. Für den Sender gilt es also, den Sachverhalt klar und verständlich zu vermitteln. Der Empfänger, der das »Sach-Ohr« aufgesperrt hat, hört auf die Daten, Fakten und Sachverhalte, wird die Information neutral zur Kenntnis nehmen, gegebenenfalls kommentieren: »Ja, ja, ich sehe es!«

Selbstkundgabe: Wenn jemand etwas von sich gibt, gibt er auch etwas von *sich*. Jede Äußerung enthält auch eine Selbstkundgabe, einen Hinweis darauf, was in mir vorgeht, wie mir ums Herz ist, wofür ich stehe und wie ich meine Rolle auffasse. Dies kann explizit (»Ich würde schneller fahren!«) oder implizit, wie in unserem Beispiel, geschehen. Während der Sender also mit dem Selbstkundgabe-Schnabel, implizit oder explizit, Informationen über sich preisgibt, nimmt der Empfänger diese mit dem »Selbstkundgabe-Ohr« auf: »Ich darf hier aber nicht schneller fahren«, wäre eine mögliche Antwort.

Die *Beziehungsseite*. Ob ich will oder nicht: Wenn ich jemanden anspreche, gebe ich (durch Formulierung, Tonfall, Begleitmimik) auch zu erkennen, wie ich zum anderen stehe und was ich von ihm halte – jedenfalls bezogen auf den aktuel-

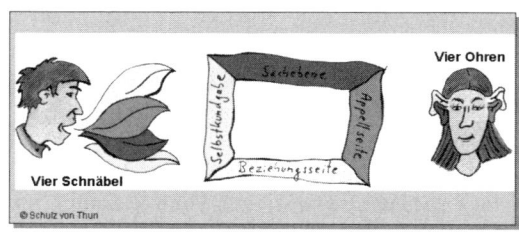

Das Kommunikationsquadrat bzw. »Vier-Ohren-Modell«
(Quelle: Schulz von Thun, 1977/1981)

len Gesprächsgegenstand (»Der kann ja überhaupt nicht Auto fahren!«). In jeder Äußerung steckt somit auch ein Beziehungshinweis, für den der Empfänger besonders in der Krisenkommunikation oft ein besonders sensibles (über)empfindliches »Beziehungs-Ohr« besitzt. Aufgrund dieses Ohres wird entschieden: Wie fühle ich mich behandelt durch die Art, in der der andere mit mir spricht? Was hält der andere von mir und wie steht er zu mir? Mögliche Antwort in unserem Beispiel: »Fährst du oder fahre ich?«

Appellseite: Wenn jemand das Wort ergreift und es an jemanden richtet, will er in der Regel auch etwas bewirken, Einfluss nehmen; den anderen nicht nur erreichen, sondern auch *etwas* bei ihm erreichen (»Gib Gas!«). Offen oder verdeckt geht es auf dieser Ebene um Wünsche, Appelle, Ratschläge, Handlungsanweisungen, Effekte etc. Das »Appell-Ohr« ist folglich besonders empfangsbereit für die Frage: Was soll ich jetzt machen, denken oder fühlen? »Ich beeile mich ja schon!«

3.3 Verhaltenstraining

Mit dem Verhalten ist es so eine Sache. Jeder verhält sich irgendwie. Verhalten hat kein Gegenteil, man kann sich nicht nicht verhalten. Herkunft, Ausbildung, Beruf und soziales Umfeld bestimmen das Verhalten von Menschen maßgeblich. Doch es gibt eben auch Berufe und hier bestimmte Situationen, da entscheidet das Verhalten über Scheitern und Gelingen, über Glaubwürdigkeit und Ablehnung, über Vertrauen und Misstrauen. Der Beruf des Krisenmanagers gehört zweifellos dazu. Jovialität, Anbiederei und Ignoranz, Selbstgerechtigkeit und -herrlichkeit, Schulmeisterei und Arroganz sind genauso wenig krisenkompatibel wie Duckmäusertum, Reue und Schuldeingeständnisse. Selbst zwischen diesen extremen Polaritäten gibt es noch eine große Bandbreite möglicher Fehlverhalten. Klar, Authentizität ist wichtig, Schauspielerei vermeiden. Doch wann ist ein Verhalten richtig, angemessen, akzeptabel? Entscheidend ist, dass man sich in seinem Verhalten wohl fühlt, dass es zu einem passt wie ein guter Anzug, der einen kleidet und nicht verkleidet. Das meiste ist sicherlich eine Typfrage, individuell und persönlich, und deshalb in Form einer »Etiketten-Liste« sicher kaum vermittelbar. Aber es gibt auch hier einige Erkenntnisse, die man sich aneignen kann, um sein Verhalten im Krisenfall zusätzlich zu optimieren. Rollenspiele mit Familie, Freunden, Mitarbeitern eignen sich hier übrigens vorzüglich, um bestimmte Verhaltensmuster zu trainieren.

Mehr als Inhalt

Auch im Verhalten gibt es Form und Inhalt. Auf die Form des Verhaltens in Krisensituationen wurde bereits mehrfach an anderen Stellen hingewiesen. Hier noch einmal einige markante Punkte:

- Die erste Stunde entscheidet!
- Krisenstab konstituieren,
- initiativ und offensiv statt defensiv kommunizieren,
- keine Abschottung, kein Abtauchen,
- Stellungnahmen sofort, kurz prägnant; Sachverhalte beschreiben, nicht bewerten.
- Messgrößen (Zahlen, Prozente) statt abstrakter Feststellungen,
- Experten konsultieren und
- Empathie und aufrichtiges Gefühl zeigen.

Der amerikanische Psychologe Albert Mehrabian hatte bereits in den 1970er Jahren herausgefunden, dass Menschen, die öffentlich auftreten, mit dem Inhalt des Gesagten lediglich zu sieben Prozent auf die interessierte Öffentlichkeit wirken (vgl. hierzu die Ausführungen zum Inhalt von Botschaften in Teil II, Kap. 3.1). Zu gut 38 Prozent wirken Stimme, Tonfall, Dynamik, Tempo. Den weitaus überwiegenden Teil seiner öffentlichen Wirkung (55 Prozent) entfaltet der Kommunikator jedoch mit seiner Körpersprache, mit Mimik, Gestik, mit Körperhaltung und Blickkontakt. Dies macht deutlich, wie wichtig es besonders für Krisenmanager ist, diese bekannten Wirkungs- und Verhaltenscluster richtig zu bedienen und für sich zu nutzen – wenn sie überzeugend und glaubwürdig sein wollen. Auch dies kann man in einschlägigen Seminaren und Workshops lernen – oder es sich selbst antrainieren. Hier einige vergleichsweise unspektakuläre aber wirkungsvolle Tipps:

Wenn es die Zeit erlaubt, sollte man den Anlass, der ein bestimmtes (Kommunikations-)Verhalten erfordert (z. B. eine Pressekonferenz), gut vorbereiten. Was ist mein Ziel? Was möchte ich erreichen? Mit wem spreche ich? Wer ist mein Publikum? Was weiß ich über mein Publikum? Unter welchen Rahmenbedingungen muss ich mich verhalten (Werde ich unter Druck gesetzt?)? Welche Vorgeschichte hat das Treffen? Was kann ich tun, um die Gesprächssituation in meinem Sinn positiv zu beeinflussen?

Nehmen wir das Beispiel »aktives Zuhören«. Risikokommunikation sucht den Dialog. Wer aktiv zuhört, gegebenenfalls Entgegnungen mit eigenen Worten wiederholt, der schützt sich selbst davor, aus einer spontanen Verteidigungshaltung heraus zu reagieren. Er gewinnt Zeit und hat die Chance, den Kern der Entgegnung richtig zu erfassen. Aktives Zuhören braucht Interesse und Vorurteilslosigkeit. Aktives Zuhören bedeutet, sich dem Tempo des anderen anzupassen und ihn dort abzuholen, wo er mit Blick auf Verhalten, Wissen und Gefühl offenbar steht (Pacing). Aktives Zuhören bedeutet auch bejahen. Bejahen heißt nicht gutheißen. Bejahen heißt, den anderen so anzunehmen wie er ist. Dazu kann auch gehören, die Aussagen eines anderen mit Blicken, Kopfnicken und kurzen Äußerungen zu verstärken. Wer merkt, dass die Atmosphäre mit Wut, Angst, Konflikten sehr aufgeladen ist, sollte eine Pause vorschlagen. Und das alles mit ruhiger Stimme, prägnanter Wortwahl und klarer Aussage und dem festen Vorsatz, sich nicht provozieren zu lassen – freundlich im Ton, hart in der Sache. Auch das ist souverän und professionell. (»Wenn ich Ihnen über Gebühr klar erscheine, müssen Sie falsch verstanden haben, was ich gesagt habe«, sagte der Ex-Notenbankchef Alan Greenspan einmal zu Journalisten in Anspielung auf seine meist nebulösen Aussagen. Die Krise dagegen erfordert unmissverständliche klare Aussagen) Ein kluger Krisenmanager führt das Gespräch. Wer inkongruente Botschaften von sich gibt, lässt zu, dass der Empfänger stärker auf den Tonfall des Senders reagiert als auf die Wortbedeutung, den Inhalt. Wichtig ist, sich stets bewusst zu machen, auf welcher Kommunikationsebene man sich gerade verhält. Sobald der Sender wahrnimmt, dass der Empfänger emotional negativ berührt ist, verschlechtert er seine Chancen rapide, in der Sache weiterzukommen. Dann kann es sinnvoll sein, auf die Beziehungsebene zu wechseln: »Ich wollte niemanden verletzen« oder »Das sollte nicht als Pauschalkritik verstanden werden« sind gute Beispiele, um die Beziehungsebene wieder ins Lot zu bringen und sein Gegenüber für Sachaussagen empfänglich zu machen. Der Ton macht die Musik – Lippenbekenntnisse scheitern!

Sprache

Kommunikationswissenschaftler haben übrigens herausgefunden, dass 80 Prozent aller Gesprächspausen kürzer als sechs Sekunden sind – also bleibt hier entweder keine Zeit zum Nachdenken oder keine Zeit zum Zuhören. Wer also Pausen zum Nachdenken ermöglicht und damit den Zuhörern Raum gibt, verhält sich gesprächstechnisch effektiv und auch stimmschonend. Apropos Stimme: Stimmforscher wissen schon lange, dass die Stimme auf Kommunikationssituationen großen Einfluss hat. Unbewusst reagieren wir alle auf Stimmeigenschaften und lassen uns beim Zuhören von der »Gestimmtheit« des Redners beeinflussen. Dabei gilt die Stimme schon seit der Antike als Ausdruck der Persönlichkeit.

Das Wort »Persönlichkeit« kommt vom lateinischen »per sonare« und bedeutet durch-klingen. Schon dieser etymologische Nachweis zeigt, wie eng Stimme und Ausstrahlung verbunden sind. Auch der römische Sprechlehrer Quintilian wusste, »dass ein mittelmäßiger Inhalt unter der Gewalt eines vollendeten Vortrags mehr

Eindruck macht als der vollendetste Gedanke, bei dem der Vortrag mangelt«. Die Stimme, unser wichtigstes Kommunikationsmerkmal, gibt stets Aufschluss über die aktuelle Gefühlslage des Sprechenden. So lassen zum Beispiel Stress oder Nervosität die Stimme gepresster oder dünner klingen, weil sie den Atem verkürzen und einen Überdruck erzeugen, der einem sprichwörtlich »die Kehle zuschnürt«.

Nicht professionell geschulte Sprecher nutzen ihr individuelles Stimmpotenzial in der Regel nur zu höchstens 40 Prozent aus. Ein gutes Stimmtraining ist deshalb immer ganzheitlich ausgerichtet und umfasst auch Übungen zu Haltung, Atem, Artikulation und Präsenz. Erfolgreiche Redner setzen Mimik, Gestik und Körpersprache bewusst ein, modulieren zwischen hoch und tief, laut und leise, setzen Akzente, Pausen oder ein hörbares Lächeln ein. Je trainierter und bewusster ein Sprecher im Umgang mit der eigenen Stimme ist, umso gezielter und stimmschonender kann er sie einsetzen – unabhängig von innerem Befinden.

Körpersprache

Im Verhalten in einer kritischen Situation sind es Nuancen, Marginalien, Winzigkeiten, die über Erfolg oder Misserfolg einer Kommunikationssituation entscheiden. Insofern kommt nicht nur jedem Wort, sondern jeder Bewegung und auch jeder unterlassenen Bewegung besondere Bedeutung zu. Jede Handlung bietet Interpretationsspielräume. Sagt er die Wahrheit? Ist er nervös? Warum spielt er mit den Händen? Meint er das so? Kooperiert er wirklich? Für den Krisenmanager ist es deshalb wichtig, nichts dem Zufall zu überlassen. Dazu gehört eben auch das Training der nonverbalen Kommunikation, der Körpersprache. Das Interpretieren und Kommentieren von Körpersprache ist indes so eine Sache. Die meisten Empfehlungen gehen von einem stereotypen Menschen aus, den es aber so nicht gibt. Während der eine bei öffentlichen Auftritten ruhig und gelassen bleibt, ist der andere der mehr gestikulierende, körperbetonte, gleichwohl ebenso glaubwürdige Typ. Insofern dienen die nachfolgenden Hinweise der Sensibilisierung und intensiven individuellen Auseinandersetzung mit dem Thema. Die Tipps sind also keinesfalls als ultimative Handlungsaufforderungen zu verstehen:

Wer auf der Stuhlkante Platz nimmt, kann es eilig haben oder unsicher sein, wie viel Platz er für sich in Anspruch nehmen darf. Wer mit gespreizten Beinen sitzt, will imponieren. Vor der Brust verschränkte Arme signalisieren Selbstschutz. Im Gespräch gezeigte Handinnenflächen zeigen die Bereitschaft, Gegenargumente anzunehmen – jetzt und hier ist Meinungsaustausch erwünscht! Fingerspiele, z. B. mit einem Kugelschreiber, weisen darauf hin, dass einen das Gespräch berührt. Das seitliche Neigen des Kopfes meint aktives Zuhören ohne Konfrontationsabsicht. Wer überzeugen will, versucht Blickkontakt aufzubauen. Auch hier bestimmt die Dosis das Gift. Wer sich zu lange fixiert fühlt, hört nicht mehr zu, er fühlt sich herausgefordert, sogar provoziert. Werden die Augen beim Zuhören schmaler, so zeigt dies ein Bedürfnis nach präziser Information, nach einer detaillierten Erklärung. Kurz geschlossene Augen während des Gesprächs dagegen zeigen: »Danke, genug Infos, ich habe verstanden.«

3.4 Krisenlabor, Alarmtest und Simulationen

Krisen erfordern klare Kommunikation. Darauf ist der Profi nun vorbereitet. Alles ist bedacht. Das Krisenhandbuch ist fertig und von allen relevanten Personen unterzeichnet. Endlich, alle Verantwortlichkeiten sind geklärt – schriftlich! Alle erforderlichen Schulungen und Workshops sind erfolgreich gelaufen. Die Organisationsleitung ist entsprechend sensibilisiert, die interne Kommunikation stabilisiert, Zuständigkeiten sind definiert, Sprachregelungen identifiziert, Budgets quantifiziert. Die Krise ist auf dem Reißbrett durchgespielt worden. Offensichtliche Fehlerquellen wurden erkannt und ausgemerzt. Experten und Berater wurden hinzugezogen. Alle Chancen und Risiken, Stärken und Schwächen der Krisenkommunikation wurden zigfach diskutiert, akzeptiert und wieder verworfen, um dann schließlich doch noch in das Krisenmanual einzufließen. Die Krise kann kommen. Alles ist perfekt. Alles? Wirklich alles? Was ist mit all den Faktoren, die sich im Vorfeld eben nicht planen lassen? Was ist mit dem Faktor Mensch? Werden sich alle Beteiligten tatsächlich so verhalten wie geplant und besprochen? Was ist mit all den unvorhersehbaren, unplanbaren Ereignissen, die im Ernstfall jedes noch so schöne, am Reißbrett entworfene Modell zum Theoretikum deklassieren? In einer Ausnahmesituation, wie sie eine Krise nun einmal darstellt, lebt man in einer Vielzahl von verschiedenen Prozessen, Prozessabläufen, Verantwortlichkeiten und Schnittstellen, man befindet sich in zahlreichen Sach- und Formzwängen, die Handlungsspielräume einengen. Die große Herausforderung besteht also auch darin, für einen vernünftigen Ablauf im internen Organisationsapparat im Krisenfall zu sorgen. Transparenz und Übung helfen, auch diese Hürde zu nehmen.

Theorie und Praxis

Und woher weiß der Krisenmanager, dass sich sein detailliert geplantes Krisenmodell auch im Fall des Falles, in der Krisenpraxis, bewähren wird? Er weiß es nicht. Er muss es ausprobieren. Er braucht den Mut zur Realität. Er simuliert eine Krise, in Echtzeit, unter Realbedingungen. Nicht irgendein fiktives Planspiel, nein, seine eigene Organisations-Krise, genau die, die eigentlich nie kommen darf, realitätsnah in den laufenden Betrieb hereinbrechend, überraschend, unvorhergesehen, plötzlich – aber eben nicht ungeplant!

Doch was ist eine Simulation, und reicht diese aus? Als Simulation kann schon ein kleines Planspiel am Besprechungstisch gelten, dieses kann mit und ohne Moderation, mit und ohne Spielkarten, als Diskussion oder Krisenstabsübung beginnen. Bis zu einer realen Krisenübung (einer Übung unter Laborbedingungen) sind endlich viele Zwischenschritte möglich. Im besten Fall umfasst eine aufwändige, kostenintensive Übung unter Laborbedingungen eine umfangreiche »Simulation« unter Einbeziehung eines Teils der Belegschaft, des Sicherheitsdienstes, der Austestung des Alarmplans (Wer wird wann von wem zu welcher Zeit an welchem Ort benachrichtigt?) und der Meldewege. Sie beinhaltet das Zuschalten von Anrufern (auch zur Auslastung eines möglichen Callcenters), das Einbinden von Krisenaktivisten (Journalisten, Politik, Behörden, Psychopathen etc.), die Erstellung von Radio- und Fernsehbeiträgen sowie das Evaluieren z. B. mittels Zeitungsclippings. Die Bezeichnung »Labor« bedeutet hierbei also nichts anderes, als eine Krise so wirklichkeitsnah wie möglich »in vitro« darzustellen und die Beteiligten, ihre Reaktionen und Verhaltensmuster, anschließend zu bewerten, auch unter psychologischen Gesichtspunkten. Nur dieses Trainingsformat, das sinnvollerweise von externen Beratern, Trainern, Experten begleitet, beobachtet, dokumentiert und analysiert wird, hilft aufzuklären, was das organisationseigene Sicherheits- und Risikomanagement taugen, ob die Krisenkommunikation wirklich funktioniert, ob die angedachten Zeitabläufe realistisch sind, wie externe Stellen (Feuerwehr, Polizei, Rettungsdienste) das Handling beeinflussen, ob alle ihre zugedachte Rolle spielen, ob alle handelnden Personen »krisenfest« sind und wo das Operative am »Menscheln« scheitert.

Vorbildlich

Als vorbildlich gilt unter Experten beispielsweise das präventive Krisenmanagement bei Royal Dutch/Shell. Shell Deutschland büßte während der Brent-Spar-Krise 1995 jeden Tag bis zu 80 Prozent des Umsatzes ein. Heute misst der Öl- und Gashändler u. a. mindestens alle 18 Monate mit Hilfe von Umfragen und Medienanalysen, wie die öffentliche Meinung das Unternehmen beurteilt. Zudem wissen die Manager exakt, was sie im Krisenfall zu tun haben. Mindestens einmal im Jahr müssen alle Mitarbeiter an entsprechenden Krisensimulationen unter Laborbedingungen teilnehmen. Dort üben Manager und Mitarbeiter das Verhalten z. B. im Fall eines Terroranschlags. Dabei kooperieren sie sogar mit den

Sicherheitsprofis von Polizei und Verfassungsschutz. Trainiert werden nicht nur das Top-Management, sondern auch die Shell-Mitarbeiter in den jeweiligen Niederlassungen. Denn wenn der Tank brennt, gehen die Medien nicht zur Unternehmenszentrale, sondern natürlich dahin, wo es brennt, und fragen dort die Mitarbeiter. Krisensimulationen und Alarmabläufe sind also wichtige Instrumente der Krisenprävention.

3.5 Stress- und Selbstmanagement

»Ich bin im Stress.« Oft gehört, vermutlich noch öfter selbst gesagt, womöglich noch mit dem Zusatz »Lass mich in Ruhe« oder »Fass dich kurz«. Und gelegentlich stellen sich beim Empfänger eines solchen Satzes immer noch die gewünschten Assoziationen ein: keine Zeit, Hektik, ich bin beschäftigt. Dieser Mensch ist wichtig! Doch de facto sind die Zeiten vorbei, in denen solche Attribute als prestigeträchtig bewundert wurden. Heute signalisiert der Krisenmanager mit solchen Aussagen vielmehr seinen eigenen Bankrott: sein katastrophales Zeitmanagement, seine Unfähigkeit zu delegieren und sein nicht vorhandenes Selbstmanagement. All dies würde einen Krisenmanager für den Fall der Fälle disqualifizieren. Würde. Allerdings werden Krisen durch Ereignisse ausgelöst, mit denen man meist unzureichende Erfahrung und zunächst keine Lösungsmöglichkeiten zur Hand hat. Und neuartige Ereignisse und Situationen lösen zunächst Verunsicherung, Destabilisierung und eben Stress aus. Krisen können im Extremfall sogar identitätsverändernd wirken. Der Faktor Stress wirkt dabei doppelt. Zunächst aktiviert Stress Aufmerksamkeit und Motorik und zentriert die Wahrnehmung. Zum anderen kann Stress aber auch zu Panik, Hilflosigkeit, Regression führen und damit zu einer Reihe von negativen Erscheinungen wie Flüchtigkeit oder Gedächtnisblockaden. Stress kann, wenn er in geringem Ausmaß und kurzfristig vorhanden ist, durchaus positiv auf das Nervensystem wirken. Er kann unsere Aktivität erhöhen und uns auf bestimmte Umweltsituationen zentrieren. Wenn Stress aber massiv und chronisch auf uns einwirkt, dann kann er wie ein Nervengift, ja, geradezu traumatisch wirken.

Doch glücklicherweise kann man sich, jenseits von Krisen, auch im Stress- und Selbstmanagement entsprechend coachen lassen. Dies setzt allerdings eine ziemlich selbsterhrliche Analyse der eigenen Belastbarkeit voraus. Welches sind die entscheidenden Stressfaktoren im (Arbeits-)Leben? Sobald diese identifiziert sind, muss es darum gehen, seine Stressfaktoren zu managen, sie zu reduzieren. Das könnte auch bedeuten, sich von lieb gewonnenen Ritualen und Gewohnheiten zu verabschieden, sie zumindest zu ändern. Menschen, die Stress haben, muten sich meist zu viel zu, halten sich für unersetzlich. Die Friedhöfe sind voll mit Menschen, die sich für unersetzlich gehalten haben. Von dem Leitgedanken der Unersetzbarkeit kann man sich also getrost verabschieden. Vielmehr geht es darum, Prioritäten zu setzen, seine eigenen Ziele zu überprüfen. Was will ich erreichen? Was ist mir wichtig?

Wer sich diese Fragen nicht nur beantwortet, sondern sich auch danach ausrichtet, entwickelt eine eigene Leitlinie für oder gegen bestimmte Aktivitäten:

- Stress entsteht bei Menschen, die in zu vielen Funktionen und Rollen aufgehen. Welche davon füllen mich wirklich aus, fordern mich, entsprechen meinen Vorstellungen?
- Stress haben Menschen, die nicht »Nein« sagen können. Gewiss, es gehört durchaus Mut dazu, auch einmal »Nein« zu sagen, vor allem dann, wenn keiner damit rechnet, weil man ja bisher immer »Ja« gesagt hat.
- Stress haben Menschen, die sich nicht mit Zeitmanagement auskennen und gar keines haben. Zeitmanagement, Projektmanagement und das sinnvolle Planen von Aufgaben ist erlernbar. Es ist wichtig, die eigenen Zeitfresser zu identifizieren und zu eliminieren.
- Stress haben Menschen, die Delegieren als Problem empfinden, die sich weigern, jemanden um Hilfe zu bitten. »Ich traue nur dem, was ich selber mache.« Dabei ist es nicht nur entspannender, sondern zudem überaus effektiv, Arbeitslasten auf mehrere Schultern zu verteilen. Man muss auch nicht immer gleich eine neue Arbeitsstelle schaffen, wenn bekannt ist, dass das Geld dazu fehlt. Warum nicht z. B. eine Praktikantenstelle einrichten?
- Stress haben Menschen, die nach dem völlig unsinnigen Motto arbeiten »Ordnung ist etwas für Doofe, ein Genie beherrscht das Chaos«. und deren Arbeitsorganisation sich auch genauso gestaltet. Überfüllter Schreibtisch, herumfliegende Notizzettel, verlorene, sich überschneidende oder redundante Termine sind nur einige Indizien für eine ziemlich chaotische Arbeitsweise.
- Stress haben Menschen, die ihr (Arbeits-)Leben unnötig verkomplizieren. Was braucht man wirklich? Was ist mehr Last als Lust? Worauf kann man verzichten? Ein Ballon, der aufsteigen will, muss Ballast abwerfen. Der gestresste Krisenmanager sollte es genauso machen.

Wer seinen Stress, sich selbst und seine Stressfaktoren nunmehr identifiziert und im Griff hat, tut gut daran, sich gewisse Kompensationstechniken anzueignen, die zum Stressabbau beitragen. Eine sehr gewinnbringende Fähigkeit ist es z. B. wenn man im Stande ist, sich systematisch zu entspannen. Business-Yoga, autogenes Training und einige Instrumente mehr bieten Lösungen für eine höchstmögliche wirkungsvolle Entspannung, auch am Arbeitsplatz, und dies in möglichst kurzer Zeit. Die beste Art, Entspannung zu finden, ist es, Sport zu treiben.

Besonders bewährt haben sich Ausdauersportarten wie Joggen, Rad fahren, aber die sind ja bekanntermaßen nicht jedermanns Sache. Auch andere Sportarten erfüllen ihren Zweck. Hauptsache ist und bleibt, dass man sich bewegt und zwar häufiger als einmal im Monat. Eine gute Kondition und Konstitution sind wichtige Voraussetzungen, kritische Situationen physisch gut durchzustehen. Zur Entspannung tragen auch kurze Spaziergänge bei. Auch gelegentliche Gespräche mit Freunden und Familienangehörigen über den eigenen Druck, Stress, Frust und Ärger hilft. Und wenn gerade niemand da ist, kann man sich seinen Frust auch von der Seele schreiben.

Wer mit seinem Selbstmanagement bereits so weit gekommen ist wie oben beschrieben, dem sei empfohlen, auch eine gewisse Stressvorbeugung zu betreiben, um nicht in alte Verhaltensmuster zurückzufallen. Es mag wie eine Binsenweisheit klingen, aber trotzdem: Eine ausgewogene, vernünftige Ernährung (viel Obst, Müsli), jenseits von Fastfood und der kleinen süßen Milchmahlzeit zwischendurch, wirkt Wunder; nicht nur physiologisch, sondern vor allem deshalb, weil ein gutes Essen zur Pause zwingt. Pausen sind wichtig. Wer Genussmittel in Maßen und nicht in Massen konsumiert, wird nicht zum Koffein-Zombie, Stressraucher oder Gelegenheitstrinker. Zum Wachbleiben hat sich übrigens auch das Kauen getrockneter Chili-Schoten bewährt; das tut zwar anfangs weh, wirkt aber umso nachhaltiger. Wer zusätzlich an einem selbst gewählten Ort der Ruhe auch seine Sinne zur Entspannung stimuliert, z. B. mit Hilfe von Entspannungsmusik oder auch bestimmten Düften, der ist im Fall des Falles mit Sicherheit der gelassenere, ruhigere, entspanntere Krisenmanager.

3.6 Interne und externe Seminare

Vieles im Bereich der Krisen- und Risikokommunikation, vor allem im Bereich der Prävention, lässt sich intern mit Bordmitteln und eigenem Know-how stemmen. Man kann und sollte die Erfahrungsschätze in seiner Organisation kennen, schätzen und auch heben. Workshops zur kommunikativen Bestandsaufnahme (Ist-Soll-Abgleich), Risikoanalyse und Krisenanfälligkeit sollten zweckmäßigerweise von einem externen Berater (Journalisten) moderiert werden, um ein effektives und zielorientiertes Arbeiten zu gewährleisten.

Für nahezu alle bereits beschriebenen Krisentrainings-Module gibt es mehr oder weniger gute Anbieter von Workshops und Seminaren. Gerade für die Bereiche Medientraining und auch Verhaltenspsychologie seien, wie bereits in den jeweiligen Kapiteln erläutert, Fachleute, Spezialisten in den jeweiligen Disziplinen, empfohlen. Der Markt bietet auch etliche »Eier legende Wollmilchsäue«,

Mehrkämpfer also, die alles anbieten – meist von allem ein bisschen, aber nichts so richtig und keinen Bereich wirklich wirkungsvoll und nachhaltig.

Trendiges Thema

Das Feld der Risiko- und Krisenkommunikation ist seit geraumer Zeit »in« und wird daher ebenfalls von nahezu allen einschlägig bekannten Kommunikations-dienstleistungs-Anbietern beackert. Doch nicht überall, wo »Krisenkommunika-tion« draufsteht, ist auch tatsächlich Krisenkommunikation drin. Zunehmend sind auch zahlreiche selbst ernannte Krisenexperten mit imponierenden Bauchlä-den unterwegs, deren Qualifikationen allerdings oft ebenso fragwürdig sind wie das Zustandekommen der meist exorbitant hohen Honorarsätze. Ebenso sei gewarnt vor Anbietern nach dem »Eh da«-Prinzip. Wenn also plötzlich die Wer-be- oder PR-Agentur, mit der man im Alltag Alltägliches gelegentlich und ganz gut hingekriegt hat und die »eh da« ist, entsprechende Seminare anbietet, ist zunächst einmal Vorsicht angesagt. Nicht jeder (freie) PR- oder Werbeberater, der »eh da« ist, ist auch ein Krisenexperte mit entsprechender Erfahrung und Vermitt-lungskompetenz. Im Gegenteil: ein professioneller Krisendozent kennt seine Grenzen. Solche Profis sind meist in aktive und umfängliche Netzwerke inte-griert, in denen sie weitere Spezialisten zu bestimmten Themen abrufen können. Insofern erübrigt sich hier auch ein Blick in die »Gelben Seiten«. Auch Googeln ist nur bedingt hilfreich; unter »Krisenkommunikation« spuckt die Suchmaschine allein in Deutschland mehr als 1.200 Agenturen aus – also im Prinzip jede. Doch Krisenkommunikation ist nichts für »jede«. Das Thema ist einfach zu wichtig, vielschichtig und komplex, die Inhalte zu sensibel und interdisziplinär, der gegen-seitige Vertrauensvorschuss zu unabdingbar und die erforderlichen Informations-flüsse zu geschäftsintim, als dass man sich unvorbereitet und womöglich fahrlässig dem nächstbesten Seminaranbieter an den Hals werfen sollte. Gute Krisenbera-tung und -schulung sind höchst individuell, jenseits von Stangenschulungen, und haben fast schon Unternehmensberatungs-Charakter. Und das kann eben nicht jeder. Um Missverständnisse zu vermeiden: Es gibt PR-Agenturen und auch Frei-berufler, die hervorragende Krisenberatung und auch -seminare anbieten. Und es macht unter dem Aspekt der ganzheitlichen Kommunikation durchaus auch Sinn, sich mit einer solchen Agentur näher zu beschäftigen. Doch wie finden? Und was ist gut? Gute Hilfestellungen bei der Suche nach geeigneten Seminaran-bietern leisten die regionalen Industrie- und Handelskammern, die Handwerks-kammern, die Branchen-, PR- und auch die Journalistenverbände. Auch Lokal-journalisten haben vielleicht die eine oder andere Empfehlung, wer sich im Krisenmanagement besonders bewährt hat und wer hier mit entsprechenden

Schulungen einen Beitrag geleistet hat. Im Zweifel bringt auch eine Internetrecherche über Google hinaus interessante Erkenntnisse.

Referenz

Die beste Hilfe ist und bleibt jedoch die persönliche Empfehlung. Man sollte sich nicht scheuen, bei einschlägigen Veranstaltungen (Wirtschaftsjunioren, Mittelstands-Meetings, Kongresse, Seminare u. Ä.) andere nach den Erfahrungen Gleichgesinnter zu fragen und sich entsprechende Referenzen geben zu lassen. Zur Sicherheit sollte man sich eine Shortlist mit circa drei Anbietern erarbeiten und diese zum persönlichen Gespräch bitten. Letztlich fließen natürlich auch subjektive Werte wie Sympathie und Auftreten in die Entscheidungsfindung mit ein. Meist wird die Auswahl vermeintlich geeigneter Seminaranbieter aus dem Bauch heraus getroffen und mit dem Verstand begründet. Das muss kein Fehler sein. Bei vorbereitenden Gesprächen sollten eindeutige und überprüfbare Schulungsziele vereinbart werden. Wer von einem Seminaranbieter einen individuellen Workshop erwartet, der muss den Dozenten entsprechend briefen. Er braucht Fakten, Marktdaten, Risikopotenziale, Analysen, Erfahrungsberichte. Eine Erfolgskontrolle z. B. mit entsprechenden Bewertungsbögen ist unabdingbar. Ein intellektueller und fachlicher Wettstreit mit dem Dozenten sollte unbedingt vermieden werden. »Halten Sie sich keinen Hund, wenn Sie selbst bellen wollen«, sagte schon der »Kommunikationspapst« David Ogilvy. Das heißt auch, dass die Organisationsverantwortlichen auf den Rat, die Tipps und Informationen des Dozenten hören und entsprechende Workshop-Ziele auch tatsächlich umsetzen sollten, auch wenn das Veränderung und Unruhe bedeutet. Mut ist gefragt: Mut zur Entscheidung, Mut, auch Ungewöhnliches zuzulassen, und Mut, auch intern für Schulungsziele zu kämpfen. Die »Nummer Sicher« ist immer nur Mittelmaß. Krisenkommunikation hat jedoch die Besten verdient. Übrigens: Inhouse-Seminare sind nicht nur dann sinnvoll, wenn mehrere Leute der Organisation geschult werden sollen, wenn bestimmte Standort- und Produktionsfaktoren in die Schulung einfließen sollen und ein Vor-Ort-Sein insgesamt als optimal empfunden wird. Schulungen im Bereich der Risiko- und Krisenkommunikation, so empfehlen viele namhafte Seminaranbieter, sollten generell als Inhouse-Seminare konzipiert und durchgeführt werden.

Ökonomische Komponente

Noch ein Wort zu den Kosten: Wer Trainings, Workshops und Seminare in seiner Organisation vorschlägt, riskiert häufig, an hausinternen Hürden und den üblichen Bedenkenträgern zu scheitern. Die liebste Frage lautet: Wie viel kostet das, und wie rechnet sich das? Klar ist: Richtig angelegtes und regelmäßig durchgeführtes Management-Training hat eine nachweisbare Wirkung in Form konkreter, messbarer Ergebnisse (Fehler- und Schwachstellenanalysen). Diese Ergebnisse sind auf Basis von »Was wäre gewesen, wenn …«- oder »Was hätte uns das gekostet«-Modellen in Euro und Cent quantifizierbar. Insofern können Simulationen und Trainings, Managementausbildung und -weiterbildung vor jedem Controller, vor jeder Führungsriege als renditebringendes Investment dargelegt und auch gerechtfertigt werden. Ein solches Engagement in die eigene Existenzsicherung, in die eigenen Mitarbeiter, sollte jede gut geführte Organisation akzeptieren. Führungskräfte und Krisenmanager müssen die Fähigkeit trainieren, bereits auf schwache Signale und vage Hinweise von Informations- und Wissenslücken zu achten und entsprechend zu reagieren. Wer kompetent und praxisnah ausgebildet ist, wird vielleicht irgendwann sogar teuren Beratern überlegen sein und sich zum hauseigenen wirksamen »Problemlöser« entwickeln. Und was die konkreten Honorare betrifft, sei an dieser Stelle noch einmal David Ogilvy zitiert: »If you pay your agency with peanuts, you can't get but monkeys work.«

Kriterien für die Auswahl eines Seminaranbieters

* gegebenenfalls Branchenkompetenz (Pharma, Chemie, Tourismus, Mittelstand etc.),
* Erfahrung mit relevanten Bezugsgruppen,
* Netzwerkanbindung, Unabhängigkeit,
* subjektive Werte (Sympathie, Intuition),
* Vermittlungskompetenz,
* Preis-/Leistungsverhältnis,
  * Referenzen, nachweisliche Erfahrungen und Qualifikationen, und zwar zweckmäßigerweise nicht nur als Brandmelder (»Prävention«), sondern auch als Feuerlöscher (»Krisenmanagement-Erfahrung«),
  * Im Angebot sollten vor allem individuell anzupassende Praxis-Seminare sein, max. zwei Tage, mit einem kleinen Theoriefundament. und
  * modulares Angebotsspektrum.

4   Mit Brief und Siegel: das Krisenhandbuch

Entschuldigung. Haben Sie in Ihrer Organisation ein Krisenhandbuch? Na klar!

* Ist es an die individuellen Bedürfnisse der Organisation angepasst?
* Sind alle Prozesse einfach und nachvollziehbar beschrieben?
* Hat es den richtigen Umfang?
* Kennen alle Beteiligten das Manual?
* Kann jeder damit umgehen?
* Ist es aktuell?

Erfahrungsgemäß werden die Gesichter der Verantwortlichen von Frage zu Frage länger.

Schon bei den Einschätzungen, was ein Krisenhandbuch überhaupt ist, scheiden sich die Geister. Praxiserfahrung: In einem Unternehmen zieht der PR-Chef mit dem lapidaren Hinweis, man wolle die Richtlinien doch bitteschön schlank halten, ganze fünf geheftete DIN-A4-Seiten aus der Schublade. Bei näherem Hinsehen entpuppen sich die Blätter als nicht viel mehr als gerade mal eine Sammlung von Telefonnummern (wenigstens sind auch mobile und private Nummern dabei …) und ein paar aus einer PR-Fibel wörtlich abgekupferten Checklisten mit – pardon – wenig hilfreichen Binsenweisheiten.

Es gibt allerdings – wenngleich selten – auch das andere Extrem. Und das ist leider auch nicht besser. Denn eine mehrbändige Loseblattsammlung mit einigen hundert Seiten, das mit Herzblut zusammengetragene »Lebenswerk« eines Krisenmanagers, ist für den Ernstfall ebenso wenig tauglich. Zu umfangreiche Werke schrecken alle potenziellen Nutzer ab. Sie werden in ruhigen Zeiten nicht gelesen und in der Krise nicht beachtet. Im Zweifel wird der Autor dann der Einzige sein, der das Konvolut je gelesen hat.

Dabei ist das Krisenmanual oder Krisenhandbuch das Herzstück jeglicher Krisenarbeit. Idealerweise ist es multifunktional. In einem allgemeinen Teil enthält es die für Not- und Krisenfälle grundsätzlich geltenden von »oben« abgesegneten Unternehmensrichtlinien (»Policies«). Ebenfalls Bestandteil der allgemeinen Beschreibung sind die für die jeweilige Organisation adaptierten allgemein gültigen Verhaltensregeln. Selbst die Beschreibung scheinbar banaler Vorgänge hilft selbst erfahrenen Profis, tunlichst nichts zu vergessen, wenn rundum die Nerven blank liegen (»Reminder und Refresher«). Und für Anfänger, neue Kollegen und

jene Mitarbeiter, deren Kerngeschäft im Alltag andere als die im Krisenfall zuge-
wiesenen Aufgaben sind, dient es gleichsam als Mini-Lehrbuch.

Darüber hinaus liefert das Handbuch praktische Organisationshilfen: Flow-
Charts, Checklisten, Pläne und Formulare. Es enthält ebenso Alarmpläne (Wer
ist wann und wie erreichbar?) wie Verzeichnisse interner und externer Ansprechpartner. Für antizipierte Szenarien können Textbausteine enthalten sein. Kurz
gesagt: Gute Krisenmanuals sind leicht handhabbar, enthalten alle wichtigen
Informationen – und sind trotzdem nicht zu dick. Selbstverständlich kann und
darf nicht jedes kleinste Detail darin geregelt sein. Es muss ein sinnvoller Rahmen
vorgegeben werden, der genügend Raum für flexible Entscheidungen lässt. Bei
allem Vertrauen in Regeln und vorgedachte Prozesse: Gesunder Menschenverstand ist durch nichts zu ersetzen.

Bei der Namensgebung ihrer Handbücher sind Firmen, Behörden und Organisationen erfinderisch.

Es gibt unterschiedliche Strömungen: Da sind die einen, die das Kind schlicht
beim Namen nennen, um damit auch der eigenen Organisation zu signalisieren:
Es kann jederzeit etwas passieren, wir sind gerüstet:
• Krisenhandbuch,
• Crisis Communication Manual,
• Handbuch Krisenkommunikation,
• Leitfaden zur Bewältigung von Krisensituationen,
• Emergency Action Folder oder
• Emergency Response Planning.

Es folgt die Fraktion derer, die zwar deutlich sagen, worum es geht, dafür aber
fantasievolle Abkürzung benutzen:
• LEREP – (Local Emergency Response and Emergency Plan),
• EAM – (Emergency Action Manual),
• EPAMS – (Emergency Preparedness and Management System) oder
• BA Not – (Betriebsanweisung zur Bewältigung von Notfällen).

Schließlich gibt es die, die schon mit der Namensgebung der eigenen Belegschaft,
aber besonders nach außen signalisieren wollen, »Krisen kommen bei uns nicht
vor, höchstens mal ein Zwischenfall, den wir bewältigen können«:
• »Special Situation Handbook« oder
• Handbuch zur Kommunikation bei besonderen Ereignissen.

Eine Organisation – eine Kultur?

Bei komplexen Wirtschaftsunternehmen mit sehr selbstständigen Tochtergesellschaften ist es sinnvoll, dass die Mutter (beispielsweise eine Konzernholding) einheitliche Verfahren, Materialien und Schulungs-Curricula erstellt und dann ihren Töchtern und Konzerngesellschaften »Pakete« zu deren Verwendung in deren eigener Verantwortung (und nicht selten mit Kostenbeteiligung!) anbietet.

Hier liegen Nutzen und Risiken zugleich. Einerseits werden wertvolle Synergieeffekte genutzt, denn es muss nicht jeder das Rad neu erfinden. Wichtig ist – gerade bei komplexen Organisationen – zumindest einen kleinsten gemeinsamen Nenner zu finden, damit im Ernstfall nicht alle aneinander vorbeikommunizieren.

Andererseits entpuppt sich jedoch der Glaube, man könne alles zentralisieren und vereinheitlichen, als gefährlicher Irrtum. Unterschiedliche Kulturen mit unterschiedlichen Mentalitäten erfordern entsprechende Spezifikationen. Insbesondere angelsächsisch dominierte Konzerne tun sich schwer damit, deutsche oder französische Befindlichkeiten zu berücksichtigen. Zwischen Lebensart der Menschen, sprachlichen Besonderheiten, Arbeitsweise und Selbstverständnis von Medien und insbesondere Rechtslage und Rechtssystem liegen – auch in der globalisierten Welt – im wortwörtlichen Sinne Welten. Wer hat sich bei hierzulande nicht schon über die exorbitanten amerikanischen Schadensersatzurteile und deren Begründungen amüsiert? Millionenklagen für die angeblich fehlende Warnung, einen Pudel doch bitte schön nicht in der Mikrowelle zu trocknen. Für Firmen, die mit amerikanischen Konsumenten Geschäfte machen sind solche skuril anmutenden Themen aber bittere Realität und müssen eingeplant werden.

Jeder Manager einer deutschen Organisation mit Auslandstöchtern sollte wissen, dass deutsche Tugenden im Ausland zwar geschätzt aber nicht unbedingt gelebt werden. Warum sollte also in Südamerika oder Asien ausgerechnet in der Krise etwas funktionieren, was schon im Alltagsgeschäft nur recht mühsam und mit Einschränkungen läuft? All diese kulturellen und rechtlichen Besonderheiten können in ruhigen Zeiten vorgedacht und im Krisenhandbuch niedergeschrieben werden.

Der Entstehungsprozess

Wie kommt eine Organisation an ein sinnvolles und funktionsfähiges Krisenhandbuch? Zumindest nicht durch einfaches Kopieren. Natürlich muss das Rad nicht jedes Mal neu erfunden werden, und zweifelsohne gibt eseine Menge allgemein gültiger Erkenntnisse – sonst würden wir ja auch das vorliegende Buch nicht zusammengestellt haben. Aber es ist ausgesprochen gefährlich, »Rezepte« aus Lehrbüchern, fremden Manuals oder Case Studies *unreflektiert* zu übernehmen. Das gaukelt eine trügerische Sicherheit vor. Alle grundsätzlich richtigen Regeln müssen individuell geprüft und angepasst werden. Sie sind zunächst nur als Hinweise und Anregungen zu verstehen. Keines der Krisenbücher auf dem Markt kann ein individuelles Krisenhandbuch ersetzen!

Wie also vorgehen?

Der erste Schritt ist immer die kritische *Bestandsaufnahme*: Was haben wir?

Der zweite Schritt ist die sorgfältige *Risiko-Analyse*: Was kann passieren?

In jedem Unternehmen gibt es ein betriebliches Risikomanagement, in dem Risiken betriebswirtschaftlich bewertet werden. Es ist bei den Finanzverantwortlichen – beispielsweise im Controlling – angesiedelt und enthält üblicherweise keinerlei praktische Handlungsempfehlungen für den Eintrittsfall, wenn das Risiko zur Krise mutiert. Es taugt aber als Grundlage für die Recherche. Als Einstieg haben sich Klausur-Workshops bewährt. Allerdings müssen die gewonnenen Erkenntnisse meist in Einzelgesprächen überprüft und ergänzt werden. Weil es nun mal in Organisationen (übrigens gleich, welcher Größe) nicht die heile Welt gibt und es bekanntlich überall menschelt, lässt nicht jeder Manager gern »die Hosen runter« und offenbart freimütig (der innerbetrieblichen Konkurrenz), wo in seinem Bereich womöglich Schwachstellen sind. Eine geschönte Ausgangslage aber kann und wird später prekäre Folgen haben.

Aus den gewonnenen Erkenntnissen werden dann »worst case«-Betrachtungen erstellt. Und »worst case« heißt auch wörtlich, den schlimmsten nur denkbaren Fall in all seinen Eskalationsstufen anzunehmen. Es tut sich keiner einen Gefallen, wenn er bestimmte Szenarien ausblendet, nur weil deren Eintrittswahrscheinlichkeit vielleicht für gering gehalten wird. Vor den 9/11-Terror-Anschlägen auf das New Yorker World Trade Center hielten die meisten Krisenmanager ein Szenario, bei dem Terroristen Flugzeuge als Bomben in Hochhäuser stürzen lassen, für die überbordende Fantasie von Hollywood-Regisseuren. Und vor der Korruptions-Affäre bei VW hätte jeder Kommunikationschef gleichermaßen ein Szenario weit von sich gewiesen, in dem der Vorstand den eigenen Betriebsrat mit brasilianischen Prostituierten gefügig machen will.

Für die Krisenintervention werden aus den Szenarien prototypisch die praktischen *Handlungsanweisungen* für spezifische Fallgruppen entwickelt und dargestellt. In Teil III haben wir neun Krisentypologien und die dazugehörigen wichtigsten Interventionsstrategien zusammengestellt, die für den individuellen Findungsprozess hilfreich sein können.

Für den *Organisationsteil* wird dann schlichtweg alles zusammengetragen, was an Infrastruktur und Ressourcen vorgehalten wird, bzw. beschafft werden muss.

Diese sind ausführlich in Teil II Kapitel 2 in der richtigen Reihenfolge beschrieben.

Unverzichtbar sind individuell zusammengestellt *Kontaktlisten* aller Art:
- Krisenteam-Mitglieder, Führungskräfte und Unterstützungsteam,
- externe Dienstleister (Callcenter, Rechtsanwälte, Krisenberater, PR-Agentur, Versicherungen),
- »Stakeholder« (wichtige Kunden, wichtige Lieferanten, Partner),
- Behörden (Genehmigungsbehörden, Aufsichtsbehörden, Stadt-/Kreisverwaltung, Fachdienststellen, nationale und internationale),
- Medien (lokale und überregionale Redaktionen, Agenturen, Schlüssel-Journalisten) und
- Dienstleister aller Art (Catering, Transport, Bewachung, Betreuung), soweit diese nicht bereits im Organisationsteil erfasst sind.

Alle Listen sind nur sinnvoll, wenn sie regelmäßig überprüft und aktualisiert werden. Tagesaktuell ist wünschenswert, monatlich ist sinnvoll, quartalsmäßig ist das Minimum, einmal jährlich ist hart an der Grenze zu sträflichem Leichtsinn. Alle größeren Intervalle sind indiskutabel.

Was gehört sonst noch ins Handbuch?
- Faktenblätter (Schlüsselzahlen und Daten, Produktdaten, Statistiken)
- Pläne aller Art (Lagepläne, Baupläne, Fundstellen)
- Überlegungen zu Finanzierung und Budgets (»Sonderkostenstelle«)
- vorformulierte Texte und Textbausteine mit den Kernbotschaften
- Vorgaben für das »Krisenlog«

Das Krisenlog ist ein wichtiges Instrument, das leider im Eifer des Gefechts oft vernachlässigt wird und mitunter mühsam rekonstruiert werden muss. Es ist das Einsatztagebuch, in dem alle Vorkommnisse und Entscheidungen minutiös dokumentiert werden. Diese Eintragungen dienen gegenüber Öffentlichkeit und Behörden als Nachweis der eigenen Handlungen: Was haben wir wann getan? Bei der späteren Analyse und Aufarbeitung hilft es, den eigenen Apparat zu verbessern. Es soll an dieser Stelle aber nicht verschwiegen werden, dass das Log natürlich auch eine Dokumention der eigenen Versäumnisse und Fehlentscheidungen sein und damit womöglich ein negativ wirkendes Beweismittel in einem Prozess werden kann.

Formale Überlegungen

Trotz aller Komplexität soll das Krisenhandbuch für alle Beteiligten so leicht wie möglich handhabbar sein. Hier einige formale Überlegungen:

Formalia fürs Krisenhandbuch

- Grundvoraussetzung ist eine einfache, logische und nachvollziehbare Struktur.
- Die Inhalte grafisch übersichtlich aufbereiten, Führungs- und Leitsysteme einsetzen. Das kann durch logische Ordnungsmerkmale in der Gliederung ebenso geschehen wie durch Farbleitsysteme, Icons und Piktogramme.
- Gut lesbare und im Zweifelsfall um einige Punkt größere Schrifttypen erleichtern die praktische Arbeit ungemein.
- Handlungsanweisungen sollen in klarer, verständlicher Sprache aufgeschrieben werden: Möglichst kurze Sätze; keine erklärungsbedürftigen Fachbegriffe, Fremdwörter und unnötige Anglizismen.
- Bei internationalen Auftritten sind eigenständige Fremdsprachen-Ausgaben leichter handhabbar als (wie die Unsitte vieler Gebrauchsanweisungen) in sich mehrsprachige Texte.
- Checklisten sowohl mit Merkposten als auch zum Abhaken
- Formulare für Recherche, Organisation und Dokumentation

Ein Streitthema ist immer wieder das »CD«, das Corporate Design, die Gestaltungsrichtlinien einer Organisation. Natürlich sollen solche Vorgaben berücksichtigt werden, dürfen aber keine heilige Kuh sein. Im Klartext: Beim Krisenhandbuch haben Funktionalität und Inhalt unbedingten Vorrang vor »stylischen« Spielereien.

Bleibt die Frage: In welcher Form sollte das Handbuch vorliegen? In der Regel wird das komplette Manual dem Krisenteam auf Datenträger (CD-ROM) zur Verfügung gestellt. Einige Exemplare sollten ausgedruckt in der guten alten Papierform vorhanden sein, idealerweise als Loseblattsammlung. Wenn es ein Intranet gibt, können die Daten geschützt und nur zugänglich für den gleichen Nutzerkreis eingestellt werden. Der Kreis ist handverlesen, denn es versteht sich, dass sowohl Szenarien als auch Kontaktlisten höchst sensible Informationen enthalten. Einzelne Anweisungen für bestimmte Gruppen werden nur auszugsweise weitergegeben, wie etwa »Verhaltensvorgaben für Pförtner bei überraschenden Hausdurchsuchungen«.
Eine abschließende Bemerkung für die Krisenverantwortlichen einer Organisation: Da es auf so viele Einzelheiten und Kleinigkeiten ankommt und alle Fak-

toren der Krisenprävention und Krisenintervention in der »Krisen-Bibel« festzuhalten sind, werden Aufwand und Zeitbedarf für das Erstellen eines Krisenhandbuchs fast immer unterschätzt. Für ein solch komplexes Projekt müssen ausreichend personelle und zeitliche Ressourcen eingeplant werden und nicht zuletzt ein angemessenes Budget. Im Ernstfall wird sich dies auszahlen.

Teil III: Intervention

»Ein Dementi ist der verzweifelte Versuch, die Zahnpasta wieder in die Tube zurückzubekommen.«
(Lore Lorentz)

1   Das Schadensereignis (Unfall)

»Schadensereignis« ist ein Terminus technicus, der ziemlich sperrig klingt und mit dem Normalbürger nur wenig anfangen können. Im allgemeinen Sprachgebrauch ist je nach Ausmaß, das sich an der Zahl von Opfern oder dem Grad der gezeigten spektakulären Bilder bemisst, eher von »Unfall« oder »Unglück« die Rede. Selten fällt in der Öffentlichkeit in diesem Zusammenhang der Begriff »Krise«. Als Krise werden Schadens- und Großschadensereignisse und deren Folgen in der Regel nur von direkt Betroffenen wahrgenommen.

Im Gegensatz zu den meisten anderen in diesem Buch beschriebenen Krisen wie Imageproblemen, Produkthaftungsfällen, politischen Skandalen, Korruption oder wirtschaftlichen Krisen, die oft auf Samtpfoten daher schleichen, treten Schadensereignisse ohne Ausnahme mit einem medienwirksamen Knalleffekt auf. Nichtvorhersehbar, plötzlich. Sie liefern spektakuläre Bilder und den Stoff, aus dem die Ängste sind:

- Ein Flugzeug fällt vom Himmel.
- Ein Tanklager (wahlweise ein Altersheim oder eine Fabrik) steht in Flammen.
- Ein Schnellzug entgleist.
- Ein Terroranschlag lässt ein Ferienressort zur Hölle werden.
- Ein mit Schulkindern besetzter Bus kollidiert auf der Autobahn mit einem Lastwagen.
- Ein Hallendach stürzt unter einer tonnenschweren Schneelast ein.
- Eine Chemiefabrik hüllt einen Stadtteil in eine gelbe Gaswolke.

Die Auslöser sind unterschiedlich. Die Muster gleichen sich. Menschen kommen zu Schaden. Menschen kommen ums Leben. Menschen erleiden Verluste. Wirtschaftliche Werte werden zerstört. Irgendeiner muss schuld daran sein. Und im Frühstücksfernsehen tritt einer auf, der es immer schon gewusst und (natürlich vergeblich) davor gewarnt hat. So einfach ist das.

Alle können mitreden, denn alle sehen auf den ersten Blick, worum es geht, haben ihre eigene Vorstellung von dem Unglück. Die Komplexität eines Großschadensereignisses ist zu kompliziert für die öffentliche Diskussion. Wahrnehmung und Wirklichkeit unterscheiden sich eklatant.

Die Bewältigung von Schadensereignissen hat jeweils operative und kommunikative Komponenten. Eine Vielzahl von Aufgaben unterschiedlichster Fachgebiete stürzen zeitgleich auf die Organisation ein. Unterschiedliche Aufgabenstellungen führen zu unterschiedlichen Ansätzen. Unterschiedliche Auffassungen und Interessen münden in Zielkonflikte.

Zu den operativen Komponenten gehören beispielsweise Rettung und Bergung, Umweltschutzmaßnahmen, Safety und Security, Business Continuity, Logistik, Betreuung und Abschirmung von Betroffenen, Personalmanagement, forensische Dienste und Litigation. Sachzwänge und Rahmenbedingungen bilden stets ein hochkomplexes und schwer durchschaubares »Nervengeflecht« (vgl. Teil I, Kap. 5). Diese operativen Elemente werden als das »klassische Krisenmanagement« begriffen.

Das Kommunikationsmanagement umfasst die interne Kommunikation (Mitarbeiterinformation). Die externe Kommunikation soll in Richtung aller denkbaren Stakeholder agieren (z. B. Medien, Kunden, Lieferanten, Banken, Behörden, Politik, Versicherungen), zu denen natürlich auch unmittelbar und mittelbar die Geschädigten zählen.

Weil aber *jede* operative Maßnahme – durchgeführt, gelungen, missraten oder unterlassen – kommunikative Wirkungen entfaltet, bedingen beide Komponenten einander. Die logische Folge: Krisenkommunikation muss aufgrund dieser Wechselwirkung integrativer Bestandteil des Krisenmanagements sein. Das gilt im Eintrittsfall für die Krisenintervention ebenso wie schon zuvor für die Krisenprävention. Dass die Kommunikation entscheidender Dreh- und Angelpunkt mit und zwischen allen eigenen und fremden Einsatzkräften sein muss, wird heute überwiegend noch nicht gelebt.

Interventionsmerkmal: »Opferfürsorge«

Um die Bedeutung der kommunikativen Wirkungsmechanismen bei Großschadensereignissen zu begreifen, müssen wir erneut eine kleine Exkursion in die Psychologie unternehmen (vgl. Teil I, Kap. 4). Hinter der reduzierenden Oberflächlichkeit eines Eins-Dreißig-News-Beitrags verbirgt sich das tiefgehende Erleben der Betroffenen. Bemerkenswerterweise wirken die gleichen psychologischen Mechanismen sowohl auf die »Geschädigten« als auch auf die »Schädiger«.

Bei den »Geschädigten«, die üblicherweise als Opfer wahrgenommen und dargestellt werden, handelt es sich um Menschen, die Schlimmes durchlebt und durchlitten haben. Sie haben gerade ihre Partner, Kinder, Eltern verloren. Manche sind durch Verletzungen irreparabel physisch gezeichnet, wieder andere schwer traumatisiert und ein Leben lang psychisch belastet. Wir haben es mit Menschen zu tun, die den Albtraum, dem sie ausgesetzt waren, je nach persönlicher Konstitution vielleicht nie mehr vergessen können. Menschen, die leiden, wenn sich längst keiner mehr für sie interessiert.

Und auf der Schädigerseite? In Organisationen, Behörden und Firmen vom Kleinstbetrieb bis zum Konzern sind ebenfalls Menschen betroffen. Da gibt es Techniker, Geschäftsführer, Piloten, Betriebsleiter, Ingenieure, Fahrer, Vorstände – Manager und Mitarbeiter auf allen Ebenen, die unter der Last eigener oder kollektiver, tatsächlicher oder vermeintlicher Schuld leiden. Zitat eines Mittelständlers, als ihn die Meldung eines schweren Unfalls in seinem Betrieb erreichte: »Ich wurde blass und habe vor meinem geistigen Auge innerhalb von Sekunden mein ganzes Lebenswerk zusammenbrechen sehen.« Angestellte reagieren übrigens nicht anders. Die Angst vor wirtschaftlichen Folgen, die Furcht vor rechtlichen Konsequenzen oder schlicht die Sorge um Job und Karriere sind der Schlüssel für ein Managementhandeln, das in und nach kritischen Lagen die aufgewühlten Gefühle nach außen hin durch übertrieben zur Schau gestellte Professionalität zu kaschieren versucht. »Opfer« also auf beiden Seiten.

Wir alle haben in unserem Leben tausende von Schreckensbildern gesehen und schleppen sie fest eingebrannt auf der Festplatte unseres Gehirns mit uns herum. Dazu zählen neben realen Dokumentationen (9/11-Anschläge, ICE-Unglück von Eschede, Concorde-Absturz, Bali-Bombe etc.) übrigens ganz massiv auch die Szenen aus Filmen made in Hollywood (Titanic, Flug 93, Flammendes Inferno etc.). Beim Eintritt von Unglücksfällen fühlt sich unser Unterbewusstsein auf makabere Weise bestätigt: Schadensereignisse sind Realität gewordene Ängste. Deshalb reagieren sogar persönlich unbeteiligte Menschen hoch emotional, oft überkritisch und bisweilen sogar aggressiv. Sind obendrein Opinion Leader wie Journalisten, Politiker oder Geschäftsleute als Kunden, Verbraucher, Verwandte oder Nachbarn persönlich betroffen oder direkt involviert, kann selbst ein glimpflich verlaufener Zwischenfall zu einer überproportionalen öffentlichen Wahrnehmung führen. Einen übergreifenden »Common Sense« der Betroffenheit gibt es immer dann, wenn Kinder zu Schaden gekommen sind. Die Leit-Medien verstärken durch skandalierende Berichterstattung die Grundängste. Angst macht Auflage. Schadensereignisse sind unverzichtbarer Bestandteil einer jeden Nachrichtensendung.

Wie Medien schnell und professionell und auf welchen Kanälen bedient werden, ist in Teil II, Kap. 2 beschrieben. Jetzt und hier geht es um eine Facette der Öffentlichkeitsarbeit, die in dieser Form nur nach Schadensereignissen typisch ist. Nur wer selbst je dem Medienauftrieb nach einem schweren Unglücksfall ausgesetzt war, kann ermessen, welches mediale Aggressionspotenzial hier auftrifft. Der Umgang mit Boulevard- und Polizeireportern gehört besonders für wirtschaftlich orientierte Kommunikationsabteilungen üblicherweise nicht zum Kerngeschäft. Selbst gestandenen Pressesprechern treibt der Belagerungszustand den Schweiß auf die Stirn.

Noch härter trifft die volle Wucht der Medien die absolut unvorbereiteten und unerfahrenen Opfer. Diejenigen also, die ohnehin unter besonderem Stress stehen

und traumatisiert sind, werden gegen ihren Willen bedrängt, Intimes preiszugeben. Unter enormem Zeit- und Leistungsdruck beginnt zwischen den Journalisten ein gnadenloser Kampf um die besten persönlichen Erlebnisse, um Privatfotos
und Homestorys. In der Medienbranche heißt das ebenso bezeichnend wie
zynisch »Witwen schütteln«. Beim Bergbahnunglück von Kaprun wurde der
kleine österreichische Wintersportort von mehr als 700 Journalisten heimgesucht.
Für Magazinreporter, deren Geschichte über das Tagesgeschehen hinaus mindestens eine Woche Bestand haben muss, kommt es bei der Bildbeschaffung nicht
nur darauf an, überhaupt an Fotos zu kommen, sondern möglichst gleich vor den
Konkurrenten den ganzen Markt leer zu fegen.

Selbstverständlich verkauft sich auch eine TV-Geschichte besser, wenn sie
exklusiv ist. Entsprechend wird das ganze Repertoire von der seriösen Anfrage bis
zum »Dirty Trick« eingesetzt: von finanziellen Angeboten (»Scheckbuch-Jour-
nalismus« – durchaus schon mal an Mitarbeiter, Amtsträger oder, wie im Fall der
Berliner Ruetli-Schule, sogar an Schüler), von Schmeicheleien und Versprechun-
gen bis hin zu Einschüchterungsversuchen. Auch Hausfriedensbruch und sogar
Diebstahl (Zitat eines Hamburger Magazin-Reporters: »… schwups – und weg ist
das Familienalbum«) sind unter dem Deckmantel »öffentliches Interesse« keineswegs Ausnahmen.

Was haben die Auswüchse der »Intensivrecherche« auf Seiten der Medien mit
der Krisenkommunikation zu tun? Für die Betroffenen ist es einerlei, wer letztlich
Verursacher ihrer misslichen Lage ist. Sie rechnen aggressives und ungebührliches
Auftreten von Reportern sowie die Verletzung ihrer Persönlichkeitsrechte dem
Unternehmen als »Generalverursacher« zu. Entsprechend kommt der Abschir-
mung besondere Bedeutung zu. Da es nur eine Frage der Zeit ist, wann die
Medien an Namen und Adressen von Opfern herankommen, empfiehlt es sich,
sie an einem geschützten Ort unterzubringen. Für die Beförderung dorthin ist an
Fahrzeuge mit getönten Scheiben zu denken. Geschickt agierte ein deutscher
Jugendreiseveranstalter, der nach einem schweren Busunglück in Österreich die
überlebenden, aber traumatisierten Kinder nach Deutschland zu ihren Eltern
zurückbefördern musste. Er handelte mit der Bahn aus, für die Gruppe nicht nur
einen eigenen Wagon zu bekommen, sondern man ließ den Zug an einer unüblichen Stelle anhalten. Dort, wo der Fotografenpulk lauerte, waren die traumatisierten Kids längst von Bord.

Auch mit den Sicherheitsbehörden sollte auf Kommunikationsebene eng
kooperiert werden. Nicht nur weil Polizei-Pressesprecher ein traditionell gutes
Verhältnis zu Polizeireportern haben, sondern weil auch über die Abwehr konkre-
ter öffentlichkeitswirksamer Gefahren gesprochen werden muss. Während eine
Gruppe Hinterbliebener nach einem Flugzeugabsturz bei einer Trauerfeier in
Paris versammelt war, wurde in deren Häuser in Deutschland eingebrochen. Die

Trauernden zeigten sich mehr verärgert über die Fluggesellschaft, die sie weder vor derlei Unbill gewarnt, noch einen privaten Schutzdienst organisiert hatte, als über die Einbrecher.

Abschirmen, für sichere Unterkunft sorgen, Betreuen – obwohl das alles eindeutig operative Aufgaben sind, ist es der Job des Kommunikationschefs, auch hier die Fäden in der Hand zu halten. Der Grat ist schmal: Der Gefahr, sich negative Schlagzeilen durch vermeintlich unzureichend betreute und dadurch verärgerte Opfer einzuhandeln, steht das Risiko ebenso negativer Berichterstattung durch allzu vergrätzte Journalisten gegenüber.

Eine Mediengesetzmäßigkeit ist, dass zufällig aufeinanderfolgende Ereignisse ähnlicher Art zu erhöhter Sensibilität in der Wahrnehmung der Redaktionen führen. Die typischen News-Desk-Textbausteine: »Schon wieder ein …«, »Erneut kam es zu …«, »Die Serie von … reißt nicht ab«. Bereits kleinere Zwischenfälle generieren so überproportionale Berichterstattung. Manches Unternehmen wird kalt erwischt, weil es mit wesentlich geringerer Aufmerksamkeit gerechnet hat.

Wenn nach einem bestimmten Schadensereignis eine Serie von Folgeberichterstattung losgetreten wird, beschleicht uns das Gefühl, ein spezielles Verkehrsmittel, ein touristisches Zielgebiet, eine bestimmte Anlage sei überaus gefährlich und sollte besser gemieden werden. Eine solche Vermeidens- oder Flucht-Reaktion kann der Beginn einer massiven Sekundär-Krise sein. Sie kann im betroffenen Unternehmen einen größeren wirtschaftlichen Schaden anrichten als das auslösende Ereignis selbst. Mitunter schwappt die Krise auch auf nicht unmittelbar beteiligte Unternehmen derselben Branche über. Das kann sich direkt auswirken, etwa im Ausbleiben von Kunden, aber auch mittelbar, wenn es – z. B. nach Störfällen in der chemischen Industrie – um die Genehmigung einer neuen Anlage geht.

Fünf typische Fehler und wie man sie vermeidet

Auffällig oft wirken Unternehmen nach Schadensereignissen sprachlos. Oder sie wiegeln ab. Oder suchen die Schuld bei anderen. Dabei sind die befürchteten Kosten *nur ein* begründender Faktor. Journalisten und Kritiker machen es sich zu einfach, wenn sie den Organisationen schlechterdings den Willen zum Vertuschen unterstellen. Angstinduzierte Verdrängungsmechanismen spielen eine ebenso große Rolle wie mangelnde Sensibilität. So werden seit Jahren trotz aller Erfahrungen und publizierter Beispiele immer wieder die gleichen Kernfehler begangen.

Fehler Nummer eins: Spekulation über Schuldfragen

Sich in einem frühen Stadium der Krise auf Diskussionen um die Ursachen einzulassen ist töricht. Natürlich wird die »Aufklärung« von den Medien hartnäckig vorangetrieben und es ist deren gutes Recht, das zu tun. Für das betroffene Unternehmen aber kann eine aktive Teilnahme daran nur in die Hose gehen – sogar dann, wenn sich die Verantwortlichen absolut nichts vorzuwerfen haben. Unabhängig davon, wie seriös die Diskussion geführt wird und wie klar die Faktenlage scheinen mag – die Schuldfrage überlagert sämtliche eigenen positiven Anstrengungen und Botschaften. Und die lauten:

- Wir beteiligen uns nicht an Spekulationen.
- Wir unterstützen die Aufklärung.
- Wir sind kompetent.
- Wir kooperieren mit allen Beteiligten, aber jetzt steht die Fürsorge für die betroffenen Menschen im Vordergrund.
- Mehr ist im Augenblick nicht zu sagen.

Fehler Nummer zwei: erkennbar keine Verantwortung übernehmen

»Wir sind nicht schuld« oder »Wir haben uns nichts vorzuwerfen« sind zwei Standardaussagen, die in aller Regel kontraproduktiv sind, weil sie als fehlendes Verantwortungsbewusstsein, Ausflüchte, mangelndes Unrechtsbewusstsein oder schlicht als eine nicht anders zu erwartende Prodomo Floskel gewertet werden. Ein Klassiker: Einer der größten deutschen Energieversorger lässt nach dem großflächigen Blackout im Münsterland infolge heftiger Schneefälle als erste Amtshandlung vollmundig verbreiten: »Das war eindeutig höhere Gewalt, wir übernehmen keine Haftung.« Noch bevor verängstigte und frierende Bürger überall wieder mit Strom versorgt waren. Zwei Jahre später sprach ein anderer Energieversorger nach einer Pannenserie in Kernkraftwerken von einem »Null-Ereignis«. Öffentliche Prügel für die – aufgrund der laufenden Monopol- und Preisdiskussion ohnehin unter Druck stehenden – unsensiblen Stromerzeuger waren die wenig schmeichelhafte, aber zu erwartende öffentliche Reaktion.

Aus dem Blickwinkel von Betroffenen kommt es nicht darauf an, wer tatsächlich Verursacher ist, sondern wer als Verursacher empfunden wird. Das musste vor Jahren auch ein deutscher Tourismusunternehmer schmerzlich lernen, dessen 196-köpfige Reisegruppe in einem Charterflugzeug in der Karibik tödlich verunglückt war. Seine allzu ehrliche Antwort an die Moderatorin der Tagesthemen auf deren Frage nach der Flugsicherheit, er könne dazu nichts sagen, weil er als Geschäftsmann die Reisen nur verkaufe, löste einen Sturm der Entrüstung aus.

Fehler Nummer drei: mangelnde Fürsorge

Den Opfern keine, nicht ausreichende oder nicht erkennbare Fürsorge angedeihen zu lassen rächt sich. Dass es auch anders geht, belegt das nachfolgende positive Beispiel: Nach dem verheerenden Tsunami in Südostasien haben die großen deutschen Reiseveranstalter tausende von Touristen vorbildlich betreut und in einer gewaltigen logistischen Kraftanstrengung mit Sonderflügen vorzeitig nach Hause zurückgeholt. Nun wird wohl kein vernünftig denkender Mensch den Ausbruch einer Naturkatastrophe ernsthaft den Touristikunternehmen anlasten. Eine Schuldfrage der Veranstalter war also zu keinem Zeitpunkt relevant. Trotzdem wird erwartet, dass sich die Dienstleister um ihre Kunden kümmern. Die Regel ist einfach: Nachlässigkeit wird abgestraft, Fürsorge wird belohnt. Für die vom Tsunami betroffenen Firmen hat sich jeder in den teuren Einsatz investierte Cent gelohnt, weil sie die anspruchsvolle operative Leistung durch geschickte begleitende Kommunikation in eine werbewirksame Marketingmaßnahme verwandelt haben.

Dass die Tsunami-Reaktion der Touristik übrigens im Kapitel Schadensereignisse beschrieben wird und nicht unter »Naturkatastrophen« (vgl. Teil III, Kap. 4) wie vielleicht zu vermuten wäre, liegt schlichtweg daran, dass es hier um das Verhältnis der Unternehmen zu ihren einzelnen Kunden geht und nicht um den Umgang mit einer Masse tausender Betroffener.

Bestmögliche und vor allem schnellstmögliche Versorgung wird von psychologischen Diensten und besonders geschulten Ersthelfern (»Care Teams« oder KIT – »Krisen-Interventions-Teams«) erbracht. Die Sicht der Traumapsychologie wird von dem Ansatz bestimmt, Spätschäden zu vermeiden. Zur optimalen Opferbetreuung aus psychologischer Sicht zählen übrigens auch »leibliche« Sofortmaßnahmen wie die Versorgung mit Essen und Getränken, Kleidung, möglichst bequeme Unterkunft und Transport. Dann folgen die individuelle bzw. familiäre Betreuung und schließlich die längerfristige psychologische Nachsorge. Die meisten dieser aus psychologischer Sicht unabdingbaren Maßnahmen der »Victim Care« sind teuer. Und ihre Notwendigkeit ist (anders als bei medizinischen Maßnahmen, deren Sinn auch Laien in der Regel sofort einleuchtet) oft nur schwer verständlich. Schließlich wird das aufgewendete Geld dem normalen Geschäftsbetrieb entzogen. Vor allen Dingen aber wird kaum eine dieser Maßnahmen aus rechtlicher Sicht zwingend geboten sein. Und damit kommen wir nahtlos zum nächsten Minenfeld der Krisen-Zielkonflikte.

Fehler Nummer vier: die juristische Auseinandersetzung

Einen Rechtsanspruch auf die von Betreuern und Psychologen geforderten psychologischen Betreuungsmaßnahmen haben die Betroffenen streng genommen nur, wenn sie einen lückenlosen Nachweis der »haftungsbegründenden Kausalität« erbringen können. Freiwillige Leistungen durch den Unternehmer könnten darüber hinaus Rückschlüsse auf sein Verschulden zulassen. Im Zweifel wird der Jurist also von freiwilligen schnellen Leistungen abraten.

Wie weit diese Befürchtung geht, zeigt das folgende Beispiel. Nachdem ein größeres Schiff versehentlich ein Fischerboot versenkt hat, durfte sich der Kapitän auf Weisung seiner Anwälte bei den Fischerfamilien nicht einmal entschuldigen. Diese simpelste Geste menschlichen Miteinanders war den rechtskundigen Herren wegen ihrer möglichen Präjudizwirkung auf vielleicht anstehende Prozesse zu gefährlich. Die dadurch provozierte Reaktion: ein empörtes »Jetzt erst recht!«.

Erfolgreiche Krisenkommunikatoren gehen vehement gegen solch typisches anwaltliches Lagerdenken im eigenen Hause vor. Rechtsabteilungen von Firmen oder deren Versicherungen nähern sich einem Schaden in der Regel von der Anspruchsseite her, sehen aus ihrem tradierten Rollenverständnis heraus in Opfern oder Hinterbliebenen nur die Anspruchsteller. Deren Forderungen gilt es abzuwehren, zumindest mit Misstrauen zu begegnen. Genau dadurch aber leisten sie ihren eigenen Häusern (oder Mandanten) einen Bärendienst, treiben die Menschen so direkt in die Arme der meist selbst ernannten Opferanwälte.

Die Mehrzahl der Prozesse nach Großschadensereignissen ist unnötig und wird von der Opferseite aus reiner Verbitterung geführt. Weil außerdem das »David-gegen-Goliath-Prinzip« gilt, hat das scheinbar mächtige Unternehmen gegenüber dem armen kleinen Kunden in der öffentlichen Gunst grundsätzlich die schlechteren Karten, egal, wer gewinnt. Das gleiche Strickmuster gilt übrigens auch in der Beziehung »kleiner Bürger« versus »mächtige Behörde«. Die vom Standesrecht in der Eigenwerbung stark eingeschränkten Anwälte nutzen Medienauftritte mit Vorliebe für ihre Eigen-PR. Die Ankündigung, eine astronomische Summe – möglichst in den USA – einklagen zu wollen, ist Garant für Headlines und Quoten. Die anschließende Tour von Talkshow zu Talkshow begleitet von einer prozessführenden Vorzeigefamilie kann für das Unternehmen einen enormen Imageschaden auslösen.

Schon Anwaltskorrespondenz in der ihr sehr eigenen Sprache zwischen »Geschädigtenseite« und »Verursacherseite« muss zu vertrauenstörenden Maßnahmen gerechnet werden. Mancher Justiziar mag den Wunsch – oder besser noch: die Forderung – als anmaßend empfinden: Jedes potenziell öffentlich wirkende Anwaltsschreiben muss vor Abgang über den Tisch des Pressechefs gehen – wenn es dann überhaupt noch verschickt wird …

Fehler Nummer fünf: Flucht in die Versachlichung
In manchen PR-Ratgebern wird Krisenkommunikatoren immer wieder empfohlen, sich stets an Fakten zu halten und zu versuchen, Sachlichkeit in die Diskussion zu bringen. Wenn das bedeutet, keine Gerüchte zu kommentieren, sich von Spekulationen fern zu halten, sich nur auf gesicherte Erkenntnisse zu stützen und

vor allen Dingen, nicht zu lügen, ist zumindest der erste Teil dieses Rats richtig. Die Forderung nach Sachlichkeit allerdings hat ihre Grenzen, wenn sie beginnt, kalt, emotionslos, technokratisch oder fachlich abstrakt zu wirken. Dann schlägt der gut gemeinte Rat ins Gegenteil um. Gerade technisch-wirtschaftlich orientierte Branchen, deren Repräsentanten ohnehin überwiegend in der Welt von Zahlen, Daten und Fakten zu Hause sind, fällt es traditionell schwer, sich in eine fragile Gefühlswelt hineinzuversetzen. Die technischen Erklärungen eines Sicherheits-Ingenieurs zu den Hintergründen von Bränden in Schweizer Straßentunneln sind kontraproduktiv. Das kann er in epischer Breite im Fachsymposium vortragen oder im Untersuchungsausschuss, nicht aber in einer Pressekonferenz. Es ist essentielle Aufgabe der Kommunikation, solches Fachchinesisch in vertrauensbildende Botschaften zu verwandeln.

Hitliste der handwerklichen Fehler

Zu den fünf strategischen Kernfehlern, die bezeichnenderweise häufig im Paket auftreten, gesellen sich im Eifer des Gefechts oft zahlreiche vermeidbare handwerkliche Fehler:
* Untrainierte und überforderte Sprecher geben Interviews und Erklärungen zwischen Tür und Angel.
* Mitarbeiter treten gegenüber Medien aggressiv auf.
* Klare, richtungweisende Botschaften fehlen.
* Es werden langatmige und unverständliche Presseerklärungen formuliert.

Zur Liste der Peinlichkeiten zählen auch TV-Auftritte in nicht angemessener Kleidung. Was geht im Kopf der Juniorchefin einer mittelständischen Firma vor, die sich nach einem schweren Unfall mit mehreren Toten im modischen Sweatshirt mit Playboy-Häschen auf der Brust im Fernsehen präsentiert?

Sicher stecken nicht Absicht und böser Wille hinter einem solchen Fauxpas. Allein der Eindruck bloßer Gedankenlosigkeit reicht aus, um bei Opfern Bitterkeit und damit nicht wiedergutzumachende negative Reaktionen auszulösen. Scheinbare Kleinigkeiten können kommunikativ eskalierend wirken. Was bewirkt ein hervorragend formuliertes Kondolenzschreiben des Vorstandsvorsitzenden eines führenden Verkehrsunternehmens auf feinstem Büttenpapier, wenn dann das Kuvert von der Poststelle seines Hauses durch die Frankiermaschine gejagt und mit einem leuchtend roten, knackigen Werbespruch versehen wird? Wie wirkt die poppige Musik in der Telefonwarteschleife des gerade von einem Betriebsunfall heimgesuchten Unternehmens?

Flyer, Plakate, Anzeigen, TV- und Radiospots, die im Alltag werbewirksam verkaufen, verkehren sich in ihr Gegenteil: Bezogen auf den Krisenfall kann der zündende Slogan plötzlich lächerlich oder zynisch wirken. Was fühlen Verwandte, wenn die Airline nach einem Flugzeugabsturz auf ihrer Website die Passagierliste (= »Todesliste«) veröffentlicht und im Frame darüber noch der Claim »Mit Vergnügen fliegen« steht?

Was ist mit den Heile-Welt-Texten und sexy Werbefotos von Traumstränden auf der Firmenseite, wenn für jedermann sichtbar das Urlaubsparadies in Trümmern liegt? Nach dem Absturz eines französischen Großraumflugzeugs in Kanada konnte die staunende Öffentlichkeit trotz weltweit gesendeter Bilder eines flammenden Infernos auf der Homepage lesen: »Keine Störungen im Flugnetz …« Es gehört zur Aufgabe von Krisenmanagern und PR-Fachleuten, Verkäufer und Marketingkollegen frühzeitig auf solche kommunikativen Risiken aufmerksam zu machen.

In einer Zeit, in der jeder ausgegebene Cent auf die Goldwaage gelegt wird, muss allerdings auch die Krisenkommunikation beweisen, dass sie ihren Beitrag zur Wertschöpfung leistet. Kosten produzieren für fiktive Annahmen, für Fälle, die möglicherweise (oder hoffentlich) nie eintreten? Gerade am Beispiel Großschadensereignisse können Kommunikatoren selbstbewusst aufzeigen, dass sich ihre Arbeit zum Schutz »weicher« Werte rechnet. Auch wenn das für viele Controller noch Neuland ist: Kein vernünftiger Betriebswirt lässt Gebäude und Maschinen unversichert. Völlig selbstverständlich werden zur Absicherung gegen zu erwartende Millionenschäden laufend hohe Prämien gezahlt. Krisenprävention ist eine Art Versicherung für Marke, Image und Reputation. Dennoch wird nicht ein Bruchteil der Versicherungssumme dafür ausgegeben. Krisenmanagement kann es nicht zum Nulltarif geben. Je früher Geld angefasst wird, desto kostengünstiger sind belegbar die Krisenverläufe insgesamt.

Neben ethisch-moralischen Komponenten sprechen also klare wirtschaftliche Interessen für ein funktionsfähiges und vernetztes Krisenmanagement. Das heißt, höchste Bedeutung hat die mentale Vorbereitung:

- Stets den Menschen – Kunden wie Mitarbeiter – in den Mittelpunkt aller operativen und kommunikativen Überlegungen stellen.
- Bereit sein, direkt Verantwortung für das Geschehen zu zeigen, auch wenn das tatsächliche Verschulden bei anderen liegen sollte.
- Auf sofortiges Handeln vorbereitet sein, um eine Chance im Wettlauf gegen die Zeit zu haben.
- Alle Geschäftsbereiche in personelle, technische und strategische Vorbereitungen mit einbeziehen.

Besonders Schadensereignisse sind mit massiven Vertrauensverlusten verbunden. Die Frage ist nicht, ob ein Ereignis eintritt, sondern wann.

Gemeinsame Aufgabe von Krisenmanagement und Krisenkommunikation ist es, diesen Verlusten entgegenzuwirken: Vertrauen schaffen, bewahren oder wieder herstellen. Für eine erfolgreiche Schadensbewältigung müssen erstens die Grenzen der verschiedenen Disziplinen überwunden werden und zweitens muss die Kommunikation eine zentrale Rolle einnehmen.

Übrigens: Im Hinblick auf Fehler und Vorbereitung gelten die meisten Erkenntnisse aus diesem Kapitel auch für die in den folgenden Kapiteln beschriebenen Krisentypen.

2 Personenkrise

Personenkrisen sind ungeheuer populär. Und sie sind unglaublich medienwirksam. Das »Victory«-Zeichen von Deutsche Bank-Chef Josef Ackermann, die wochenlange Hängepartie eines Bundesministers, der sich nicht zwischen Geliebter und Ehefrau entscheiden konnte (Schlagzeile: »Papa eiskalt!«) und zeitgleich den Vorsitz einer der wertkonservativsten Parteien anstrebte, oder die »Adlon«-Sause eines Bundesbank-Präsidenten, auf die wir später noch detailliert eingehen werden – all das sind prominente Personenkrisen. Vorzugsweise bestimmte Mediengruppen stürzen sich mit regelmäßiger Begeisterung auf solche Geschichten und sorgen für mitunter lang anhaltende Unterhaltung und Volksbelustigung. Das hängt natürlich auch stark mit dem Wandel der Medien vom kritischen Recherchier-Journalismus hin zum häufig oberflächlichen Boulevardisieren zusammen. Seit den 80er-Jahren des vergangenen Jahrhunderts gerät der kritische Journalismus in Deutschland mehr und mehr in die Defensive (trotz Barschel-Affäre). Das Ende des Staatssozialismus bewirkte eine Abkehr vom Politischen hin zum Privaten. Zur Gegenstrategie gegen den Recherchierjournalismus gehört seit dieser Zeit auch eine neue, offensive Informationspolitik. Parteien, Gruppen, Personen und Unternehmen aber auch Staatsbehörden haben in PR investiert, sie zunehmend auch professionalisiert. Mehr und mehr wurde der Recherchejournalismus weniger zur Aufklärung als vielmehr vor allem zur Durchstöberung der Privatsphäre von Prominenten eingesetzt. Der Konkurrenzdruck zwischen Online- und Printmedien minimiert die Recherchequalität, verursacht Recherchierflops – und jede Menge Personenskandale. Schließlich geht es hier meist nicht um langweilige materielle Werte. Die Krise bekommt häufig ein prominentes Gesicht, sie hat einen Namen, sie wird personalisiert. Wer hier nicht frühzeitig interveniert und geschützt wird, bleibt unter medialer Dauerbeobachtung und bietet einer nicht nur belustigten und voyeuristischen, sondern auch ständig nach »mehr« gierenden Öffentlichkeit eine mitunter mehrteilige Soap-Opera, ein persönliches Drama in mehreren Akten. Ende offen. Josef Ackermann hat sein persönliches Desaster politisch überlebt – zwar mit erheblichen nachhaltigen Image-Blessuren, aber immerhin überlebt. Der Fall Ernst Welteke dagegen endete für den Betroffenen weniger erfreulich. Und das liegt nur bedingt daran, dass Herr Ackermann einfach mehr Glück hatte. Er wurde von seinen Kommunikationsfachleuten umgehend aus der Schusslinie genommen, mit der Konsequenz, dass sich Medien und Öffentlichkeit vergleichsweise schnell anderen Dingen zuwandten. Genau das war bei Herrn Welteke nicht der Fall.

Interventionsmerkmal: Aufklärung und Kooperation

Vermutlich treten die meisten Personenkrisen niemals wirklich ins Licht einer großen Öffentlichkeit. Streit, Mobbing, Korruption, justiziables Fehlverhalten sind
für Medien und Öffentlichkeit meist nur dann interessant, wenn es eine bekannte
Organisation, einen prominenten Zeitgenossen trifft. Dabei sind es oft solche
eigentlich alltäglichen personenbezogenen Situationen, die aus einem Konflikt ein
Problem und aus dem Problem eine veritable Krise machen können. Eine Per-
sonenkrise trifft nicht immer Prominente, Manager und Führungskräfte. Jeder
Mitarbeiter kann Gegenstand einer Personenkrise sein, aktiv oder passiv, sie aus-
lösen oder betroffen sein. Stichwort Korruption: Die Organisation Transparency
International veröffentlicht jedes Jahr einen Index, der bis zu 180 Länder nach dem
Grad der bei Amtsträgern und Politikern wahrgenommenen Korruption auflistet.
In ihrem 2007 veröffentlichten Bericht zur weltweiten Korruption findet sich
Deutschland auf Platz 16 und damit erneut im oberen Mittelfeld. Das liest sich
gut, aber nicht gut genug, um Korruptionsrisiken im eigenen Haus zu vernachlässigen, wie z. B. der kapitale Bestechungsskandal bei Siemens 2006/2007 nebst
unglücklicher kommunikativer Aufbereitung nachdrücklich zeigt (Handelsblatt:
»Siemens holt sich Korruptions-Berater«). Das Ansehen der deutschen Wirtschaft
in der Welt ist nach Ansicht von Transparency International wegen der Ermittlungen gegen Siemens sogar massiv beschädigt worden.

Weiche Werte

Es geht also bei einer Personenkrise um persönliche Schicksale, um Intrigen, um
Bereicherung, um Schadenfreude und Häme, Mitleid und Traurigkeit, (Sozial-)
Neid und Fassungslosigkeit. »Ich hab's ja schon immer gewusst!«, »Nein, wie
kann man nur …?!«, »Das ist ja entsetzlich!«, »Jeder bekommt das, was er verdient!« sind typische Reaktionen auf enthüllte Personenkrisen und lancierte Personenskandale und kennzeichnen gleichzeitig deren emotionale Wirkung auf das
Publikum. Von Entsetzen bis zur Selbstgerechtigkeit, vom Unverständnis bis zur
Anteilnahme – es gibt wohl kaum eine Krisenform, bei deren Begleitung so viele
und so viele unterschiedliche Gefühlswelten produziert werden können. Da es
meist um subjektive Werte wie Recht und Unrecht, Schuld und Unschuld oder
Moral geht, halten sich auch viele für befähigt, hier von Anfang an mit zu urtei-
len. Hinzu kommt, dass die meisten Menschen die Ursachen und Begleitumstände eines solchen Skandals in der Regel zu verstehen glauben, weil sie die
entsprechenden Verhaltensweisen (Emotionen, Leugnen, Vorurteile, Klischees,
Abtauchen, Aggression etc.) häufig in ihrem eigenen Wertekosmos wiederfinden.

Die Akteure, ihre Motive und Handlungen sind formal und intellektuell meist nachvollziehbar, wenn auch nicht immer akzeptabel. Entsprechend schnell bildet man sich eine eigene Meinung. Kompliziertheit und Komplexität des Themas – wie beispielsweise bei wirtschaftlichen Krisen – sowie eine daraus folgende Unsicherheit der Öffentlichkeit sind keine typischen Charakteristika für eine Personenkrise.

Mobbing

Beim Stichwort Mobbing wird das Risiko einer Personenkrise deutlich greifbar: Laut Erhebungen der Bundesanstalt für Arbeitsschutz und Arbeitsmedizin werden Tag für Tag mindestens drei von 100 Beschäftigten am Arbeitsplatz diskreditiert, gedemütigt, verleumdet, beleidigt, an ihrer Arbeit gehindert, seelisch zermürbt oder körperlich bedroht. Bei circa 37 Millionen Erwerbstätigen sind das über eine Million Menschen. Rechnet man die Mobbingopfer der Vergangenheit hinzu, ergibt sich eine Betroffenheitsquote von circa 11 Prozent aller Beschäftigten. Das heißt, jede neunte Person im erwerbsfähigen Alter ist schon mindestens einmal im Laufe des Erwerbslebens gemobbt worden – mit schwer abschätzbaren Folgen, nicht nur für das Opfer, sondern auch für die mobbende Organisation. Man kann nicht deutlich genug warnen und darauf hinweisen, zu welchen Handlungen gemobbte Mitarbeiter im Stande sind, die zudem womöglich Wut, Resignation und insgesamt ein großes Frustpotenzial in sich tragen. Rache, Verleumdung, Denunziation sind alltägliche Ausprägungen und häufig Beginn einer kritischen Situation für bestimmte Personen und die Organisation selbst. Insofern wäre es fatal, die Möglichkeit einer solchen Krisenform in der organisationseigenen Risikoanalyse zu vernachlässigen. Corporate Behaviour, also der Umgang der Mitarbeiter miteinander innerhalb einer Organisation, spielt generell eine große Rolle. Viele PR-Experten vertreten nicht umsonst die Ansicht, dass Corporate Behaviour und die gesamte interne Kommunikation für die Organisationsleitung aber auch für die Öffentlichkeitsarbeit einer Organisation die größte Herausforderung darstellt. Dazu gehört auch, Mitarbeiter in der Krise zu motivieren. So wird der Mercedes-Vorstandsvorsitzende Jürgen E. Schrempp während der Elchtest-Krise um die A-Klasse 1997 in einer Mitarbeiterzeitung zitiert: »Wir dürfen jetzt den Kopf nicht hängen lassen. Ich weiß, keiner unterschätzt diese Krise. Aber in jeder Krise steckt auch eine Chance. Wir müssen alle Kraft darauf verwenden, die Chance in dieser Krise zu finden. Ich weiß nicht, welche, aber ich weiß, es gibt sie.«

Häufige Fehler in der Kommunikation

• kein Masterplan; vertrauensvolle Kooperation und professionelle Vorbereitung mit (externen) Experten vorantreiben,

• keine entsprechende Vorbereitung, kein (Medien-)Training, kein Briefing,

• bedingungslose Loyalität gegenüber der angegriffenen Person,

• reine Verlautbarungspolitik betreiben,

• fremde Darstellungen ungeprüft kommunizieren,

• Parteinahme,

• Medienschelte betreiben,

• Schuldzuweisungen und –verschiebungen,

• Rechtfertigungen,

• Verlassen der Sachebene,

• Defensive: Aussitzen, Null-Reaktion, Abwarten,

• (Not-)Lügen,

• sich provozieren lassen,

• unabsichtliches Ausliefern der angegriffenen Person, z. B. anlässlich einer unüberlegt angesetzten Pressekonferenz und

• mangelnde Empathie.

Fehlverhalten

Eine Personenkrise ist also gekennzeichnet durch eine kritische Situation, die durch (Fehl-)Verhalten Einzelner oder einer Gruppe entsteht. In der Regel entwickelt sich eine Personenkrise aus einer (medialen, internen) Enthüllung. Dabei spielt es noch nicht einmal eine Rolle, ob dieses Verhalten ungesetzlich ist. Mitunter genügen moralische, charakterliche und persönliche Unzulänglichkeiten, Äußerungen jenseits einer gängigen »political correctness«, um einen Menschen in eine kritische Situation zu bringen. Wenn also ein prominenter Mensch sich selbst hohe und höchste moralische Maßstäbe setzt, diese mit konservativen Werten wie Familienglück, Ehe, Religion öffentlichkeitswirksam stützt und propagiert, sich selbst als moralische Instanz inszeniert und dann kokainschnupfend im Bordell aufgefunden wird, was von den Medien natürlich genüsslich breit getreten wird, könnte es sich um eine Personenkrise handeln. Es geht hier also ausdrücklich nicht um politisch motivierte Rücktritte, weil bestimmte Führungspersonen für einen öffentlichkeitswirksamen, womöglich skandalösen Vorfall die politische Verantwortung übernehmen. Wenn der Deutschland-Chef von Vattenfall wegen dilettantischen Krisenmanagements nach dem Brand im schleswig-holsteinischen Kernreaktor Krümmel zurücktritt, ist dies keine Personenkrise, sondern unternehmenspolitische Hygiene und nur konsequent (auch wenn dieser Rücktritt natürlich kein einziges Sicherheitsproblem löst). Wenn jedoch der Präsident einer gemeinnützigen Organisation unter maßgeblicher Mithilfe eines frustrierten entlassenen Mitarbeiters der Veruntreuung von Spendengeldern bezichtigt und später auch überführt wird, ist dies eine handfeste Personenkrise. Als Alt-Bundeskanzler Helmut Kohl während der CDU-Spendenaffäre 1999 hartnäckig schwieg und die Ruhe in Person abgab, entstand daraus eine durchaus veritable Personenkrise (mit anschließender langwieriger CDU-Führungskrise), deren Selbstmanagement mit der Wortschöpfung »Aussitzen« betitelt wurde.

Vorgehensweise

extern:

- offensive, aktive Kommunikation und bescheidene Zurückhaltung angemessen dosieren; um Sympathie werben (ohne Anbiederei), Dritte nicht diffamieren, keine Wahrheiten konstruieren, auf der Sachebene bleiben (Emotionen kontrollieren)
- möglichst kontinuierlich neutrale, sachliche und objektive Informationen zur Verfügung stellen; Kompetenz signalisieren
- Einstellungen zu Diskussionspartnern, Pressure Groups, Themen und Medien überprüfen und möglichst positiv besetzen, wenigstens neutralisieren
- unmissverständliche Signale zu Kooperation und Aufklärung senden
- entsprechende Maßnahmen darstellen und umsetzen
- erklären, nicht rechtfertigen
- Fehler eingestehen, wenn Fehler gemacht wurden; selbstkritisch sein
- negativen Imagetransfer auf die Organisation vermeiden; unternehmerische oder branchenspezifische Interessen über die Person stellen
- unabhängige Fürsprecher, Prüfer, Instanzen hinzuziehen
- Verbündete suchen

intern:

- die Person umgehend aus der Schusslinie nehmen (nur noch notwendige öffentliche Auftritte zulassen, klare Verhaltensweisen vorgeben, besondere Aufmerksamkeit und Konzentration vorgeben, Disziplin einfordern),
- umgehende und schonungslose Darstellung und Verifizierung der Sachlage (berechtigte oder unberechtigte Vorwürfe?); offene Manöverkritik,
- sich vor weiteren Überraschungen so gut wie möglich absichern (Gibt es weitere mögliche Angriffspunkte?),

- Darstellung und Bewertung möglicher Szenarien (»Was wird passieren, wenn ...?«),
- Beratung und Betreuung gemäß Sachlage (Deeskalationstaktik, Aufklärung, Kooperation, Eingeständnis, Konsequenzen),
- Handlungsanweisungen und Sprachregelungen ausgeben,
- Third Party Statement einholen,
- ggf. weitere Experten hinzuziehen und
- Substitutionstaktiken entwerfen (z. B. persönliche Verfehlungen mit Hilfe von positiven fachliche Bilanzen in den Hintergrund drängen). Manchmal hilft auch das Schicksal: Dass der damalige SPD-Verteidigungsminister Rudolf Scharping am Vormittag des 11. September 2001 auf einer Pressekonferenz die geheime Einmarschroute der Bundeswehr nach Mazedonien verriet, hätte unter normalen Umständen zu einem medialen Großereignis führen können. Da aber wenige Stunden später die schlimmsten Terrorakte der Weltgeschichte verübt wurden, wurde dieses Vorkommnis nur noch am Rande abgehandelt.

Öffentlicher Dienst versus Privatwirtschaft

Generell ist festzustellen, dass sich viele der prominent gewordenen und eher unglücklich endenden Personenkrisen in Non-Profit-Organisationen, im Öffentlichen Dienst und in der Politik, also in meist sehr hierarchisch strukturierten Organisationen, abspielten. Das mag an der Machtverteilung liegen, an einer gewissen Beratungsresistenz der dortigen Führungskräfte (»Wozu brauche ich ein Medientraining?«) oder am immer noch häufig unterirdischen Stellenwert der dortigen Presse- und Öffentlichkeitsarbeiter, die vielfach lediglich als Verlautbarungsmitarbeiter gesehen werden und die ihre Arbeit gefälligst zu absolvieren, aber nicht zu managen haben. Es muss sich in den Köpfen der Organisationsführungen im Öffentlichen Dienst oft erst noch festsetzen, dass auch Kommunikation ein strategischer Faktor ist. Es liegt aber auch an unzureichender Qualifikation und Erfahrung sowie an einer ständigen personellen Fluktuation in den dortigen Kommunikationsfachabteilungen, die ein nachhaltiges und konsequentes Krisenmanagement mit intensiver Betreuung und Beratung in diesen Organisationen in vielen Fällen nahezu unmöglich macht. Auch externe Berater werden meist erst dann hinzugezogen, wenn bereits alles zu spät ist. Die Privatwirtschaft, die ihre Kommunikationsfachleute auch deutlich besser bezahlt und qualifiziert, ist hier gegenüber dem Öffentlichen Dienst weitaus besser aufgestellt. Sie reagiert schneller, flexibler, hat meist transparentere Strukturen und effektivere Kontroll-organe.

Typologie einer kaum professionell betreuten Personenkrise

- Vorwürfe werden laut. Der Protagonist leugnet. Die Öffentlichkeit wird aufmerksam. Der Protagonist bleibt bei seiner Darstellung. Die Medien bohren weiter. Der Protagonist empört sich. Der Protagonist droht mit Vergeltung, Rache, juristischen Mitteln.
- Die Medien recherchieren intensiver. Der Protagonist nutzt seine Position, sein Amt, seine Organisation, sein Know-how, sein Netzwerk, sucht Verbündete, um sich zu stärken.
- Die ersten Reaktionen aus dem früheren Umfeld (Ex-Freunde, ehemaliger Bekanntenkreis) kommen – vorerst beobachtend, ohne Wertung. Der Protagonist führt seine moralische, materielle, psychologische Macht ins Feld. Erste Absetzbewegungen im weiteren Umfeld erfolgen hinter vorgehaltener Hand.
- Der Protagonist schwört, appelliert, beschwört »das Ganze«, das auf dem Spiel steht. Freunde äußern sich hinter vorgehaltener Hand.
- Der Protagonist spricht von einer gezielten Kampagne, einer Intrige, sucht Belege dafür, lanciert diese.
- Mitglieder der eigenen Fraktion, Clique, Mitarbeiterschaft, Freunde, Bekannte diskutieren den Nutzen des Protagonisten. Der Protagonist versucht den Befreiungsschlag: »Ich schwöre«, »Bei meiner Ehre«, »Ich geben Ihnen mein Ehrenwort …«
- Die Medien liefern Beweise, die aus dem internen Umfeld (Clique, Fraktion, Mitarbeiterschaft) – meist anonym – zugeliefert sind. Der Protagonist spricht von Verrat, aber auch von Durchhalten. Der Protagonist spricht vom Schaden für sich und seine Familie. Das Umfeld schweigt.
- Der Protagonist versucht, neue Themen aufzutun und die (Medien-) Öffentlichkeit abzulenken.
- Das Umfeld speist die Medien mit alternativem Material. Das Umfeld sagt öffentlich, es denke über den Protagonisten nach.
- Das Umfeld äußert sich öffentlich, bekennt sich namentlich gegen den Protagonisten.
- Der Protagonist räumt Versäumnisse, aber nicht den konkreten Fall oder das eigene Versagen ein. Das Umfeld sagt, es glaube dem Protagonisten – solange, bis das Gegenteil bewiesen ist.
- Der Protagonist glaubt, er habe gewonnen.

- Die Medien haben noch mehr Beweise bekommen oder legen Stück für Stück nach, einer eigenen Dramaturgie folgend. Die ersten Freunde wenden sich ab. Der Protagonist zelebriert die Opferrolle. Seine Gegner wollen ihn halten, seine Freunde suchen den Nachfolger. Die eigene Organisation speist Gegner wie Freunde mit Material. Die engste Umgebung schweigt.
- Der Protagonist sagt endlich die Wahrheit. Die Medien diskutieren nicht über die Wahrheit, sondern darüber, wie sie verschwiegen wurde.
- Der ursprüngliche Gegenstand des Falls ist längst vergessen. Die Lüge wird zum Gegenstand der Diskussion. Der Protagonist muss abtreten – getrieben von Freunden, der eigenen Organisation.
- Die Gegner bedauern den Vorgang. Sie präsentieren den Nachfolger.
- Epilog A: Die Gegner betreten die Bühne, übernehmen Amt und Würden. Epilog B: Der Mann kann bleiben, weil er im Amt geschwächt nützlicher ist denn als Märtyrer.

Gefahr und Chance

Die eine Personenkrise begleitende Kommunikation sollte von größtmöglicher Sachlichkeit geprägt sein. Dennoch besteht die große Gefahr einer »institutionellen« Personenkrise darin, dass es einen negativen Imagetransfer auf die gesamte Organisation geben kann, in die die entsprechende Person involviert ist. Es gibt zahlreiche Krisenfälle, in denen aus einer Personen- eine Organisationskrise wurde:
- So bietet beispielsweise ein katholischer Pfarrer, der Kinder sexuell missbraucht hat, bei entsprechender öffentlichkeitswirksamer Enthüllung der Straftat alle Zutaten einer handfesten Personenkrise. Das zuverlässig katastrophale und dilettantische Kommunikationsmanagement der katholischen Kirche macht aus diesen wenigen und eigentlich nur lokal ausstrahlenden Einzelkrisen in schöner Regelmäßigkeit eine stattliche Institutionskrise. Denn stets wird der Eindruck erweckt, die Kirche schützt den Falschen, die Kirche mauert, die Kirche kooperiert nicht, und – viel schlimmer – aufgedeckte Einzelfälle werden in der öffentlichen Wahrnehmung zur Regel. Die Imageschäden, die die katholische Kirche durch ihre optimierungswürdige Informationspolitik in solchen Fällen erleidet, sind meist immens.
- Die Personenkrise Stoiber, entstanden aus der »Sex-Spitzel-Affäre« um die Landrätin Gabriele Pauli, entwickelte sich zu einer handfesten Führungs- und Identitätskrise innerhalb der CSU, innerhalb derer der damalige bayerische Ministerpräsident und CSU-Vorsitzende gewissermaßen »zerstoibert« wurde.

- Die betrügerischen Machenschaften eines ranghohen Mitarbeiters der Bundesanstalt für Finanzdienstleistungen (BaFin) stürzten die Behörde selbst in eine massive Führungs-, Vertrauens-, Glaubwürdigkeits- und Kompetenzkrise.

Insofern muss es oberste Priorität und Zielsetzung der Krisenkommunikation sein, Schaden von der eigenen Organisation fernzuhalten, wenn einzelne Personen angeschossen werden. Das kann allerdings auch bei noch so großer Sorgfalt und Professionalität nicht immer gelingen, wie das BaFin-Beispiel zeigt. Diese Krise war gewissermaßen hausgemacht, weil Recherche, Aufdeckung und Enthüllung des Korruptionsskandals von der BaFin in Kooperation mit der Staatsanwaltschaft selbst initiiert worden waren. Grundsätzlich hatte man dort eigentlich alles richtig gemacht, die Außenwirkung und Eigendynamik der Ereignisse hatte man jedoch völlig unterschätzt. Aus einer kriminellen Einzeltat entwickelte sich eine Institutionskrise, weil man sich vor allem fragte: Wie glaubwürdig und kompetent ist eine Bankenaufsicht und Finanzkontrolle, wenn Aufsicht und Kontrolle nicht einmal bei den eigenen Mitarbeitern funktionieren?

Innen- und Außenwirkung

Und hier wird die differenzierte Innen- und Außenwirkung professioneller Krisenkommunikation deutlich. Während nach außen hin versucht wird, mit Gelassenheit, Neutralität, Objektivität und Sachlichkeit zu kommunizieren, dürfen und müssen nach innen durchaus die Fetzen fliegen, sind umgehende Aktion und Aktivität angesagt und auch gefragt. Wer als Verantwortlicher einen Fehler gemacht hat, der ihm nachgewiesen wurde und der mit Bordmitteln wieder auszubügeln ist, sucht händeringend nach Freunden und Verbündeten, die ihm aus dem Schlamassel helfen. »Sie sind mein Kommunikationsexperte. Helfen Sie mir! Wie komme ich da raus?« Zu viel steht für den Angegriffenen auf dem Spiel: Macht, Einfluss, persönliche Integrität. Jetzt sind Hierarchien und Beratungsresistenz fehl am Platz. Man spricht in Augenhöhe miteinander. Offenheit, Vertrauen und Dialogfähigkeit sind intern jetzt unabdingbar. Alle Maßnahmen werden abgesprochen und gemeinsam umgesetzt. Mögliche Szenarien werden entworfen. Was kann schlimmstenfalls passieren? Kann die Situation eskalieren? Welche Pfeile haben die Medien oder andere Aggressoren eventuell noch im Köcher? Geht es um die Person oder um die Sache? In solchen Situationen beweist es sich, ob es den Kommunikationsverantwortlichen innerhalb ihrer Organisation zuvor gut gelungen ist, ihre Handlungsfähigkeit, Kompetenz und Professionalität unter Beweis zu stellen. Dann wird die Kommunikationsabteilung die erste und zentrale Anlauf- und Erste-Hilfe-Stelle der unter Beschuss geratenen Person sein.

Sachlichkeit

Als Kommunikationsverantwortlicher tut man also gut daran, sich nach außen hin jegliche Bewertung, Kommentierung und Schuldzuweisung hinsichtlich des betreffenden Sachverhalts zu versagen und sich in hierarchisch geprägten Organisationen auch nicht zwingen zu lassen, hier anders zu verfahren. Es stehen letztlich auch die Glaubwürdigkeit und Professionalität der Kommunikatoren und Pressesprecher selbst auf dem Spiel. Man ist nicht nach innen illoyal, weil man nach außen Neutralität signalisiert. Wenn die interne Kommunikation funktioniert, Verlässlichkeit gewährleistet ist und ein tragfähiges Vertrauensverhältnis existiert, ist eine solche Handlungsweise keineswegs praxisfern. Es ist ein Trugschluss anzunehmen, dass Medien und Öffentlichkeit in solchen Situationen erwarten, dass sich die Organisationskommunikation bedingungslos auf die Seite der angegriffenen Person schlägt und sich ungeschützt in den Kugelhagel wirft. Ebenso falsch ist es, den Betreffenden quasi schutzlos allem, was da kommt, auszuliefern. Zwischen beiden Haltungen liegt jedoch ein weites Feld. Vielmehr werden klare Aussagen zu Kooperation und Aufklärung erwartet: »Die Organisation X arbeitet mit der Staatsanwaltschaft zusammen«, »Eine unabhängige Wirtschaftsprüfungsgesellschaft überprüft die Bilanzen« und Ähnliches sind Aussagen, die in solchen Situationen hilfreich sind, wenn sie denn auch tatsächlich entsprechend umgesetzt werden, die Ergebnisse regelmäßig kommuniziert und entsprechende Konsequenzen gezogen werden. Jede Form von Medienschelte (»Die Geschichte wurde von den Medien aufgebauscht!«), Rechtfertigung (»Wir können Herrn X nicht entlassen, weil sein Anstellungsvertrag dies nur bei ›schweren Verfehlungen‹ vorsieht.«) und belehrende Botschaften (»In unserem Rechtsstaat gilt immer noch die Unschuldsvermutung.«) gießen meist nur zusätzliches Öl ins Feuer und führen in der Sache nicht weiter. Medialen Vorverurteilungen sollte allerdings umgehend und angemessen begegnet werden, da eine Nicht-Reaktion schnell als Fallenlassen und als Zustimmung zum Vorurteil interpretiert werden kann. Neutralität heißt übrigens auch, den enthüllenden Medien keine weitere PR-Plattform zu bieten. Wenn es beispielsweise der »Spiegel« war, der enthüllt hat, muss dieser Tatbestand nicht auch noch in der entsprechenden Pressemitteilung oder Verlautbarung der Organisation prominent wiederholt werden (»Stellungnahme zum Bericht des SPIEGEL vom ...«). Die interessierte Öffentlichkeit weiß meist sehr gut, um welche Enthüllung es sich handelt. Insofern genügen hier unkonkrete Hinweise wie »entsprechende Berichterstattung« oder »jüngste Presseberichte« völlig.

Eine »distanzierte Versachlichung« trägt mit dazu bei, die angegriffene Person aus der Schusslinie zu nehmen. Sehr viel mehr kann die Organisationskommunikation ad hoc auch nicht tun. Sie stößt bei Personenkrisen schnell an Grenzen. Zu viele Unsicherheitsfaktoren wirken auf das Geschehen ein. Motive? Schuld?

Konsequenzen? Ob persönliche Erklärungen der angegriffenen Personen sinnvoll sind, kommt auf den Einzelfall an und sollte auf jeden Fall gut überlegt sein. Grundsätzlich sollten solche Erklärungen persönlich, im Idealfall natürlich von der betreffenden Person, abgegeben werden also z. B. im Rahmen einer gut vorbereiteten moderierten Pressekonferenz. Vorbereitet heißt, dass man im Vorfeld sämtliche denkbaren und auch undenkbaren Fragen, Vorwürfe, Unterstellungen und die jeweiligen Reaktionen des Protagonisten durchspielt. Ausschließlich schriftliche persönliche Erklärungen bergen schnell die Gefahr, als Versteckspiel, als »Sich-nicht-stellen-Wollen« interpretiert zu werden.

Täter und Opfer

Beispiele für Personenkrisen gibt es ohne Ende. Die Öffentlichkeit hat eine sehr sensible Antenne für Personenkrisen, die kommunikativ gut begleitet werden. Empathie spielt hier auch für die Kommunikationsverantwortlichen eine große Rolle; allerdings weniger der angegriffenen Person gegenüber als vielmehr hinsichtlich der öffentlichen und veröffentlichten Meinung. Schießt man sich ein? Ist die Berichterstattung von Häme, Neid, Hass oder Schadenfreude geprägt? Helfen sachliche Argumente? Nutzt oder schadet ein persönliches Auftreten der Hauptperson? Wie würde ich als Unbeteiligter die Situation einschätzen? Wie stark werden bereits in einem frühen Stadium der Krise Eigenschaften wie Vertrauen und Glaubwürdigkeit angezweifelt? Und: Ist tatsächlich die Person gemeint oder in Wirklichkeit die Organisation? Die meisten Personenkrisen, die, die Schlagzeilen gemacht haben, beschäftigen sich mit mehr oder weniger prominenten Personen der Zeitgeschichte. Interessant sind vor allem die Fälle, bei denen man am Ende eigentlich gar nicht so genau weiß, ob die Person nun wirklich Täter oder doch nur Opfer war – geopfert auf dem Altar einer höheren Bestimmung.

2.1 Beispiel Gerster

Nehmen wir das Beispiel des ehemaligen Chefs der heutigen Bundesagentur für Arbeit (BA), Florian Gerster. Bereits die Berufung des studierten Psychologen im März 2002 war eher holprig: Zum einen war sie selbst Folge eines Skandals, nämlich um die gefälschten Arbeitslosen-Vermittlungsstatistiken, die seinen Vorgänger Bernhard Jagoda den Job gekostet hatten. Zum anderen wurde behauptet, dass Gerster den Job nur angenommen hatte, weil sein Gehalt und später auch das Spesenkonto des Vorstands verdoppelt wurden. Völlig in den Hintergrund gerieten zunächst seine Hauptaufgabe und sein Hauptziel: der Totalumbau der Agentur. Vor allem führte er eine effektivere Steuerung der Leistungen der Bundesagentur ein, die im Ergebnis zu massiven Einsparungen in vielen Bereichen führte. Auch der interne Aufbau der Bundesagentur wurde von Gerster erstmals kritisch hinterfragt, überprüft und in weiten Teilen reorganisiert. Effizienz und Wirtschaftlichkeit waren plötzlich Parameter, an denen der neue Vorsitzende auch Erfolg der BA und ihrer Mitarbeiter maß. Die Tatsache, dass Gerster der erste Vorsitzende der Bundesagentur war, der keinen Beamtenstatus inne hatte, kennzeichnete ihn noch deutlicher als Manager und Sanierer von außen. »Er war nie einer von uns«, hieß es später in weiten Teilen der (beamteten) Belegschaft.

Die Chronologie

Das Drama begann im November 2003. Wegen eines Auftrags an eine PR-Agentur in Höhe von 1,3 Millionen Euro, der nicht ordnungsgemäß ausgeschrieben worden war, geriet er erstmalig in die Schlagzeilen. Mitte Januar 2004 wurden weitere Verträge mit fünf Beraterfirmen und einem Gesamtvolumen von 38 Millionen Euro bekannt. Eine Woche später wurde spekuliert, Gerster solle veranlasst haben, dass interne Protokolle der Behörde verfälscht wurden, um die Affäre zu vertuschen. Obwohl ihn ein interner Revisionsbericht am Vortag entlastete, entzog ihm Ende Januar 2004 der Verwaltungsrat der Bundesagentur mit 20 zu 1 Stimmen das Vertrauen; eine halbe Stunde später wurde Florian Gerster vom damaligen Bundesminister für Arbeit, Wolfgang Clement, entlassen. Er war nicht mehr tragbar. Bereits vor seiner Entlassung hatten die Medien Gerster massiv unter Beschuss genommen. Der »Spiegel« (3/2004) charakterisierte ihn als »unbelehrbar«, »eitel« und »Autist«. Die »Attitüden eines Sonnenkönigs« (Stern 14/2004) boten ausreichend Anlass für reichlich negative Schlagzeilen. Hierzu gehörten der luxuriöse und großzügige Umbau der Vorstandsetage, unangemessene Regelungen in Bezug auf eigene Dienstwagen sowie ein offenbar großspuriger und arroganter Umgang mit den Mitarbeitern. Und es wurde eifrig nachgelegt: Gerster bewohnte nicht etwa eine Wohnung am Arbeitsort, sondern residierte auf Firmenkosten in einem Luxushotel. Die Tatsache, dass Gerster nach seiner Entlassung immer noch Zahlungen aus seiner Tätigkeit bei der BA bezog, wurde nicht etwa als Ergebnis kluger Vertragsverhandlungen bewertet, sondern fein säuberlich in die lange Reihe bisheriger, akribisch öffentlich gemachter Verwerfungen eines habgierigen, abgehobenen und überheblichen Despoten eingereiht. »Unter dem Druck ständiger Vorwürfe und Enthüllungen hatte der Agenturleiter den Kontakt zur Realität weitgehend verloren«, bilanzierte der »Spiegel« nach Gersters Demission.

138

Wenig sensibel

Es steht zweifellos fest, dass sich Florian Gerster in manchen Bereichen seiner Amtsausübung, gelinde gesagt, ungeschickt, ja, fahrlässig verhalten hat. Aber ebenso zweifellos steht fest, dass er sich durch das rigorose Trimmen der BA in privatwirtschaftliche Dimensionen viele einflussreiche Feinde gemacht hat. Kurz nachdem Gerster seinen Job angetreten hatte, wurde schnell klar, dass die Zeiten der Gewohnheiten, Beschaulichkeit und Behäbigkeit in der gewaltigen Behörde bald vorbei sein würden. Doch nichts ist dem Menschen so sehr verhasst wie Veränderung. Dass Gerster dies alles vor allem nach innen nicht behutsamer kommuniziert und sensibler praktiziert hat, ist ihm sicherlich vorzuwerfen. Denn wenn man sieht, dass sein Nachfolger Frank-Jürgen Weise, der übrigens von Florian Gerster 2002 selbst in den Vorstand geholt worden war, den Kurs seines Vorgängers, wenn auch mit anderen, moderateren Mitteln, grundsätzlich fortgesetzt hat, weiß man, dass Gerster vieles richtig gemacht haben muss. Anzuerkennen ist insofern, dass er den Mut hatte, diesen Kampf aufzunehmen. So mancher Insider und Experte sagte später hinter vorgehaltener Hand, dass der Umbau der BA ohne die Entschlossenheit eines Florian Gerster nicht so schnell und so weit fortgeschritten wäre.

Friendly fire

Vieles spricht dafür, dass Florian Gerster im »Intrigantenstadl BA« quasi gegangen werden musste. Betrachtet man einen großen Teil der später veröffentlichten Vorwürfe, so muss unterstellt werden, dass viele der ihn belastenden Informationen, die sehr detailliert und sehr persönlich waren, aus höchsten und innersten BA-Kreisen den Medien zugespielt worden sein müssen. »Friendly fire« nennt man das nicht nur beim Militär, wobei es sich dort wenigstens in der Regel noch um einen irrtümlichen Beschuss handelt. Die Demontage Gersters trug dagegen schon fast strategische Züge, was den Tatbestand des »Mobbings« erfüllt. Wenn es auf dem formalen Wege gar nicht oder nicht schnell genug geht, sich eines zwar qualifizierten, aber ungeliebten Mitarbeiters – und sei es der Chef selbst – zu entledigen, dann sucht man die Leichen im Keller und die Flecken auf der vermeintlich weißen Weste, man nutzt persönliche Schwächen. Und natürlich wird man fündig. Besonders beliebt sind dann Sachverhalte, die zwar legal, aber der Öffentlichkeit kaum zu vermitteln sind. Im Fall Gerster hatten Bürger bundesweit sogar Strafanzeige gegen den Agenturchef wegen Veruntreuung gestellt. Dinge also, die nach Bereicherung riechen (Missbrauch von Pflichtbeiträgen zur Arbeitslosenversicherung), nach Habgier und Amtsmissbrauch, nach charakterlicher Disqualifikation; Tatumstände, die mit dem eigentlichen Auftrag der Organisation kaum in Einklang zu bringen sind. Diese Informationen, sorgsam aufgestückelt und über einen längeren Zeitraum geschickt platziert, unter strategischer Einbeziehung des sich aufbauenden öffentlichen Drucks aus Sozialneid, Schuldzuweisungen und Vorverurteilungen, reichen meist aus, um das Ziel zu erreichen. Die betreffende Person ist unabhängig von ihrer fachlichen Kompetenz, unabhängig von nachweislichen Erfolgen, nicht mehr zu halten – letztlich auch, um weiteren Schaden von der Behörde abzuwenden.

Die Kommunikation

Wenn eine Organisation ein Informationsvakuum entstehen lässt, wird dies anderweitig gefüllt. Grundsätzlich ist der akute Handlungsbedarf für die Unternehmenskommunikation umso größer, je mehr das dargestellte Bild vom gewünschten Image der Organisation abweicht. Die Presseabteilung der Bundesagentur für Arbeit hat in dem kritischen Zeitraum von November 2003 bis Februar 2004 insgesamt zehn Pressemitteilungen herausgegeben, die sich direkt oder indirekt mit dem Fall Florian Gerster und den Vorwürfen gegen ihn beschäftigen – davor, dazwischen und danach entstanden mehrere Informationsvakua, die prompt anderweitig gefüllt wurden. Das Thema entglitt den Verantwortlichen. Unter den Agentur-Mitteilungen befindet sich keine einzige persönliche Erklärung oder ein wörtliches Zitat Gersters. Die erste Presseinformation vom Vormittag des 24. November 2003, die als »Klarstellung« übertitelt ist, bestätigt und präzisiert die Existenz der zuvor in der Presse kritisierten Beraterverträge mit einer PR-Firma. Die zweite Presseinformation vom Nachmittag des 24. November 2003, Überschrift: »Stellungnahme des Vorstands der BA zur aktuellen Berichterstattung«, beginnt kernig: »Der Vorstand der BA weist die in den letzten Tagen erhobenen Vorwürfe gegen die Kommunikationsarbeit der BA zurück. Er sieht darin den Versuch, seine erfolgversprechende Reformarbeit zu diskreditieren und zu blockieren.« Klingt irgendwie beleidigt, möchte man meinen. Sodann folgt eine wortreiche Rechtfertigung, warum und wieso die betreffende Agentur den Auftrag der BA erhalten hat. Am Ende der Information heißt es: »Der Vorstand der BA betont, dass bei der Vergabe des Auftrags alle einschlägigen rechtlichen Vorschriften beachtet worden sind.« Später wird festzustellen sein, dass genau dies unzutreffend ist. Warum wurde es dennoch in die Presseinformation hineingeschrieben? Hier wäre noch ausreichend Zeit und Raum gewesen, zunächst einmal unabhängige Prüfungen externer Sachverständiger anzukündigen, als sich soweit aus dem Fenster zu lehnen. Bemerkenswert ist, dass in dieser Phase immer noch vom gesamten Vorstand die Rede ist und nicht von einzelnen

Personen. Am 26. November verkündet »der Vorstand der BA« das vorzeitige und einvernehmliche Ende der Zusammenarbeit mit der betreffenden Agentur. Die Agentur selbst hat das Ganze übrigens relativ unbeschadet überstanden. Nicht nur deshalb, weil glaubhaft kommuniziert wurde, dass die Vertragsauflösung auf Initiative der Agentur vollzogen wurde, sondern vor allem auch deshalb, weil es ihr und besonders ihrem einflussreichen Chef gelang, aus einem vermeintlichen »Agenturskandal« einen Branchenskandal zu machen – nach dem Motto: »Schaut nicht nur auf uns, sondern schaut euch mal all die anderen Beraterverträge an.« Das geschah ja dann auch …

Der Verwaltungsrat

Am 10. Dezember tritt dann der Verwaltungsrat in der Organisationskommunikation in Erscheinung. Längst war herausgekommen, dass der PR-Beratervertrag ohne Ausschreibung auf Basis einer zweifelhaften Rechtsauslegung des Vorstands, die schließlich auch vom Bundesrechnungshof abgelehnt wurde, zustande gekommen war. In einer 14 Punkte umfassenden Erklärung werden der Vorstand im Allgemeinen und in Punkt 8 erstmalig expressis verbis der Vorstandsvorsitzende kräftig gerüffelt: »Die Informationen des Vorstandsvorsitzenden gegenüber dem Verwaltungsrat waren unzureichend.« Die Schere zwischen dem »good guy« (Verwaltungsrat) und dem »bad guy« (Florian Gerster) beginnt sich zu öffnen. Spätestens zu diesem Zeitpunkt muss klar gewesen sein, dass Fehler gemacht worden sind. Doch Florian Gerster lässt sich noch über einen Monat durch die Medienrepublik Deutschland treiben, anstatt jetzt und hier für klare Verhältnisse zu sorgen. Es ist davon auszugehen, dass der Erklärungskatalog des Verwaltungsrats vom 10. Dezember sowie alle anderen nachfolgenden Presseinformationen den Presseverantwortlichen in Nürnberg quasi aufgedrückt worden sind. Von diesem Zeitpunkt an verstärkt sich massiv der Eindruck, dass die Presseabteilung der Bundesagentur für Arbeit nur noch als Verlautbarungsinstanz genutzt wurde. Von eigenen Initiativen oder Versuchen, die Krise auch kommunikativ meistern zu wollen, ist nichts zu bemerken. Am Verhalten Florian Gersters lässt sich keine wirkliche Krisenberatung erkennen. Die Ohnmacht und Handlungsunfähigkeit einer Presseabteilung im Öffentlichen Dienst scheint häufig systemimmanent zu sein. Gerade an diesem Beispiel wird deutlich, dass Krisenkommunikation nicht verordnet werden kann und über das Versenden von Verlautbarungen hinausgehen muss. Beratungsresistenz und Realitätsverlust von Vorgesetzten sind häufig zu beobachtende Krisenbeschleuniger, nicht nur, aber vor allem im Öffentlichen Dienst. Erst am 21. Januar – warum so spät? –, nach weiteren Medienveröffentlichungen über fragwürdige Beraterverträge und sonstigen Enthüllungen, lässt der Verwaltungsrat erklären, dass nunmehr alle Beraterverträge über 200.000 Euro von der Innenrevision geprüft werden, ob diesen eine korrekte Ausschreibung zugrunde lag. Drei Tage später die Konsequenz. In einer drei Punkte umfassenden, knappen Erklärung des Verwaltungsrats lässt die BA ihren Vorsitzenden mit deftigen Worten fallen, die an der Frage Schuld oder Unschuld keinerlei Zweifel mehr lassen: »Allerdings ist durch eigenes Handeln und Verhalten des Vorsitzenden des Vorstands dieser Reformprozess (*gemeint ist der Umbauprozess der BA*) erheblich beeinträchtigt worden. Der Verwaltungsrat sieht nur dann eine Chance, die Reformen voranzutreiben, wenn die BA von einem Vorsitzenden des Vorstands geführt wird, der vom breiten Vertrauen des Verwaltungsrats getragen wird.« Welches Handeln und welches Verhalten das Vertrauen erschüttert haben, bleibt unklar. Dies umso mehr, als die Prüfung der Innenrevision ergab, dass von 49 Beraterverträgen 47 weitgehend vorschriftsmäßig ausgeschrieben und vergeben worden waren. Mit der Presseerklärung Nr. 25 vom 6. Februar 2004, in der der Nachfolger Frank-Jürgen Weise inthronisiert wird, endet die kommunikative Verlautbarungspropaganda der Bundesagentur für Arbeit zum Nachteil ihres Vorstandsvorsitzenden Florian Gerster, der damit sein persönliches Waterloo erlebte.

2.2 Beispiel Welteke

Einen ähnlichen Verlauf nahm auch die Demission von Ernst Welteke als Präsident der Deutschen Bundesbank. Bis heute sieht sich der ehemals oberste Banker der Bundesrepublik als Opfer, blieb und bleibt schlüssige Erklärungen allerdings schuldig. Manche bezeichnen ihn als uneinsichtig, manche sehen in ebenfalls als Opfer einer gezielten Intrige. Wie auch immer: Welteke war Landtagsabgeordneter, Fraktionsvorsitzender, erst Wirtschafts-, dann Finanzminister in Hessen, Chef der Landeszentralbank und schließlich Präsident der Bundesbank. So einer, denkt man, kennt die Regeln des Geschäfts, die Dynamik und den Einfluss der Medien, und man fragt sich, wie konnte ihm das passieren?

Die Chronologie

Anfang April 2004 veröffentlichte das Nachrichtenmagazin »Der Spiegel« Steuerbelege der Dresdner Bank. Brisanter Inhalt: Kosten eines Besuchs Weltekes bei den Berliner Feierlichkeiten am Abend der Euro-Bargeld-Einführung. Der Präsident der Bundesbank war zusammen mit seiner Frau, seinem Sohn und dessen

Freundin von der Dresdner Bank zu einem mehrtägigen Aufenthalt ins Berliner Luxushotel Adlon eingeladen worden. Die Kosten beliefen sich auf 7.661,20 Euro. Kurze Zeit nach der »Spiegel«-Veröffentlichung trafen drei anonyme Briefe im Bundesfinanzministerium ein, die Belege über den Aufenthalt des Ober-Bankers im Adlon enthielten und die natürlich sofort den Weg in die Medien fanden. Am 5. April 2004 kündigte Welteke an, die Übernachtungen nunmehr selbst zahlen zu wollen. Als dann zusätzlich auch die Staatsanwaltschaft wegen Vorteilsnahme im Amt ermittelte, ließ Welteke seine Ämter zunächst ruhen. Die Frankfurter Staatsanwaltschaft stellte das Ermittlungsverfahren im Juni 2004 gegen Zahlung einer Geldbuße von 25.000 Euro ein. Der Rücktritt Weltekes am 16. April 2004, gut 14 Tage nach den ersten personenkritischen Veröffentlichungen, war jedoch nicht nur der Adlon-Affäre geschuldet, sondern offenbar das gewünschte Ergebnis einer medialen Salamitaktik mit dem Ziel der völligen Diskreditierung des Bankers, was auch innerhalb der folgenden zehn Tage gelang. Welteke war zu diesem Zeitpunkt zwar bereits angeschlagen, aber noch nicht erledigt. Es bestand sogar die Chance, dass die Zeit die Adlon-Wunde heilen würde und er die Affäre politisch überstehen könnte.

Das Ackermann-Phänomen

Dass das Aussitzen eines Skandals auch bei einem angesehenen Banker funktionieren kann, hatte wenige Monate zuvor Deutsche Bank-Chef Josef Ackermann bewiesen. Ackermann war zusammen mit anderen Spitzenmanagern wegen Untreue in schweren Fällen angeklagt, weil er dem Mannesmann-Management im Zusammenhang mit der Übernahme von Mannesmann durch Vodafone Millionen-Abfindungen gewährte. Seine PR-Leute und Imageberater hatten den Banker im Vorfeld umfassend gebrieft. Er sollte seinen schweizerischen Charme, seine Selbstsicherheit und seine Überzeugungskraft in den Vordergrund stellen. Es kam zum Kommunikations-GAU: Zum Prozessauftakt in Düsseldorf am 21. Januar 2004 entfuhren ihm sein »Victory-Zeichen« und der Satz: »Das ist das einzige Land, wo diejenigen, die erfolgreich sind und Werte schaffen, deswegen vor Gericht stehen.« Ein solches Desaster hatte die Deutsche Bank seit Hilmar Kopper nicht mehr erlebt. Der damalige Vorstandsvorsitzende hatte den 50-Millionen-Mark-Schaden, den die Pleite des Baulöwen Jürgen Schneider zahlreichen Handwerkern zufügte, als »Peanuts« bezeichnet – und überlebte ebenfalls. Josef Ackermann überstand seine bis dato heftigste persönliche Krise persönlich und politisch, obwohl oder gerade weil die Kommunikationsfachleute der Deutschen Bank, »Peanuts«-erfahren, ihren Chef sofort aus der Schusslinie nahmen – und schwiegen. Erst am 5. Februar 2004, 15 Tage nach dem peinlichen Auftritt, entschuldigte sich Ackermann. Seitdem ist der Deutsche Bank-Chef ein Getriebener, egal, ob es um sein Gehalt geht oder um Personalabbau trotz Rekordgewinnen. Ackermann bleibt bis auf weiteres moralisch erledigt – aber eben auch ein erfolgreicher Chef. Bis 2003 gehörte es noch zum Selbstverständnis der Deutschen Bank, diskret und still im Auftreten zu sein. Man wollte nicht gern auffallen und sich schon gar nicht in der Öffentlichkeit darstellen. Die defensive und reaktive Öffentlichkeitsarbeit des Bankhauses verstärkte den Mythos »Deutsche Bank« im öffentlichen Bewusstsein. Das hat sich seit Mr. Peanuts zumindest ein wenig geändert.

Der Rücktritt

Doch im Fall Welteke wollte das Volk, durch entsprechende Berichterstattung aufgebracht und angestachelt, Köpfe rollen sehen. Das nach wie vor überhebliche öffentliche Auftreten des Managers, seine hartnäckige Uneinsichtigkeit, seine emotionale Kälte und sein fragwürdiges Rechtsempfinden verschärften die Vorwürfe, forcierten die Rücktrittsforderungen und steigerten den öffentlichen Druck. Welteke zunehmend angeschlagen, unsicher und allein gelassen. Und so nahm die weitere Demontage in Form einer medialen Salamitaktik ihren Lauf. Die »Bild«-Zeitung berichtete von einem weiteren Urlaub des Notenbankchefs – diesmal auf Kosten einer österreichischen Bank. Welteke habe sich nach dem Wiener Opernball von der Bank zu einem mehrtägigen Aufenthalt einladen lassen. Die Zentralbank dementierte den Bericht umgehend – mündlich. Die Einladung der Österreichischen Nationalbank habe nur für den Opernball gegolten, es sei kein Urlaub bezahlt worden, sagte ein Sprecher. Dann erfuhr die ARD nahezu zeitgleich von einem Besuch des Ehepaars Welteke beim Formel-1-Rennen in Monaco im Juni 2003. Dies wäre nicht weiter tragisch gewesen, wenn es nicht der BMW-Konzern gewesen wäre, der die beiden eingeladen hätte. Welteke hatte lediglich die Flugkosten gezahlt. BMW bestätigte die Informationen. Zum BMW-Konzern gehört allerdings auch die BMW-Bank. Diese wiederum hatte Welteke in seiner Funktion als Bundesbankpräsident zu beaufsichtigen. Und dann ging alles ganz schnell. Die ARD bat am Vormittag des 16. April die Bundesbank um Stellungnahme zu den Enthüllungen. Am gleichen Abend noch gab die Bank den Rücktritt ihres Präsidenten bekannt.

Politische Dimension

Natürlich hatte eine Personenkrise dieses Kalibers auch eine politische Dimension. Im Fall des SPD-Mannes Welteke gab es am 11. Mai gar eine Kleine Anfrage (AZ 15/3061) der CDU/CSU-Fraktion, die die Bundesregierung aufforderte, »die Rolle von Bundesfinanzminister Hans Eichel (SPD) im Zusammenhang mit dem Rücktritt von Ernst Welteke als Präsident der Deutschen Bundesbank« zu klären. Die Regierung, vor allem das Bundesfinanzministerium, habe mit öffentlichen Stellungnahmen, die Welteke den Rücktritt nahegelegt hätten, die institutionelle Unabhängigkeit der Bundesbank missachtet. Darüber hinaus gäben die Umstände, wie die Informationen über den Aufenthalt von Ernst Welteke und seiner Familie im Hotel »Adlon« in Berlin an die Öffentlichkeit gelangt sind, Anlass zu der Vermutung, dass sie »von interessierter Seite gezielt an die Öffentlichkeit lanciert worden sind«. Die Regierung soll sagen, ob es unabhängig von der »Adlon-Affäre« innerhalb der Regierung Überlegungen gab, Welteke vor Ablauf seiner Amtszeit abzulösen. Schließlich soll die Regierung mitteilen, wie sie die Zweifel an der Unabhängigkeit der Bundesbank beseitigen will. Die Antwort der Regierung (AZ 15/3180) blieb insgesamt weitgehend unverbindlich und offenbarte wenig Neues. Immerhin erfuhr man, dass es »keine Überlegungen gegeben habe, den damaligen Bundesbankpräsidenten unabhängig von der ›Adlon-Affäre‹ vor Ablauf seiner Amtszeit abzulösen«.

Glaubensfragen

Um Missverständnissen vorzubeugen: Es geht hier beileibe nicht darum, falsches, ungeschicktes, im Einzelfall vielleicht sogar justiziables Fehlverhalten zweier prominenter Amtsträger schönzureden oder gar die gezogenen Konsequenzen in Frage zu stellen. Gerade aufgrund ihrer Funktionen und Aufgaben lag die Messlatte moralischer Integrität bei Gerster und Welteke sehr hoch, hatten beide in vielerlei Hinsicht eine Vorbildfunktion und standen beide als Personen des öffentlichen Lebens natürlich auch unter kritischer öffentlicher Beobachtung. Bei Welteke kam noch erschwerend dazu, dass sein vermeintlich nachlässiger Umgang mit Geld auch sein berufliches Ansehen als oberster Banker beschädigte. In der Boulevard-Presse wurde Welteke als »Skandal-Banker« und »Luxus-Banker« dargestellt, der nicht genug kriegen konnte. »Würden Sie diesem Mann Ihr Geld anvertrauen?« war eine häufig gestellte Suggestivfrage der Medien. Die fachliche Qualifikation eines Florian Gerster war dagegen kaum Gegenstand der öffentlichen Debatte. Beide Personenkrisen sind gekennzeichnet durch zweifellos lancierte interne und intimste Organisationsinformationen, medialen Dauerbeschuss und ein Umfeld, das sich bei dem einen früher, beim anderen später keineswegs als loyal erwies. Musste der eine gehen, weil er die erwünschten zaghaften Reformen mit einer brachialen Revolution verwechselte? Musste der andere gehen, weil sein persönliches Verhalten und sein zunehmend unsicheres Auftreten nach fast sechs Jahren im Amt nicht mehr in das (künftige) Image einer Institution passten, die ihre neue Rolle im europäischen Bankensektor erst noch finden und behaupten musste? Wenn dies auch nur ansatzweise stimmt, hatte die begleitende Krisenkommunikation vielleicht nie wirklich eine reale Chance, geschweige denn die Möglichkeit, die betreffenden Personen zu »retten«. Dennoch dürften sich die Pressestellen von Bundesbank und Bundesagentur zu dieser Zeit in einem schier unauflöslichen Spannungsfeld zwischen Fakten und Vermutungen, Loyalität und Wahrheit, Intrige und Selbstverschulden befunden haben. Wie loyal müssen, können wir sein? Was ist, wenn »die anderen« tatsächlich Recht haben? Haben wir eine Chance, mit unseren Mitteln zur Deeskalation beizutragen? Ist das überhaupt erwünscht? Wie verhindern wir einen negativen Imagetransfer, eine öffentliche Beschädigung unserer Institution? Was ist im Zweifel wichtiger – die Person oder die Organisation?

Die Kommunikation

Ob und wie die Presseabteilung der Bundesbank diese Glaubenskonflikte für sich löste, bleibt unklar. Wie im Fall Gerster bestand aber offenbar auch hier ständig die Gefahr, als ohnmächtige und fremdbestimmte Verlautbarungsstelle instrumentalisiert zu werden und bedenklich formulierte Inhalte kommunizieren zu müssen. Vom 5. bis zum 16. April veröffentlichte die Pressestelle der Bundesbank jedenfalls insgesamt sieben Pressenotizen, Stellungnahmen oder Erklärungen, die sich direkt oder indirekt mit dem Fall Welteke befassten. In keiner dieser sieben Erklärungen stellen sich die Verantwortlichen hinter ihren Präsidenten oder mutmaßen über Schuld oder Unschuld oder richten über persönliche Unzulänglichkeiten. Man beteiligte sich weder an Spekulationen, noch kommentierte man sie. Man informierte kurz, knapp, prägnant, ja, distanziert, und nahezu ausschließlich auf der Sachebene – mit zwei Ausnahmen.

In der ersten »Stellungnahme des Bundesbankpräsidenten zum Artikel des »Spiegel« 15/2004« vom 5. April räumt Welteke ein, dass »mein Aufenthalt in der Öffentlichkeit zu Kritik und Missverständnissen geführt« habe. Wörtlich heißt es weiter: »Die Bundesbank hat den Sachverhalt eingehend geprüft und ist angesichts der auch für die Bundesbank besonderen Bedeutung der Euro-Bargeldeinführung zu dem Ergebnis gekommen, dass der dienstliche Anteil der Veranstaltung im Umfang von zwei Tagen von der Bundesbank bezahlt wird. Die verbleibenden zwei Übernachtungen werden von mir persönlich übernommen.« Zwischen den Zeilen dieser Erklärung steht ganz klar, dass zwei Tage der Adlon-Sause über den Job gedeckt waren, die andere Hälfte jedoch Weltekes Privatvergnügen war. Es bleibt rätselhaft, warum der Bundesbankpräsident in dieser ersten, mit dem Stilmittel der Ich-Botschaft verfassten Erklärung nicht klipp und klar gesagt hat: »Ich habe einen Fehler gemacht!« Ganz offenbar hat die Prüfung dies ganz klar belegt. Insofern hätte dies nichts mit einem Schuldeingeständnis, aber viel mit Einsicht zu tun gehabt. Es hätte zu diesem frühen Zeitpunkt zumindest nicht unsympathisch gewirkt oder geschadet, Fehlbarkeit zuzugeben.

Sachebene versus Beziehungsebene

Die zweite Abweichung von der Sachebene findet sich in der zweiten »Erklärung von Bundesbankpräsident Welteke in Zusammenhang mit den Pressemeldungen zur Teilnahme an der Veranstaltung der Dresdner Bank anlässlich der Euro-Bargeldeinführung 2002/2002« vom 6. April. Im zweiten Absatz heißt es: »Ich bedauere zutiefst, dass im Zusammenhang mit der erwähnten Einladung der Dresdner Bank und meinen ersten Reaktionen auf die öffentlichen Kommentare der Eindruck entstanden ist, ich würde den hohen Maßstäben, denen die Bundesbank als unabhängige Institution verpflichtet ist, nicht auch selbst Rechnung tragen. Dies tut mir leid (…).« Man muss schon sehr genau lesen, um zu verstehen, was er zutiefst bedauert und was ihm leid tut. Nicht etwa, dass er einen Fehler gemacht hat, indem er sich nebst Familie zwei Tage auf Kosten einer von ihm zu beaufsichtigenden Bank amüsiert hat. Nein, es tut ihm leid, dass in der ohnehin unwissenden Öffentlichkeit der (natürlich subjektive) Eindruck entstanden ist, er würde irgendwelchen ebenso hohen wie schwammigen Maßstäben nicht entsprechen. Das hat niemand gesagt. Verklausulierte Politikersprache, die niemand versteht, die niemanden weiterbringt, die nichts erklärt. Interpretation und Spekulation sind Tür und Tor geöffnet. Diese Rhetorik mag intern am Vorstandstisch funktionieren und zielführend sein. Auf der öffentlichen Bühne ist sie es nicht. Und zu allem Überfluss ist das Ganze auch noch negativ formuliert (Natürlich entspricht man bestimmten Maßstäben. Mögliche negative Eindrücke sollte man im Übrigen tunlichst nicht kommentieren.). Hier wird deutlich, dass es nicht darauf ankommt, was der Sender meint, sondern was beim Empfänger ankommt. Spätestens jetzt wäre die letzte Gelegenheit gewesen, eine unabhängige, neutrale Instanz mit der detaillierten Prüfung der Vorwürfe zu beauftragen, eigene Fehler unumwunden zuzugeben und damit der gesamten Öffentlichkeit Aufklärungs- und Kooperationsbereitschaft zu signalisieren. Vielleicht hätte dann alles einen anderen, einen günstigeren Verlauf genommen.

Die erste Erklärung des Vorstands der Bundesbank in Sachen Welteke und die dritte Meldung aus der Presseabteilung des Hauses datiert ebenfalls vom 6. April, und sie umfasst drei Zeilen. »Der Vorstand der Deutschen Bundesbank hat die gegen Präsident Welteke in der Öffentlichkeit erhobenen Vorwürfe in seiner Abwesenheit erörtert und prüft entsprechend seiner gesetzlichen Funktion die erhobenen Vorwürfe.« Wieso war der Beschuldigte selbst abwesend? Freiwillig oder beabsichtigt? Was soll man davon halten? Ein geheimes internes Tribunal prüft und richtet über mögliche Verfehlungen eines Abwesenden? Mehr Distanz geht kaum.

Distanz

Die vierte Pressemitteilung und zweite »Erklärung des Vorstands der Deutschen Bundesbank« erschien bereits am folgenden Tag. Im Wesentlichen enthält sie das Ergebnis der am Vortag angekündigten Prüfung. Aber nicht nur das. Wörtlich heißt es: »Die Bewertung des Sachverhalts (…) bietet dem Vorstand keinen hinreichenden Grund, einen Antrag auf Abberufung des Bundesbankpräsidenten aus einem Amt zu stellen. Der Präsident einer nationalen Zentralbank kann (…) nur entlassen werden, wenn er eine schwere Verfehlung begannen hat.« In der damaligen Situation muss eine solche Formulierung ja quasi als Aufruf an die Medien verstanden werden, doch endlich Beweise für eine solche »schwere Verfehlung« beizubringen. Man wartete offenbar händeringend darauf. Im letzten Absatz dieser Erklärung teilt der Vorstand dann ebenso konsequent wie abschließend mit, dass er Herrn Welteke aufgrund der nunmehr eingeleiteten staatsanwaltlichen Ermittlungen vorsorglich »empfohlen« habe, »seine Amtsgeschäfte mit dem heutigen Tage ruhen zu lassen«. Denn wer weiß, was da noch alles kommen mag …

Die fünfte Pressemitteilung vom 8. April verkündet auf acht Zeilen die sofortige Anwendung des Verhaltenskodex für die Mitglieder des Rats der Europäischen Zentralbank. Danach darf z. B. für beruflich bedingte Vorträge und Reden kein Honorar angenommen werden und es muss ein »Berater in ethischen Angelegenheiten« ernannt werden. Einladungen zu Konferenzen und kulturellen Veranstaltungen »einschließlich angemessener Bewirtung« können akzeptiert werden, wenn die Teilnahme im Interesse der Bank liegt. Dieser Kodex stammte de facto bereits vom Mai 2002, war zu diesem Zeitpunkt also bereits über zwei Jahre alt. Warum erst jetzt? »Damit werden die bisherigen Regelungen konkreter und transparenter gemacht«, heißt es in der entsprechenden Pressenotiz. Das hätte man auch früher haben können. Welchen Sinn sollte diese hilflos wirkende Aktion, die eigentlich noch mehr Fragen aufwarf als beantwortete, jetzt noch haben? Zupackendes Handeln und glaubwürdige Problemlösungen sehen anders aus. Hier wäre weniger mehr gewesen.

Pressemitteilung Nummer sechs vom 16. April beinhaltet die Erklärung des Vorstands zum Rücktritt von Welteke, dem man natürlich auch für die »vertrauensvolle Zusammenarbeit und die erfolgreiche Führung« dankt. »Der Vorstand hält diesen Schritt im Hinblick auf das Ansehen der Institution und die Wahrnehmung ihrer Aufgaben für angemessen.« Der GAU war eingetreten: Die Personenkrise Ernst Welteke wuchs sich zu einer Ansehenskrise der Bundesbank aus.

Am Ende

Den peinlichen Schlusspunkt der krisenbegleitenden Kommunikation bildete Pressenotiz Nummer sieben ebenfalls vom 16. April 2004, die »Persönliche Erklärung von Herrn Bundesbankpräsident Ernst Welteke«. Wenn es denn noch eines Nachweises für keine oder eine zumindest fragwürdige Krisenberatung des Präsidenten bedarf, dann ist es diese persönliche Erklärung, die dem Präsidenten auch die letzte Chance raubte, sich einigermaßen erhobenen Hauptes in sein inzwischen unausweichliches Schicksal zu fügen. In Briefform an den »Sehr geehrten Herrn Vizepräsidenten« und die »Sehr geehrten Kollegen« bittet der Präsident den Vorstand, ihn aus seinem Amt zu entlassen. In den ersten beiden Absätzen der Erklärung heißt es: »Die Missachtungen der grundgesetzlich garantierten Unabhängigkeit der Deutschen Bundesbank und ihrer Organe halten an. Insbesondere der Vorstand wird in unverantwortlicher Weise unter Druck gesetzt. Das Vertrauensverhältnis zwischen dem Bundesministerium der Finanzen und mir ist irreparabel zerstört. Meine Integrität, aber auch die der Bundesbank, wird ständig weiter mit verzerrenden und falschen Darstellungen verletzt. Und noch immer weiß ich nicht, was dem BMF an anonymen Schreiben zugegangen ist und was weiterhin den Medien zugespielt wird.« Es bleibt zu hoffen, dass es der Präsident der Bundesbank, der ehemalige Landtagsabgeordnete, Fraktionsvorsitzende, Wirtschafts- und Finanzminister selbst war, der höchstpersönlich und quasi per Erlass darauf bestanden hat, diese wütende, selbstmitleidige und weinerliche Erklärung nicht nur abzugeben, sondern auch noch publik zu machen. Jeder Redaktionsvolontär hätte ihm davon abgeraten und empfohlen, die Amtszeit Ernst Weltekes als Bundesbankpräsident mit Pressemitteilung Nummer sechs als beendet zu betrachten. In einer Personenkrise sollte man letztlich wissen, wann man verloren hat!

3 Feindliche Übernahme

Obwohl in Deutschland ein eher auf Konsens basierendes Stakeholder- statt eines reinen Shareholder-Prinzips herrscht, findet der Begriff feindliche Übernahme in den letzten Jahren auch hier immer häufiger den Weg in die Schlagzeilen. Sobald ein Unternehmen gegen den eigenen Willen unter die Kontrolle eines anderen Unternehmens gerät, spricht man von feindlicher Übernahme. Meist reicht schon das Bekanntwerden eines solchen Vorhabens aus, um Aufruhr zu erzeugen, der schnell zu Krisensituationen führen kann. Ein professionelles Handling ist nicht nur im rein betriebswirtschaftlichen Sinne gefordert, sondern auch in der Kommunikation. Vor allem Führungskräfte geraten in solchen Situationen in den Fokus der Öffentlichkeit, jede Äußerung – verbal und non-verbal – wird registriert, seziert und interpretiert: Pokert dort jemand? Und wenn ja: auf wessen Kosten? Wird agiert oder laviert? Welchen Eindruck macht das Management des Übernahmekandidaten? All diese und noch mehr Fragen werden öffentlich gestellt und von vielen beantwortet. Wie das Management agiert, fällt dabei nicht nur auf die Führungskräfte selbst zurück, sondern kann auch auf ganze Branchen zurückfallen. Im kollektiven Gedächtnis bleiben nicht die komplexen Hintergründe eines Übernahme- oder Abwehrverfahrens, sondern emotionalisierende Bilder und Ereignisse. Würde man heute beispielsweise eine Straßenumfrage zum Fall Mannesmann/Vodafone (2000) durchführen, würden sich die meisten Menschen lediglich an exorbitante Abfindungszahlungen, den daraus resultierenden Mannesmann-Prozess sowie das Victory-Zeichen des Deutsche-Bank-Chefs Josef Ackermann erinnern. Alle drei Faktoren haben eine zunehmende Abwehrhaltung gegen Industrie und Bankwesen erzeugt. Es ist also immens wichtig, sich klar zu machen, welche Kommentare und welche Bilder mit welcher kommunikativen Maßnahme erzeugt werden.

Die öffentliche Wirkung feindlicher Übernahmen

Feindliche Übernahmen treffen in Deutschland auf eine breite gesellschaftliche Ablehnung. Ohne ein wirkliches Interesse an oder Kenntnis von den wahren Hintergründen und Sachargumenten zu haben, bildet sich die breite Masse ein Urteil. Instinktiv bezieht sie – befeuert durch entsprechende Schlagzeilen – Stellung und schlägt sich dabei zumeist auf die Seite des kleineren Unternehmens, das von einem großen »geschluckt« werden soll, oder auf die Seite des deutschen Traditionsunternehmens, das seine Identität zu verlieren droht. Neben dieser eher unbewusst und irrational motivierten Ablehnung stehen auch konkrete, reale Ängste: Wie viele Arbeitsplätze sind gefährdet? Drohen Standortschließungen?

Sowohl die irrational als auch die rational motivierten Ablehnungen und Ängste der Bevölkerung werden von unterschiedlichen Seiten genährt. Gewerkschaften mit ihrem in Deutschland traditionell starken Gewicht machen in der Regel sofort nach Bekanntwerden einer Übernahmebestrebung mit Verweis auf soziale Auswirkungen mobil. Politiker, auf der einen Seite an Investitionen ausländischer Firmen in Deutschland hochinteressiert, fürchten auf der anderen Seite gerade bei einem nicht konsentierten Merger um den Standort. Und nicht zuletzt steigt seit der Privatisierung des deutschen Fernmeldewesens die Zahl der Kleinanleger und immer mehr Privatleute schauen angstvoll auf alles, was Aktienkurse beeinflussen kann.

Die Hintergründe von Firmenübernahmen sind in der Regel so komplex, dass sie der breiten Öffentlichkeit kaum zu vermitteln sind. Doch diese Öffentlichkeit stellt zum einen Leser- und Zuschauerschaft der Medien dar, als andererseits die Wählerschaft politischer Parteien. Während die Medien mit drastischen Vereinfachungen des Sachverhaltes ihr Publikum erreichen (also zum Kauf anregen) wollen, tragen sie zu einer Manifestierung der Stimmung gegen die feindliche Übernahme bei und zwingen damit die Politiker, zu reagieren. Diese springen nicht selten auf den populistischen Zug auf, um Nähe zum potenziellen Wahlvolk zu demonstrieren. So wird das an Übernahme interessierte Unternehmen schnell zu einem »Aggressor« und das Zielunternehmen zu einem »Opfer«. Doch nicht nur die Medien warten mit martialischen Attributen auf, die Wirtschaft selbst spricht in solchen Fällen von »Raubrittern« oder »schwarzen Rittern«. All dies kann sich ein Übernahmekandidat zu Nutze machen. Doch während sich das von Übernahme bedrohte Unternehmen als solches der öffentlichen Sympathien zunächst sicher sein kann (Solidarisierung mit den Arbeitnehmern), so muss dessen Leitung permanent damit rechnen, dass die Stimmung gegen sie kippt: Denn sie wird am Ausgang des Übernahmeprozesses gemessen. Wer aus Sicht der Medien und der Öffentlichkeit nicht, nicht genug oder falsch »kämpft«, wird letzten Endes moralisch verantwortlich gemacht. Image- und Vertrauensverlust sind nicht selten die Folgen.

Die Übernahmegefahr abwehren

Wie in anderen Bereichen gilt auch im Falle feindlicher Übernahmen die Devise: besser, es kommt erst gar nicht dazu. Und wenn es sich nicht vermeiden lässt, dann soll das Unternehmen wenigstens nicht kalt erwischt werden. Entsprechend ist die Übernahmeabwehr auch in zwei Phasen unterteilt: in eine präventive und eine reaktive Phase. Hierbei sind kommunikative und betriebsstrategische Maßnahmen nicht voneinander zu trennen.

Präventive Abwehrmaßnahmen
Um nicht von einer Übernahme – sei sie feindlich oder freundlich – überrascht zu werden, muss sich ein Unternehmen zweierlei bewusst machen:
1. Wer könnte ein Interesse an einer Übernahme haben?
2. Was macht mein Unternehmen für eine Übernahme attraktiv?

Aus der Beantwortung dieser Fragen ergibt sich schließlich das Gefährdungspotenzial für ein Unternehmen. Da der Blick auf das eigene Unternehmen oftmals durch die Innensicht verzerrt ist, empfiehlt es sich, an dieser Stelle externe Expertise heranzuziehen. Gemeinsam wird dabei nicht nur das eigene Unternehmen auf seine Vorzüge und Schwachstellen hin analysiert, sondern auch das Umfeld beobachtet. Dabei sind nicht nur Unternehmen aus der gleichen Branche in Augenschein zu nehmen. Alles muss analysiert werden: Welche Unternehmen planen eine Ausdehnung ihrer Geschäftsfelder auf andere Branchen oder andere Märkte? Wo ergeben sich Synergien? Bleiben im eigenen Unternehmen Synergien ungenutzt? Gerade letzteres könnte im Falle eines Übernahmegebotes die Aktionäre auf die Seite des Bieters ziehen. Auszumachen gilt es auch reine Spekulanten, deren Ziel es ist, durch schnellen Wiederverkauf der Aktienpakete Gewinn zu machen.

Ist die Analyse abgeschlossen und ein drohendes Übernahmeverfahren ausgemacht, geht es darum, entsprechende präventive Maßnahmen zu ergreifen. Auch hierbei werden zwei Kategorien unterschieden: zum einen Maßnahmen, die der Vorstand selbstständig ergreifen kann, zum anderen Maßnahmen, die eines Beschlusses der Hauptversammlung bedingen. Zu ersterem gehört es u. a., Gesellschaftsmittel langfristig für konkrete Unternehmungen zu binden, kartellrechtlich relevante Zukäufe einer Konkurrenzfirma zu tätigen, stille Reserven aufzudecken, Stimmbindungsverträge abzuschließen oder die Amtszeiten der Vorstandsmitglieder zu staffeln sowie PR-Maßnahmen einzuleiten. Eines Beschlusses der Hauptversammlung hingegen bedürfen beispielsweise die Modifikation der Stimmrechte, Veränderungen der Kapitalstruktur, Abfindungen für Aufsichtsratsmitglieder und Zwangseinziehung von Aktien (Michael Schuster, Feindliche Übernahmen deutscher Aktiengesellschaften, 2004).

Reaktive Abwehrmaßnahmen
Sobald ein Übernahmeangebot an ein Unternehmen herangetragen wird, ist die präventive Phase abgeschlossen. Nun ist es Zeit für reaktive Maßnahmen. Auch

hier muss wieder unterschieden werden zwischen Maßnahmen, die selbstständig ergriffen werden können und jenen, die des Beschlusses der Hauptversammlung bedürfen. Letzteres sind die Ermächtigung des Vorstandes zum Rückerwerb eigener Aktien, Veräußerung besonders wertvoller Vermögensbestände (Crown Jewels) und eine ordentliche Kapitalerhöhung.

Ohne die Hauptversammlung zu befragen, kann die Unternehmensleitung u. a. Joint Ventures und Abwehrfusionen eingehen, mit Investmentbanken oder Dritten zusammenarbeiten, um Einfluss auf die Aktionärskreise zu nehmen und vor allem kann sie einen weißen Ritter suchen. Als weißen Ritter bezeichnet man an den Aktienmärkten ein Unternehmen, das bei einer geplanten feindlichen Übernahme dem Übernahmekandidaten zu Hilfe kommt, indem es ihn entweder in der Abwehrschlacht unterstützt, sich mit ihm vereinigt oder ihn selber übernimmt, was durchaus im Interesse der Zielgesellschaft liegen kann: nämlich dann, wenn der weiße Ritter mehr bietet als der Raubritter oder wenn dessen Unternehmen mit dem Überkandidaten besser zusammenpasst. Ein Beispiel dafür findet sich in der jüngsten Vergangenheit im Pharmabereich. So übernahm die Leverkusener Bayer AG 2006 als weißer Ritter den Berliner Schering Konzern. Dieser Übernahme war eine heftige, ungewöhnlich aggressive Übernahmeschlacht vorangegangen, angezettelt vom Darmstädter Pharmaunternehmen Merck. Das hessische Unternehmen kaufte, nachdem es vom weißen Ritter Bayer überboten worden war, massiv Schering-Aktien auf und erreichte damit beinahe die Sperrminorität von 25 Prozent der Anteile, die die Übernahme durch Bayer verhindert hätte. Um die notwendigen 25 Prozent der Anteile tatsächlich zu erhalten, hätte Merck mit Hedgefonds zusammen gehen und die Bayer-Pläne mit Schering durchkreuzen oder eine Übernahme durch die Leverkusener in die Länge ziehen können. Zum damaligen Zeitpunk hielten Hedgefonds bereits rund 20 Prozent an Schering. Doch Merck ging nicht bis zum Äußersten. Vielmehr rechnete der Konzern inzwischen nicht mehr damit, Schering komplett übernehmen zu können und spekulierte stattdessen darauf, dass Bayer sein Angebot noch einmal erhöhen würde. Letztlich bestätigte sich diese Vermutung und Bayer übernahm nach eingehenden Verhandlungen mit Merck dessen komplettes Schering-Paket (21,8 Prozent) für 3,7 Mrd. Euro. Damit zahlte Bayer für die Übernahme insgesamt fast 17 Mrd. Euro, die vor allem über Kredite sowie Teilverkäufe finanziert werden sollen. Im Nachgang zur Einigung zwischen Merck und Bayer teilte Merck mit, dass beide Konzerne übereingekommen seien, weitere Kooperationsmöglichkeiten zu prüfen. Damit sei die Zukunftsfähigkeit aller beteiligten Unternehmen gestärkt worden. Merck habe nie ein Interesse an kurzfristigen Spekulationsgewinnen gehabt.

Ansprache von Anlegern, Politik und Öffentlichkeit

Alle wirtschaftlichen Maßnahmen müssen kommunikativ unterstützt werden, wobei in speziellen Fällen die kommunikative Leistung auch im konsequenten Nicht-Nach-Außen-Kommunizieren liegen kann. Jeder Fall ist anders und bedarf der individuellen Aufbereitung. Deshalb kann es an dieser Stelle kein Patentrezept geben. Im Folgenden sollen jedoch probate kommunikative Mittel aufgezeigt werden.

So empfiehlt es sich beispielsweise vor allem bei Unternehmen mit breiter Aktienstreuung durch geschickte Ansprache der Aktionäre, eine Bindung an das Unternehmen herzustellen. Dies muss bereits unabhängig von konkreten Übernahmedrohungen geschehen. Ansprechend aufbereitete regelmäßige Geschäftsberichte, Internetauftritte, die dem Anleger den Nutzwert der Aktie verdeutlichen, öffentliche Auftritte in Form von Pressekonferenzen, Anzeigen, TV-Spots etc. müssen zum Routinegeschäft gehören. Neben den harte Fakten, die sich im Kurs widerspiegeln, sollte auch ausführlich über das gesamtgesellschaftliche Engagement eines Unternehmens berichtet werden, um ein positives Image aufzubauen, das im Ernstfall in die Waagschale gelegt werden kann.

Ist es bereits zu einem Übernahmeangebot gekommen, muss die Direktansprache der Investoren intensiviert werden, denn schließlich wird sich auch der Bieter an die Investoren wenden. In dieser Situation zahlt es sich aus, wenn auf einem guten Kontakt aufgebaut werden kann. Die Ansprache muss zielgerichtet sein und die Argumente des Bieters widerlegen. In der heißen Phase des Übernahmekampfes besteht die Möglichkeit, möglichst viele Aktionäre durch gezielte Anzeigenkampagnen anzusprechen – eine Maßnahme, der sich im Fall Mannesmann/ Vodafone zunächst der schwarze Ritter verschrieben hatte. Ende 1999 hatte das britische Unternehmen unmittelbar nach Vorlegen eines Übernahmeangebotes eine gigantische Anzeigenkampagne gestartet, um das Angebot bekannt zu machen und die Anteilseigner zur Annahme zu bewegen. In diesem Zusammenhang wurde auch kommuniziert, dass es bei einer erfolgreichen Übernahme nicht zu Entlassungen kommen werde. Mannesmann konterte ebenfalls mit einer Anzeigenkampagne. Beide Unternehmen investierten schließlich insgesamt geschätzte 400 Millionen Mark in eine beispiellose Anzeigenkampagne, die den deutschen Zeitungsverlegern im Jahr 2000 das erfolgreichste Jahr ihrer Geschichte bescherte (Hans Sedlmaier, Firmenjäger, 2004). Doch all dies konnte einen Imageschaden nicht abwehren: Die Kommunikation der Abfindungszahlungen erwies sich für die Beteiligten als verheerend. In dieser Angelegenheit wäre Schweigen die bessere Kommunikationsmaßnahme gewesen.

Aufgrund der bereits erwähnten emotionalen Komponenten ist bei feindlichen Übernahmen auch politisches Lobbying indiziert. Gespiegelt an der Bedeutung eines Unternehmens lassen sich Politiker aus der Kommunal- bis hin zur Europapolitik ansprechen. Sämtliche Stakeholder – Politik, Verbände, Gewerkschaften u. a. – bedürfen einer geschickten und zielgerichteten Ansprache, die vor allem darauf ausgerichtet sein muss, die durch den Merger entstehenden Nachteile deutlich zu machen, zur Not auch auf drastische Weise. Dabei muss der Übernahmekandidat aber sehr sorgfältig vorgehen. Der schwarze Ritter darf keine Steilvorlagen in Form leicht widerlegbarer Argumente bekommen. Es ist ausdrücklich erlaubt, zu polarisieren. Aber es ist darauf zu achten, keine unbegründeten Ängste zu schüren. Ein solches Verhalten, wird es einmal aufgedeckt, klebt an einem Unternehmen bzw. dessen Leitung wie Pech.

Ein Beispiel, das den Einfluss der Stakeholder unterstreicht, ist die – zwar freundliche – Übernahme der Siemens VDO durch die Continental AG (2007).

Nachdem sich die Continental AG und der durch den Investor Blackstone kontrollierte US-Zulieferer TRW ein Bietergefecht um Siemens VDO lieferten, verkaufte Siemens VDO – vorbehaltlich der Zustimmung der Kartellbehörden – für 11,4 Mrd. Euro an die Continental AG. Zuvor hatte sich hinter den Kulissen folgendes abgespielt: Ursprünglich hatte der Siemens-Vorstand geplant, seine Autozuliefersparte Siemens VDO noch 2007 an die Börse zu bringen. Erste vorbereitende Schritte hierzu, wie die Festlegung eines konkreten Zeitplans sowie die Ausgliederung der Sparte in eine eigenständige Aktiengesellschaft, waren bereits unternommen worden. Der Vorstand hatte die Absicht, auch nach dem Börsengang an der Aktienmehrheit und der industriellen Führung bei VDO festzuhalten. Gleichzeitig zeigte sich die Konzernführung aber auch offen gegenüber etwaigen Angeboten von Investoren mit Interesse am Kauf von VDO. Werde ein Angebot vorgelegt, sei man verpflichtet es zu prüfen, so der Vorstand. Hintergrund der Prüfung beider Optionen war die Uneinigkeit in der Siemens-Führung. Während Siemens-Chef Kleinfeld eher zu einem Verkauf neigte, weil der Zulieferer für ihn nicht mehr zum Kerngeschäft gehörte, wollte der Siemens-Aufsichtsratschef von Pierer eher an VDO festhalten. Durch die frühzeitigen Signale eines Interesses am Kauf von VDO durch die Continental AG und den US-Automobilzulieferer TRW entspann sich in der Folge ein Wettbieten beider Interessenten.

Unter der Führung des Kleinfeld-Nachfolgers Löscher erhielt schließlich Continental mit einem Angebot von etwa 11,4 Mrd. Euro den Zuschlag, obwohl das TRW-Angebot geschätzte 12 Mrd. Euro betragen hatte. Grundlage dieser Entscheidung waren vermutlich die schlechten Erfahrungen, die Siemens mit der Veräußerung BenQs an einen Finanzinvestor gemacht hatte (maximaler Imageschaden) sowie die Position der deutschen Autobranche, die eine »deutsche Lösung« bevorzugten. Bei einem Börsengang VDOs hätte mit Einnahmen zwischen 7 und 8 Mrd. Euro gerechnet werden können. Die Arbeitnehmer sprachen sich aus Sorge um die Arbeitsplätze gegen einen Verkauf von VDO aus und favorisierten stattdessen einen Börsengang. Dieser bringe statt Schulden Geld für Investitionen und würde deshalb am Besten zur Sicherung von Standort und Beschäftigung beitragen, so die Argumentation. In diesem Zusammenhang hatte der Siemens-Chef Kleinfeld die Arbeitnehmer mit angeblichen Sparplänen konfrontiert, nach denen für einen Börsengang der Abbau von ca. 4.000 Arbeitsplätzen bei VDO im Raum gestanden hätte. Kleinfeld hatte damit versucht, die Blockade der Gewerkschaft gegen einen Totalverkauf aufzubrechen. In den Bieterkampf um VDO schaltete sich schließlich auch die Politik ein. So plädierte vor allem der niedersächsische Ministerpräsident Wulff für eine Übernahme durch Continental. Dies begründete er in erster Linie mit der Sorge um Arbeitsplätze, da die Überlegungen von Finanzinvestoren nicht an Standorte gebunden seien. Er griff auch die Argumente der deutschen Autohersteller auf, die dafür plädierten, das Know-how und die Technologie von VDO im Lande zu behalten. Die notwendige langfristige Liefersicherheit sei bei einem auf kurzfristige Gewinnmaximierung ausgerichteten Investor gefährdet.

Im Kampf gegen eine feindliche Übernahme gilt es natürlich auch, die breite Öffentlichkeit anzusprechen. Dabei kommt es darauf an, die ablehnende, öffentliche Grundstimmung gegen feindliche Übernahmen seitens des Übernahmekandidaten geschickt zu nutzen. Das Zielunternehmen muss versuchen, die Öffentlichkeit auf seine Seite zu ziehen. Dies kann beispielsweise dadurch gelingen, dass die Arbeitnehmerseite gezielt mit Informationen versorgt wird, die z. B. ausschlaggebend für eine Arbeitsniederlegung sein können. Wenn der Arbeitskampf in einen Kausalzusammenhang mit dem schwarzen Ritter gebracht werden kann (er darf sich nicht gegen das eigene Management richten!), entstehen emotionalisierende Bilder, die, wie oben erwähnt, von der Politik kaum ignoriert werden können und die auch möglicherweise die eigenen Aktionäre im Sinne des Unternehmens beeinflussen. Zuweilen bietet es sich auch an, statt von der Öffentlichkeit oftmals als kalt empfundener industriepolitischer Argumente die moralische Karte zu spielen. So machte es 1997 Thyssen, als zu Zeiten der Stahlkrise der kleinere und weit angeschlagenere Konkurrent Krupp eine Übernahme forcierte. Nach Bekanntwerden des Übernahmewunsches von Krupp begann Thyssen – vor allem der Vorstandsvorsitzende Dieter Vogel – einen »Abwehrblock« zu bilden. Arbeitnehmer, Öffentlichkeit und Politik wurden mobilisiert. Der Thyssen-Vorstand verteidigte in diversen Stellungnahmen das auf Konsens ausgerichtete deutsche Stakeholder-Prinzip und wandte sich gegen ein reines Shareholder-Prinzip. Die Legitimität eines Entscheidungsverfahrens, bei dem letztendlich nur auf den Willen der Aktionäre abgestellt wird, wurde leidenschaftlich bestritten. Vogel sprach den Shareholdern den Vorrang gegenüber den Stakeholdern ab, was von Gewerkschaften, Parteien und Presse fast einhellig aufgenommen wurde. Die (kommunikativen) Abwehrmaßnahmen fußten demnach weniger auf industriepolitischen Argumenten, als vielmehr auf der Ablehnung bestimmter Managementpraktiken und des als unmoralisch und verwerflich empfundenen Instruments der feindlichen Übernahme. Sie hatten starke Reaktionen in Politik und Öffentlichkeit zur Folge. Warnstreiks und Großdemonstrationen begleiteten die Verhandlungen.

Die an sich Erfolg versprechende Taktik scheiterte jedoch an Thyssens Hausbank. Die Deutsche Bank stand dem Abwehrverhalten und der Argumentationslinie eher reserviert gegenüber. Zwar war das Mitglied des Deutsche Bank-Aufsichtsrates, Ulrich Cartellieri, Mitglied des Thyssen-Aufsichtsrates und die Bank hatte Thyssen vor Treffen mit Analysten auch beratend zur Seite gestanden, jedoch war sie zugleich auch Hausbank von Krupp. In dieser Situation war ihr daher daran gelegen, als moderne Investmentbank aufzutreten und zu beweisen, dass sie auch eine feindliche Übernahme managen könne. Die Investmentbanker obsiegten schließlich über ihre eher traditionell eingestellten Kollegen, und die mehrtägigen Verhandlungen unter Beteiligung von Politik und Arbeitnehmervertretern hatten eine Fusion zum Ergebnis. Trotz des letztendlich vom Thyssenvorstand so nicht gewünschten Ergebnisses belegt dieses Beispiel dennoch, wie die breite Öffentlichkeit mobilisiert werden konnte.

Fazit

Feindliche Übernahmen, so sehr sie auch dem deutschen Gemüt zu widerstreben scheinen, werden in Zukunft zunehmen. Wer sich heute als Unternehmen sicher fühlt, kann sich schon morgen in unfreundlicher Umarmung befinden. Die Unternehmen in Deutschland tun gut daran, sich darauf einzustellen und sich zu wappnen. Laut einer Umfrage der IR. On AG, die im Jahr 2002 durchgeführt wurde, verfügen nur 45 Prozent der befragten Unternehmen über Notfallkonzepte, »die im Falle eines unerwarteten Übernahmeangebots nahezu die einzige Möglichkeit sind, den per se vorhandenen zeitlichen Nachteil der Zielgesellschaft zu egalisieren«. Dem gegenüber standen 81 Prozent, die von der Wirksamkeit eines Masterplans überzeugt sind. Die Diskrepanz ist erschreckend, lässt sie doch den Schluss zu, dass hier Unternehmensleitungen wider besseren Wissens agieren. Möglich, dass sich in den fünf Jahren seit Erscheinen der Studie etwas bewegt hat. Es wäre zu hoffen. Aufrüttelnde Beispiele hat es in der Zwischenzeit genug gegeben. Die Unternehmen müssen vermehrt dahin kommen, Entwicklungen zu antizipieren. Sie müssen es lernen, das eigene Unternehmen durch die Brille eines potentiellen schwarzen Ritters zu sehen. Ohne dies ist es nicht möglich, wehrhafte Strategien zu entwickeln.

4 Naturkatastrophe

Orkane, Starkwind, Sturmfluten, Überschwemmungen, Tsunami, Großbrände, Erdbeben, Lawinen – immer wieder machen uns die entfesselten Gewalten der Natur das Leben schwer. Und immer haben wir es dabei mit der fatalen Mischung aus menschlichen Tragödien und enormen wirtschaftlichen und ökologischen Schäden zu tun. Alle Erkenntnisse, die für die Bewältigung von »Schadensereignissen« (vgl. Teil III, Kap. 1) zutreffend sind, gelten auch für den kommunikativen Umgang mit Katastrophen. Die Katastrophe ist die große Schwester des Schadensereignisses. Warum also für diese Gattung ein eigenes Kapitel? Die Hauptunterschiede liegen sowohl in der Dimension als auch in den begrenzteren Möglichkeiten der operativen Bewältigung. Zweifelsohne ist es schlimm, wenn durch einen Unfall oder in Folge eines Produktmangels (vgl. Teil III, Kap. 9) einzelne, vielleicht sogar zahlreiche Menschen geschädigt werden. Wenn jedoch Tausende, vielleicht Zehntausende gleichzeitig ihren Besitz, ihr Zuhause ihre Existenz oder im schlimmsten Fall Gesundheit und Leben verlieren, liegt es auf der Hand, dass sich allein durch die Wucht der großen Zahl die Herausforderung an die Krisenkommunikation potenziert. Eine Herausforderung, die trotz aller Erfahrungen von den Verantwortlichen regelmäßig unterschätzt wird.

Apokalypse now?

Wir leben in einer Zeit der trügerischen Sicherheit. Metergenau ist heute jeder Fleck der Erde aus dem Weltall zu beobachten. Meteorologen können mit immer feineren mathematischen Modellen und Großrechnern inzwischen Tage im Voraus präzise Wetterprognosen stellen. Die hohe Leistungsbereitschaft und immer bessere technische Ausstattung unserer Feuerwehren und Rettungsdienste und vor allem ihre schnelle Verfügbarkeit verführen uns zu dem Glauben, dass in jedem Notfall schnelle und effiziente Hilfe für alle Betroffenen zur Verfügung steht.

Doch ab einer bestimmten Größenordnung sieht die Wirklichkeit anders aus. So kommt zum Schock des katastrophalen Ereignisses für die Betroffenen zumeist auch der Schock der überraschenden Erkenntnis hinzu, dass der aus dem Alltag gewohnte Service an seine Grenzen stößt. Dieses »Versagen« erzeugt bei Betroffenen ein Gefühl der Hilflosigkeit und der Ohnmacht. Mitunter auch Wut. Wut auf »die Verantwortlichen«. Diese Erkenntnis zieht sich wie ein roter Faden durch

Berichte und Analysen vergangener Katastrophen. Und zwar unabhängig davon, wie gut oder wie schlecht sie (operativ) tatsächlich bewältigt wurden. Psychologisch ist das einfach erklärbar: Betroffene sehen naturgemäß in erster Linie sich selbst und die eigenen Probleme, die es zu lösen gilt. Erst danach kommen die Sorgen der Gemeinschaft.

Ein Katastrophenstab kann und darf sich aber erst dann dem Einzelschicksal widmen, wenn er das der Masse im Griff hat. Er muss die Gesamtlage beurteilen und das Gesamtwohl im Auge haben. Es gilt, für die verfügbaren Ressourcen Prioritäten zu setzen. Man lässt also ein Haus abbrennen, um woanders vielleicht eine ganze Siedlung retten zu können. Man öffnet das Wehr eines Staudamms, um Druck wegzunehmen und überflutet dabei ein tiefer gelegenes Dorf. Man unterbricht Rettungs- und Bergungsmaßnahmen, um die eingesetzten Helfer nicht einer unzumutbaren Gefahr auszuliefern.

Das wohl am grausamsten anmutende Verfahren, das Katastrophenmediziner bei einem Massenanfall von Verletzten anwenden müssen – die Triage – ist rational zu verstehen, aber emotional kaum zu ertragen. Wer das der Öffentlichkeit und Betroffenen erklären muss, braucht selbst Hilfe. Während nämlich bei einen herkömmlichem Schadenereignis jedem Verletzten Hilfe zu teil werden kann und in der Regel die schwersten Fälle zu erst versorgt werden, ist es bei Anwendung der Triage genau umgekehrt: Bei knappen zur Verfügung stehenden Rettungsmitteln werden nur diejenigen versorgt, die die besten Überlebens- und Heilungschancen haben.

Verständnis für schwierige Entscheidungen zu erlangen, von Einsatzleitern getroffene Prioritäten nachvollziehbar zu machen und Transparenz in die Möglichkeiten, aber auch die Grenzen der Hilfeleistung zu bringen, sind wichtige strategische Kommunikationsziele in Katastrophen.

Interventionsmerkmal: »Führung«

Die Katastrophe braucht ein Gesicht. Mehr als jede andere Krisenlage hängt von der kommunikativen Präsenz der Führung auch der Erfolg der operativen Ergebnisse ab. Es liegt mit an der Überzeugungskraft des Einsatzleiters, wie ausgeprägt Motivation und Einsatzwille seiner Kräfte sind. Es ist die Person an der Spitze, die die nötige Balance zwischen den vertrauensbildenden Botschaften und dem Überbringen von Hiobs-Botschaften finden muss. So darf die schnörkellose Beschreibung einer schwierigen Lage, wenn etwa die erwartete Unterstützung nur sehr spät oder gar nicht kommen kann, die Menschen nicht weiter demoralisieren. Menschen, die müde, verzweifelt und erschöpft sind, brauchen Hoffnung. Menschen in ihrer Verzweiflung moralisch allein zu lassen oder schlimmer noch,

159

durch schlecht formulierte Warnungen Panik oder gar »desperates Verhalten« (psychische Überreaktionen bis hin zu Gewalttätigkeiten, Plünderungen, Überfälle, Angriffe auf Mitbürger und Sicherheitsbehörden) auszulösen. Dies zu vermeiden ist die hohe Kunst der Katastrophenkommunikation.

Dazu gehört auch der Mut, unpopuläre, vielleicht harte Maßnahmen im Interesse des Gemeinwohls zu verkünden, wenn beispielsweise Gebiete und Häuser evakuiert oder Hilfsmittel requiriert werden müssen.

Die Einsatzleitung geht auf dem schmalen Grat, nach Recht und Gesetz zu arbeiten, aber dennoch so viel Flexibilität und Mut zu zeigen, sich nötigenfalls auch über Vorschriften hinwegzusetzen, wenn der gesunde Menschenverstand dies erfordert.

Mit anderen Worten: Wir Bürger erwarten in großer Not keinen Perfektionismus, aber klare Führung.

Einer, der in unserem Lande dafür Maßstäbe gesetzt hat, ist Helmut Schmidt. Bei der »Hamburgflut« im Februar 1962 hat er damals als junger Innensenator der Hansestadt durch klare Anweisungen verunsicherten Bürokraten Dampf gemacht. Durch straffe Führung, teilweise weit über seine örtlichen Kompetenzen hinaus, hat er verschiedene teils konkurrierende Hilfsdienste und Militärs auf Linie und damit zu effizientem Handeln gebracht. Durch seine flammenden Appelle hat er Reserven mobilisiert und den paralysierten Hamburgern obendrein den Mut zur Selbsthilfe gegeben. Noch heute, 45 Jahre danach, ist diese grandiose Führungsleistung nicht nur bei den Hamburgern unvergessen. Sie gilt bis heute als Vorbild für Katastrophenmanager und Katastrophenkommunikatoren.

Ganz im Schmidt'schen Sinne handelte denn auch im Sommer 1997 der brandenburgische Umweltminister (und spätere Ministerpräsident) Matthias Platzeck. Auch er machte sich rasch bundesweit einen Namen durch seinen hemdsärmligen Einsatz beim Oderhochwasser. Aufgrund seiner Führungsleistung gaben ihm seine Brandenburger und die Medien respektvoll den Beinamen »Deichgraf« – in Anlehnung an die Novelle » Der Schimmelreiter« von Theodor Storm.

Nur fünf Jahre später forderte wiederum ungezügeltes Wasser persönliche Führungsstärke. Im Sommer 2002 zeigte sich Gerhard Schröder als ebenso mitfühlender wie tatkräftiger Regierungschef: Die Bilder des Kanzlers, der in Regenjacke und Gummistiefeln an vorderster Front durch den Schlamm der Straßen von Grimma stapfte, haben zuerst die Menschen vor Ort und wenig später die Wähler im ganzen Land honoriert.

Katastrophen gelten stets als die Stunde der Regierenden – wenn sie denn ihren Job ernst nehmen und gut machen. Nein, es ist nicht politischer Populismus, wenn ein Landrat, ein Oberbürgermeister, ein Regierungspräsident, ein Innenminister, ein Bundeskanzler medienwirksam in der ersten Reihe steht. Die Botschaft »Ich übernehme Verantwortung und Fürsorge« ist das zentrale Signal nach innen und außen.

Zu Recht löste die tatsächliche oder vermeintliche Untätigkeit der Regierung Bush weltweites Entsetzen aus, als 2005 nach dem Wirbelsturm »Katrina« New Orleans in den Fluten versank. Während die größte Militärmacht der Welt ihre eigenen Bürger offensichtlich hilflos absaufen ließ – jedenfalls wenn man der Berichterstattung der führenden Medien glauben darf – betrachtete der Präsident das Elend aus sicherer Höhe aus dem Regierungsjet »Airforce One«.

Nicht weniger schlimm war der Eindruck, den die griechische Regierung hinterließ, als im Sommer 2007 verheerende Waldbrände die Halbinsel Peloponnes verwüsteten. In den Städten reagierten die aufgebrachten Griechen sogar mit Großdemonstrationen. Nicht Politik und Verwaltung als Krisenmanager, sondern verzweifelte, verbitterte und schimpfende Menschen beherrschten die Fernsehbilder.

Vorgehensweise

Im behördlichen Krisenmanagement – das es streng genommen als Terminus überhaupt nicht gibt, obwohl es in der Praxis immer wieder praktiziert werden muss – wird zwischen »Katastrophen« und »Ereignissen unterhalb der Katastrophenschwelle« unterschieden. Nach dem guten alten Verwaltungsmotto »Eine Katastrophe tritt nicht ein – sie wird amtlich festgestellt« entscheiden Beamte darüber, was überhaupt eine Katastrophe ist. Diese verwaltungsrechtliche Differenzierung stellt in der Praxis oft genug ein Problem für die Kommunikation dar. Denn für die öffentliche Wahrnehmung spielt es überhaupt keine Rolle, in welchem juristischen Stadium eine Lage ist. Es mag operativ für die Einsatzleitung eine Rolle spielen und besonders für die finanzielle Bewältigung von Ereignissen ist es wichtig, ob und wann formal ein Katastrophenfall »ausgerufen« wird. Für die Kommunikationsinhalte ist dies bedeutungslos.

Die Bevölkerung will und muss schnell und umfassend informiert werden – und zwar sowohl die von dem Ereignis direkt betroffene, als auch die nicht (oder noch nicht) betroffenen Bürger. Besonders bei lokalen Ereignissen mit überregionaler Wirkung haben die Bürger direkt und unmittelbar ein hohes Informationsbedürfnis. Die Mehrzahl dieser Interessierten wird wohl die jeweilige sachliche und örtliche Zuständigkeit der betreffenden Behörden oder Organisationen überhaupt nicht kennen (zumal diese oft selbst nicht genau abgrenzen können, wer wofür konkret zuständig ist). Und den meisten dürfte diese Form der Bürokratie auch völlig egal sein.

Für die Krisenkommunikation der öffentlichen Hand sollte daher künftig nicht mehr zwischen dem »Katastrophenfall« und »Fällen unterhalb der Katastrophenschwelle« unterschieden werden. Sinnvoll ist also eine möglichst einfach zu verstehende und einheitliche Kommunikationslösung. Das Land Baden-Württemberg ist diesen Schritt gegangen. Das wegweisende Konzept wird unter »Maßnahmen und Planungen« weiter unten exemplarisch beschrieben.

Information der Bevölkerung

Es liegt in der Natur der Sache, dass die zur Krisenkommunikation nötige technische Infrastruktur teilweise oder ganz ausfällt. Das muss einkalkuliert werden. Und zwar sowohl auf der Senderseite als auch auf der Empfängerseite, weil Kommunikation nun mal keine Einbahnstraße ist. Aber wie?

Die Probleme beginnen bereits bei der Alarmierung. Seit dem Ende des Kalten Krieges sind die Einrichtungen des früheren Zivilschutzes so gut wie nicht mehr existent. Das einst flächendeckende Netz von Sirenen wurde abgeschafft. Ganz abgesehen davon: Wer von den jüngeren Bürgern kennt denn heutzutage die Schallsignale überhaupt noch? Die Behörden bauen darauf, ihre Warnungen an die Bevölkerung durch Rundfunk und Fernsehen zu verbreiten. Auch Alarmierungen per SMS über Mobiltelefone werden als moderne Alternative diskutiert. Geschlossene Gruppen, wie Feuerwehren, Technisches Hilfswerk und teilweise Sanitätseinheiten verfügen über eigene Funk-Meldeempfänger.

Was für die Alarmierung gilt, trifft grundsätzlich auch für laufende Informationen und die Weitergabe von Verhaltensregeln zu. Wenn nicht sehr schnell eine einheitliche Rufnummer (Hotline) bekannt gegeben wird, sprechen die Fragesteller je nach ihrer Phantasie alle möglichen Stellen an, von denen sie sich Aufschluss erhoffen: von Polizeidienststellen, über die Telefon-Auskunft, bis zu nahegelegenen Flughäfen, Bahnhöfen und Kirchen. Oder sie landen zufällig in der Vermittlung irgend einer unbeteiligten Verwaltung. Die Folge: Keiner der angesprochenen fühlt sich zuständig, die Anrufer werden von Stelle zu Stelle weiterverwiesen und nicht selten im Kreis geschickt. Frust und Ärger sind die logische Folge.

Selbstverständlich ist es im Zeitalter des allgegenwärtigen Internets richtig, dass inzwischen auch die Behörden beginnen, »Darksites« zu planen und das Web zu nutzen. Und zweifelsohne ist es richtig, dass das Fernsehen für Menschen außerhalb der unmittelbaren betroffenen Zone das Informationsmedium Nummer eins ist. Innerhalb einer Katastrophenregion ist und bleibt jedoch der Hörfunk – gerade wegen des hohen Risikos von Stromausfällen – das primäre Informationsmedium. Auch wenn seit dem Fall der Mauer in Deutschland 1989 die Neigung der Bevölkerung weiter zurückgegangen ist, Vorsorge für den Selbstschutz zu betreiben: In jedem Haushalt sollte wenigstens ein tragbarer Radioempfänger mit ausreichend Reservebatterien für lebenswichtige Durchsagen vorhanden sein.

Für diejenigen, die noch nicht einmal über solche Minimalausstattung verfügen, bleiben nur noch die »reitenden Boten« von Polizei und Feuerwehr mit Lautsprecherwagen und als allerletztes Mittel – wie es bei einigen sächsischen Hochwasser-Gemeinden der Fall war – »Benachrichtigung von Haustür zu Haustür«.

Interne Kommunikation

Für eine wirkungsvolle und zielgerichtete interne Kommunikation sind vier Schritte nötig: Informationssammlung, Sichtung, Koordination und Weitergabe. Erste Schwachstelle sind erfahrungsgemäß die Meldewege und Meldeketten. Oft hapert es schon an der Quelle bei der Qualität der Erstmeldung. Ob ein Krisenpotenzial in seinem zu erwartenden Ausmaß erkannt wird, hängt davon ab, wie qualifiziert die »Sensoren« am Ereignisort sind. Danach ist ausschlaggebend, wie sensitiv die »Bewertungsstelle« in der Wahrnehmung der Eskalation ist.

Anders als beim »Erstmelder« sind die höheren Glieder in der Meldekette meist erfahrene Mitarbeiter (z. B. Beamte im Lagezentrum oder einer Rettungsleitstelle). Nur: Sie müssen auf Grundlage der »Frontberichte« entscheiden. Das größte Verbesserungspotenzial aber steckt zweifelsohne in der Beschleunigung der Kommunikationsabläufe. Der behördliche Dienstweg, »Hühnerleiter« genannt, führt mitunter zu fatalen Verzögerungen. Auf dem Weg von unten nach oben (Bottom up), bis die kommunikative Brisanz von der Führung erkannt wird. Und ebenso von oben nach unten (Top down), bis eine Information oder Weisung die Einsatzkräfte erreicht. Behördeninterne Auswertungen nach verschiedenen Übungen – so auch im Vorfeld der Fußball-WM 2006 in Deutschland – bestätigen, dass der Kommunikationserfolg eher von der Entscheidungsfreude und Verantwortungsbereitschaft einzelner Handelnder als von den Verwaltungsanweisungen geprägt ist.

Außer inhaltlichen Übermittlungspannen kommt es immer wieder auch zu technischen Ausfällen. Den Verantwortlichen sollte bewusst sein, dass nur mehrfache Redundanz ausreichende technische Sicherheit schafft. Jedes System – besonders die Stromversorgung und Kommunikationsmittel – kann je nach Katastrophenlage ganz oder teilweise ausfallen. Dass dies nicht nur theoretische Überlegungen sind, belegt der »Bericht der unabhängigen Kommission der Sächsischen Staatsregierung zur Flutkatastrophe 2002« (Kirchbach-Bericht). Demnach ist es wiederholt zu einem Ausfall der Festnetztelefone *und* der Mobilfunknetze gekommen. Peinlich: Funkgeräte mussten ausgeliehen werden, weil sie von den Katastrophenschutzbehörden nicht vorgehalten wurden.

Maßnahmen und Planung

Katastrophenschutz ist Ländersache und die wiederum lassen ihren zuständigen Landkreisen viel Spielraum. Viele machen ihre Hausaufgaben. Viele aber auch nicht. Vorreiter für eine effiziente, einfachere und vor allen Dingen *einheitliche* Planung der öffentlichen Katastrophen- und Krisenkommunikation ist das Land Baden-Württemberg. Im September 2003 führte das Musterländle nach fast zwei-jähriger Entwicklungszeit sein neues Konzept ein.

Die Baden-Württemberger Behörden waren bereits »gebrannte Kinder«: Am zweiten Weihnachtsfeiertag 1999 hatte der Orkan »Lothar« weite Teile des Waldes entwurzelt, im Juli 2002 kollidierten bei Überlingen am Bodensee zwei Flugzeuge in der Luft und im Oktober 2002 kam es an einer Waiblinger Schule zu einer Geiselnahme. Jedes dieser Ereignisse löste schlagartig eine Flut von Anfragen aus dem In- und Ausland aus – es hatte in den Medien den Anschein, als würden Dutzende von Sprechern aus Landratsämtern, Gemeinden, Ministerien, Feuer-wehren und Rettungsdiensten unkoordiniert daher reden, »gerade wie ihnen der Schnabel gewachsen ist«. Unterschiedliche Opferzahlen und Spekulationen über mögliche Ursachen klangen nicht nach qualifizierter Information.

Aufgrund dieser Erfahrungen und zusätzlich unter dem Eindruck der New Yorker 9/11-Anschläge hat das Kabinett in Stuttgart ganz unschwäbisch Geld für eine ressortübergreifende Projektgruppe locker gemacht. Ziel war und ist es, »bei schwer wiegenden Ereignissen den gleichen Informationsstand der Verantwort-lichen auf allen Ebenen sicherzustellen (interne Kommunikation) und sowohl Medien als auch die Bevölkerung möglichst umfassend und aktuell zu informie-ren (externe Kommunikation)«.

Mit Unterstützung externer Berater schnitt das Innenministerium rigoros bürokratische Zöpfe ab. Ein Beispiel: Um das oft zu Pannen führende Kästchen-denken einzelner Stäbe und Stabsabteilungen zu vermeiden wurde die Funktion eines übergreifenden »Informationskoordinators« (genannt: IKO) entwickelt. Weitere Kernstücke des neuen Konzepts sind ein Handbuch zur Krisenkommuni-kation mit organisatorischen und technischen Empfehlungen und ein internetba-sierter Sonder-Informationsdienst. Radikale Änderungen rufen stets Bedenken-träger hervor. Um eine möglichst hohe Akzeptanz zu erzielen, wurden daher von Anfang an die späteren Nutzer in den Entstehungsprozess eingebunden: Die übri-gen Ministerien, die Regierungspräsidien, die Landkreise, Städte und Gemein-den, die Polizei, die Feuerwehren und die Hilfsorganisationen. Und alle wurden dann vom Land kostenlos mit den Handbüchern ausgestattet. Anstelle kompli-zierter Vorschriften also ein nützliches Werkzeug für den Praxiseinsatz auf der Basis eines gemeinsamen Nenners.

Ein weiterer »Trick«: Das Handbuch enthält nicht nur die für die praktische Arbeit erforderlichen Checklisten und Formulare, Bausteine für Presseinformationen oder eine Personalmatrix für den »Dienst rund um die Uhr« und andere Materialien. Ein zusätzlicher Leitfaden dient gleichzeitig als Unterlage für Schulungen, beispielsweise an der Landesfeuerwehrschule und der Verwaltungsschule des Gemeindetags. Mit anderen Worten: Früher oder später ist jeder Katastrophen-Kommunikator in Baden-Württemberg mit den einheitlichen Verfahren vertraut.

Für den Sonder-Informationsdienst werden vorproduzierte »Darksites« auf sehr leistungsfähigen Servern vorgehalten. Ausgehend von Gefahrenpotenzialanalysen werden von den jeweils zuständigen Ministerien vorsorglich für denkbare Katastrophenszenarien Informationen erstellt und laufend aktualisiert. Im Ernstfall können diese Informationen ergänzt um aktuelle Meldungen innerhalb weniger Minuten lage- und bedarfsorientiert frei geschaltet werden. Das reicht von Warnungen, öffentlichen Helfer- oder Spendenaufrufen, Fahndungs- und Vermisstenmeldungen, bis zu Verhaltensempfehlungen und speziellen Hintergrundinformationen.

Seinen Test hat das Konzept in der Großübung »Lükex« mit Bravour bestanden. Teilnehmer waren nur vier der 16 Bundesländer: Bayern, Baden-Württemberg, Berlin und Schleswig-Holstein. Die amtliche Vorgabe des Bundesamtes für Bevölkerungsschutz und Katastrophenhilfe (BBK): »Einen flächendeckenden, lang anhaltenden Stromausfall infolge von Naturgewalten bewältigen und realitätsnah mehrtägig durchspielen«. Also exakt jenes Szenario, das fast auf den Tag genau ein Jahr später als »Schneekatastrophe Münsterland« im November 2005 das Land Nordrhein-Westfalen in Realität mit voller Wucht traf – unvorbereitet.

Lektion gelernt?

Es ist fast schon festes Ritual, dass nach *jeder* Katastrophe ein Sündenbock gesucht wird. Zynisch aber wahr: Das hilft den betroffenen Menschen den eigenen Schmerz zu überwinden, eigene Verluste zu verkraften.

Deshalb darf die Kommunikation am und zum Ende der Einsätze nicht einfach auslaufen, sondern muss mit einem geordneten Abschluss »heruntergefahren« werden. Das heißt, zum Abschluss *muss* eine kritische Bilanz mit allen Facetten gezogen werden – mit Erkenntnissen und konkreten Vorschlägen. Auch das wollen die Bürger: Sie verlangen Einsicht, Besserung und Konsequenzen.

Eine zentrale Forderung ist auch, dass für wichtige öffentlichen Einrichtungen und alle (auch privatrechtlich betriebenen) Anbieter »kritischer Infrastrukturen« individuelle Krisen- und Katastrophenpläne ausgearbeitet werden. Vom Wasserwerk bis zum Stromversorger, von Schulen über Universitäten und Krankenhäuser bis zu Altenheimen. Vom öffentlichen Personennahverkehr bis zu Flughafenbetreibern. Und alle diese Einzelpläne sollen idealerweise vernetzbar sein.

Es gibt also nach wie vor nicht nur enormen Nachholbedarf in Technik, Organisation und Prozessen, sondern auch einen permanenten Aus-, Weiterbildungs- und Übungsbedarf. Die Mehrzahl der Akteure in der Katastrophenbewältigung sind nun mal Amateure. Freiwillige und ehrenamtliche Helfer werden von gewählten Politikern und Verwaltungsbeamten gesteuert, deren Kerngeschäft jedenfalls nicht Krisen und Katastrophen sind. Nur eine kleine Schicht im Mittelbau – Berufsfeuerwehren, Rettungsdienste, Leitstellen und je nach Lage auch mal Bundeswehr-Offiziere – besteht aus Profis.

Jeder, der sich zum Bürgermeister, Landrat oder Regierungspräsident wählen lässt, ist gut beraten, sich frühzeitig und intensiv auch mit diesen extremen Facetten seiner Dienstpflichten vertraut zu machen.

5   Bedrohung des Ansehens

»Audacter calumniare, semper aliquid haeret – Verleumde nur dreist, etwas bleibt immer hängen.« Dieses Zitat von Frances Bacon, fußend auf den Schriften des antiken Philosophen Plutarch, bringt das Wesen des Gerüchts nicht nur auf den Punkt, sondern es belegt, dass das Gerücht als Macht- und Manipulationsinstrument spätestens seit der Antike eingesetzt wird. Gerüchte wecken stets reges Interesse in der Öffentlichkeit. Sie manipulieren die öffentliche Wahrnehmung und können somit die Entwicklung von Unternehmen maßgeblich beeinflussen, ihr Ansehen und ihren Erfolg bedrohen. Sie gehören deshalb zu den größten Herausforderung für das Krisen- und Risikomanagement.

Bei der Verbreitung von Gerüchten sind die Massenmedien, speziell das Internet, der entscheidende Faktor. Der rasante Fortschritt im Bereich der Nachrichtenübermittlung hat die Welt nicht nur kleiner gemacht. Die Informationswege haben sich nicht nur verkürzt, sie führen auch zu immer mehr Menschen. Kurz gesagt: Was früher nur für den »Flurfunk« in einem Unternehmen getaugt hätte, kann heute schon zu einem weltweiten Gesprächsthema werden. Das Internet als Kommunikationsmedium ist dabei ein zweischneidiges Schwert. Einerseits kann es Dienstleistungen und Botschaften kommunizieren und vermarkten sowie das Image eines Unternehmens verbessern. Andererseits werden gerade in kritischen Situationen Unternehmensnachrichten weltweit und »in Echtzeit« verbreitet. Das Internet ist wie ein fruchtbarer Nährboden, auf dem alle Arten von Gruppierungen gedeihen, die sich kritisch mit einem Unternehmen auseinandersetzen oder ihm gar in böswilliger Absicht schaden wollen. Das Internet bietet unbegrenzt Raum für Botschaften und Nachrichten jeglicher Art, da im Netz der Netze alle und doch keiner zu regieren scheint, sich jeder zu jedem Zeitpunkt und Thema zu Wort melden kann.

Als modernes Kommunikationsmedium hat das Internet dafür gesorgt, dass Gerüchte eine nie gekannte Reichweite erlangen. Doch gehört zu deren erfolgreicher Platzierung noch eine ganze Reihe weiterer Einflussfaktoren.

Die Bedeutung von Gerüchten

Durch die Entwicklung der Massenmedien und die rasante Entwicklung der weltweiten Datennetze wird die Welt zunehmend transparenter. Das betrifft die Entscheidungen und das Handeln von Unternehmen, Regierungen und anderen

Akteuren. Gleichzeitig finden Gerüchte in der Vielzahl der zu füllenden TV-Kanäle, Newsticker und Internetseiten einen dankbaren Abnehmer. Der Druck auf Unternehmen, den gewachsenen Informationsbedürfnissen der Öffentlichkeit gerecht zu werden, wird immer stärker. An den Finanzmärkten gehören Gerüchte zum Tagesgeschäft, in der Politik sind sie allgegenwärtig (Clinton-Lewinski-Affäre) und Personen des öffentlichen Lebens sehen sich einer Flut von Gerüchten ausgesetzt, die ihren Ruf auf Dauer schädigen können (beispielsweise Ex-Bundeskanzler Schröder wegen seiner angeblich gefärbten Haare). Nicht zuletzt können auch Unternehmen (Hypobank ist pleite) und einzelne Produkte (Katzenfutter in Frühlingsrollen) zum Opfer von Gerüchten werden. Gerüchte können verleugnen, Unternehmen zerstören, Politiker zum Rücktritt zwingen, Personen um ihre Reputation bringen, Produkte vernichten – dauerhaft und allen Dementis zum Trotz unwiderruflich. Nicht selten ist das Phänomen zu beobachten, dass zu eindringliches Dementieren von den Adressaten als Bestätigung eines Gerüchts empfunden wird, nach dem Motto: »Wenn der so laut und heftig dementiert, wird schon was dran sein.«

Die Auseinandersetzung mit dem Medium Gerücht ist für Unternehmen aufgrund der wachsenden Bedeutung der Kommunikationsbeziehung zu den verschiedenen Anspruchsgruppen überlebenswichtig. Denn Gerüchte als Form der informellen Kommunikation können nicht nur das Image, sondern auch die finanzielle Situation für ein Unternehmen nachhaltig beeinflussen. Deshalb ist ein strukturiertes Wissen um das Phänomen Gerücht und dessen Wirkung sowie um Handlungsstrategien unentbehrlich für die Unternehmenskommunikation der Zukunft. Wer Gerüchte ignoriert oder falsch mit ihnen umgeht, dem drohen fatale Folgen, die sogar zum Zusammenbruch einer Unternehmensexistenz führen können.

Merkmale eines Gerüchts

Gerüchte haben unterschiedliche Schweregrade. Sie lassen sich grob einteilen in ungefährliche, tendenziell eher schädliche oder eher positive Gerüchte. Das Grading wird bestimmt von der Aussage des Gerüchts, dem Verbreitungsgrad und der Verbreitungsgeschwindigkeit. Die Aussage eines Gerüchts (der Kommunikationsinhalt) bestimmt, ob es weiterverbreitet wird oder nicht. Die Wahrscheinlichkeit, dass ein Gerücht weiterverbreitet wird, steigt mit zunehmender Glaubwürdigkeit dessen, der es verbreitet (des Komunikators). Doch nicht allein das »Wer sagt es?« und das »Worum geht es?« spielt eine Rolle. Dazu kommt folgende Gleichung: je stärker die Übereinstimmung der dargebotenen Informationen mit den vorhandenen Einstellungen der Empfänger ist, desto höher ist die Übernahmewahrscheinlichkeit einer Nachricht.

168

Die Relevanz der Verbreitungsgeschwindigkeit zeigt sich am Beispiel der globalen Finanzmärkte. Hier werden Gerüchte aufgrund der kurzen Reaktionszeit an den Weltbörsen besonders in nachrichtenarmen Zeiten wie Hard Facts gehandelt. Mit der Folge, dass ein Wispern einen Orkan auslösen kann. Aktienkurse reagieren sensibel auf aufkommende Gerüchte, die oft nur einen einzigen Zweck haben: den Kurswert einer Aktie hochzutreiben oder in den Keller zu schicken, kurz: ihn zu manipulieren. Übernahmefantasien, finanzielle Unregelmäßigkeiten, Wechselmanagement, Klageandrohung oder der bevorstehende Gang zum Konkursrichter sind die Stoffe, aus denen Börsengerüchte gemacht werden. Da wird von Fusionen gemunkelt, werden Gewinnwarnungen gestreut, Zukäufe angedeutet oder vor Liquiditätsschwierigkeiten gewarnt; alles auf Grundlage nicht nachprüfbarer Fakten und scheinbarer Wahrheiten.

Der Prozess der Verbreitung und Übertragung von Gerüchten gleicht dem Prinzip der stillen Post, das heißt, Informationen werden meist nicht unverändert weitergegeben. Bestimmte Details werden beispielsweise vernachlässigt (Leveling) andere Aspekte übertrieben (Sharpening) oder mit Stimmungen, Meinungen oder Vorurteilen des Überträgers eingefärbt (Assimilation). Ein Gerücht kann sich demnach innerhalb eines Lebenszyklus verändern. Es kann sich sogar zu einer völlig anderen Aussage entwickeln.

Der Lebenszyklus eines Gerüchts gliedert sich in die klassischen Phasen Entstehung, Verbreitung und Beendigung. Das Verlaufsmuster besitzt keine Gesetzmäßigkeit, denn der Lebenszyklus eines Gerüchts ist ein Prozess mit offenem Ausgang. Ungewiss bleibt insbesondere, in welcher Zeit das Gerücht die einzelnen Phasen durchläuft. Ebenso unvorhersehbar ist, ob das Gerücht alle Stufen des Lebenszyklus bis zum Ende absolviert oder ob es zwischenzeitlich gestoppt wird. Offen ist auch, ob sich das Gerücht nach einem einmaligen Zyklusdurchlauf endgültig in »nichts« auflöst oder ob es erneut zutage tritt – eventuell in einer veränderten Form.

Mit seinem kollektiven medialen Gedächtnis hat das Internet eine besondere Qualität erreicht – als Krisenauslöser bzw. Krisenbewahrer. So kursiert schon seit den 70er-Jahren ein Flugblatt aus dem »Krankenhaus von Villejuif«, das zum Boykott beliebter Getränke- und Lebensmittelmarken (Coca-Cola, Schweppes, Martini) aufruft, da sie gefährliche Zusatzstoffe (E 330) enthielten. Mit dem Krankenhaus ist das bekannte Krebsforschungsinstitut in Villejuif bei Paris gemeint. Obwohl das Krebsforschungszentrum sich von dem Flugblatt schon mehrfach distanzierte und Spezialisten nicht aufhörten, seine mangelnde Fundierung zu betonen, hat es inzwischen eine Neuauflage erfahren – im Internet. Wie sagte Frances Bacon? »Etwas bleibt immer hängen.«

Diesen so genannten merkantilen Sagen, das heißt, Gerüchten und Geschichten, deren Zielscheibe bekannte Unternehmen und ihre Produkte sind, liegt dem amerikanischen Sozialpsychologen Gary Allan Fine zufolge ein tief verwurzeltes Misstrauen dem Big Business gegenüber zugrunde – ein Erbe des politisch kritischen Denkens und des Enthüllungsjournalismus.

Das Gerücht im Netz

Heute spiegeln sich diese teils archaischen Ängste und das Misstrauen in den öffentlichen Räumen des Internets wider. Paradebeispiele für das Entstehen unkontrollierter Gerüchte sind so genannte Hatesites und Cripesites. Diese teilweise professionell organisierten »Gerüchteküchen« sind quasi eine ständige latente Krise, die wie ein ruhender Vulkan jederzeit und urplötzlich ausbrechen kann.

Der Archetyp einer Hatesite ist www.mcspotlight.org. Hier versammeln sich seit Jahren die McDonald's-Hasser, um ihrem Verdruss über die Fastfoodkette organisierten Ausdruck zu verleihen. Hatesites sind meist gezielt gegen ein Unternehmen, eine Organisation oder auch gegen konkrete Personen gerichtet. Eine der bekanntesten Hatesites trägt ihr Programm schon im Namen: www.ihatemicrosoft.com. Vor Jahren erwischte es auch den Mobilfunkanbieter Viag Interkom. Nachdem das Unternehmen zwar die Minutenpreise für Handygespräche gesenkt, jedoch vergleichsweise hohe Preise für die SMS-Nachrichten beibehalten hatte, organisierte sich der Zorn der zunehmend größer werdenden SMS-Gemeinde auf einer eigens eingerichteten Website gegen Viag Interkom.

Der Charakter von Cripesites ist ein anderer. Sie bezeichnen die steigende Zahl von Webplattformen, die sich entweder dem Schutz der Verbraucher oder der Auswahl besonders guter und günstiger Produkt- und Dienstleistungsangebote verschrieben haben. Im Bereich des Verbraucheraustauschs spielen zunehmend auch so genannte Weblogs eine Rolle.

Bei dem Launch eines neuen Waschmittelprodukts speziell für Babys meldete sich beispielsweise in einem Verbraucherportal junger Mütter eine Frau zu Wort, die nach Nutzung des Produkts Hautrötungen bei ihrem Kind feststellte. Dies führte zu einer regen Diskussion, an der sich auch das Unternehmen beteiligte. Mehr noch: Es intervenierte schnell, indem es sich in dem Blog direkt an die geschädigte Teilnehmerin wandte und Hilfe anbot. Im Fortgang der thematischen Auseinandersetzung wurden ein Allergietest durchgeführt und das Umfeld der betroffenen Blogerin näher beleuchtet. Unterstützt von einem externen Krisenteam intensivierte das Unternehmen die Kontakte und führte weitere Maßnahmen durch, bei denen Verblüffendes zu Tage trat: Nicht das Waschmittel und auch kein gefälschtes Waschmittelprodukt waren Auslöser der Allergie, sondern die neue Katze der Nachbarin. Das Baby litt an einer Katzenallergie. Dieses Paradebeispiel für professionelle Krisenreaktion zeigt, wie unerlässlich es heutzutage ist, auch in Bezug auf das Internet ein Frühwarnsystem aufzubauen und es auch zu nutzen.

Gerüchte über Firmen mit den größten Marktanteilen bzw. mit dem größten Renommee erfahren eine weitere Verbreitung als entsprechende Berichte über Konkurrenzunternehmen. Parallel dazu besteht die Tendenz, Erzählungen über kleinere Firmen auf die größten, prototypischen Unternehmen zu übertragen. Diese Beobachtungen fasste Gary Alan Fine in der Formel »Goliatheffekt« zusammen. Für die Glaubwürdigkeit und die Verbreitung eines Gerüchts spielt das Involvement von Meinungsführern eine wesentliche Rolle. Ob die Entstehung eines Gerüchts intendiert oder unbeabsichtigt ist und ob das Gerücht der Wahrheit entspricht oder nicht, ist für den Diffusionsprozess und die Auswirkungen auf Unternehmen irrelevant. Entscheidend ist, dass das Gerücht geglaubt und somit weiterverbreitet wird. Hier spielen Meinungsführer eine zentrale Rolle. Während die Massenmedien Aufmerksamkeit und Interesse für Themen wecken (»Hast Du das in der BILD gelesen?«), tragen Meinungsführer eher zur Beurteilung und Einstellungsbildung bei (»Sogar die FAZ schreibt das!«/»Professor X hat das bestätigt!«). Denn deren Meinung ist gefragt und akzeptiert, weil sie auf ihrem Gebiet als besonders kompetent und sehr gut informiert gelten. Werden Aussagen oder Informationen durch einen Wissenschaftler oder eine wissenschaftliche Expertise gestützt, so ist die Wahrscheinlichkeit ihrer Weiterverbreitung deutlich höher.

Die Wirkung eines Gerüchts

Die Auswirkungen von Gerüchten sind vielfältig. Grundsätzlich kann von psychologischen und ökonomischen Wirkungen gesprochen werden. Denkbare psychologische Wirkungen betreffen beispielsweise das Image, die Motivation der Mitarbeiter oder das Vertrauen der Kunden und Partner in das Unternehmen. Ökonomische Wirkungen lassen sich beispielsweise am Umsatz oder dem Aktienkurs ablesen. Allerdings sind psychologische und ökonomische Wirkungen eng miteinander verknüpft und dürfen nie getrennt voneinander gesehen werden. Denn was psychologisch wirkt, wird langfristig gesehen auch ökonomischen Einfluss auf ein Unternehmen haben.

Gerade im Bereich der Finanzmärkte kommt es immer wieder zu Gerüchten, die Auswirkungen auf Aktienkurse haben können. In Zeiten des Börsenbooms im Jahr 2001 waren gerade die Internetchatrooms Fundgruben für Gerüchte. Hier konnte jeder ungeprüft und ungestraft Nachrichten jedweder Art streuen. Ein besonders negatives Beispiel für Gerüchte aus dem Kreise eines Privatanlegers ist der Emolex-Fall. Im Sommer 2000 befand sich der 23-jährige Amerikaner Mark Jacob in einer Notlage. Er hatte am 17. August Put-Optionen auf Aktien der

Emolex Corp. gekauft, die durch anhaltende Aktienkurssteigerungen wertlos zu werden drohten. Jacob beschloss, dem entgegenzuwirken, und entwarf eine frei erfundene Presseerklärung der Emolex Corp. Sie enthielt eine Gewinnwarnung des Unternehmens. Zudem machte das Unternehmen in der Meldung auf Untersuchungen wegen Bilanzfälschungen aufmerksam und gab den Rücktritt ihres CEO bekannt. Diese Nachricht schleuste der junge Mann am Morgen des 25. August 2000 bei seinem früheren Arbeitgeber ein, der Internet Wire Inc., einem kleinen Dienstleister für die Verteilung von Pressemitteilungen. Um 9.46 Uhr wurde die Meldung von Yahoo Finance übernommen und erschien im Internet. Binnen weniger Minuten begann der Kurs zu sinken. Um 10.13 Uhr veröffentlichte Bloomberg die Meldung über professionelle Informationssysteme. Um 10.17 Uhr schrieb ein nervöser Händler in ein anderes Informationssystem, er versuche zu verkaufen, aber der Markt sei schneller. Um 10.29 Uhr wurde der Handel ausgesetzt. Die Aktie fiel in 45 Minuten um 60 Prozent. Abgesehen davon, dass das FBI Jacob wenige Tage später festnahm, verklagte ein Rentner aus Florida die Nachrichtenagentur Bloomberg, weil sie die Meldung ohne sorgfältige Prüfung veröffentlicht habe. Der Rentner hatte in der Hysterie des Vormittags die Aktie bei fallenden Kursen verkauft und 15.000 Dollar Verlust gemacht.

Prävention

Schafft ein Gerücht erst einmal den Sprung aus den Sphären des Internets in die Massenmedien, ist es für eine frühzeitige Gegenoffensive zu spät. Das Gerücht kann zum Selbstläufer werden und ist kaum noch zu beeinflussen. Es hat das Szenario einer Krisensituation erreicht.

Wer eine durch Gerüchte ausgelöste Krise verhindern will, muss ein geeignetes Frühwarnsystem entwickeln und auch einsetzen. Eine bessere Waffe gibt es nicht. Alles, was die Gerüchte auslösen kann, muss im Vorfeld erkannt und gebannt werden. Ihnen wird mit einer umfassenden Informationspolitik und einem entsprechenden Imageaufbau begegnet. Ein starkes positives Image dient der Gerüchteprävention. Denn: Wen man mag, dem vertraut und dem verzeiht man eher. Je mehr die Aussage des Gerüchts mit dem öffentlichen Image eines Unternehmens übereinstimmt, desto glaubwürdiger wird es für das Publikum. Das heißt, wer ein schlechtes Image hat, dem traut die Öffentlichkeit auch den Wahrheitsgehalt eines negativen Gerüchts zu, während ein positives Image Ungläubigkeit auslöst und somit helfen kann, das schädigende Gerücht auszubremsen. Gleiches gilt umgekehrt für positive Gerüchte. Außerdem lässt sich mit einer offenen und transparenten Informationspolitik der Gerüchteküche am leichtesten das Gas abdrehen. Dabei kommt es entscheidend darauf an, auch unangenehme Themen, beispielsweise die Entdeckung von Schadstoffen in einem Produkt, selbstständig anzusprechen. Je früher sich das Unternehmen mit einem Thema und dessen Kommunikation auseinandersetzt, desto aktiver kann es das Geschehnis beeinflussen und desto größer ist die Wahrscheinlichkeit, dass das Gerücht sich zugunsten des Unternehmens entwickelt.

Neben dem Aufbau eines Systems zur Früherkennung und Gerüchtesuche im Internet ist es von existentieller Bedeutung, langfristig ein positives Image, öffentliches Vertrauen und Glaubwürdigkeit in das Unternehmen und seine Produkte herzustellen. Der wichtigste Aspekt im Umgang mit Gerüchten ist die Einsicht, dass sie nicht einfach so entstehen, sondern dass sie auf einer Informationslücke beruhen.

Strategiealternativen

Gerüchte lassen sich nie komplett kontrollieren. Aber es gibt Strategien und Maßnahmen für den Fall, dass ein Gerücht bereits im Umlauf ist und sich in Eigendynamik verselbstständigt hat. Die nachfolgenden Handlungsoptionen sind nicht als Blaupause, sondern als Empfehlungen zu betrachten, die jeweils situations- und unternehmensabhängig zu bewerten sind. Wie in anderen Krisenfällen auch, existiert keine allgemein gültige Systematik nach Schema F. Jede Gerüchtesituation und die damit verbundenen Handlungsalternativen bedürfen einer gründlichen Abwägung der Chancen und Risiken.

Die Dementierungskampagne
Bei einer Dementierungskampagne existieren zwei Kommunikationsprozesse. Durch ein Dementi wird das Gerücht erst richtig breitgetreten, so dass es auch diejenigen erreicht, die es vorher noch nicht kannten. Auf der anderen Seite soll das Dementi diejenigen beeinflussen, denen das Gerücht schon bekannt ist. Dementis können Gerüchte entkräften. Häufig tragen sie aber auch zum Gegenteil bei: Dann bewirken sie die (verneinende) Bestätigung eines Sachverhalts, der bislang nur ein Gerücht war. Wenige, im kollektiven Gedächtnis verankerte Negativbeispiele werden sofort mit der neuen Situation assoziiert, auch wenn sie außer der Tatsache, dass ein Dementi erfolgt ist, nichts mit ihr gemein haben (»Niemand hat die Absicht, eine Mauer zu erbauen!«/»Ich gebe Ihnen mein Ehrenwort«). Schweigen ist daher oft weniger verdächtig als ein nur vage formuliertes Dementi.

Fällt die Entscheidung für ein Dementi, ist ein planvolles Vorgehen maßgeblich für den Erfolg der Strategie. Die Glaubwürdigkeit eines Dementis beispielsweise steigt, wenn es von besonders vertrauenswürdigen und verlässlichen Personen unterstützt wird. Grundsätzlich haben Dementis aber nur eine unvollkommene Wirksamkeit. Sie dienen niemals der Beseitigung eines Gerüchts, sondern können nur als zusätzliche Information angesehen werden. Etwas bleibt immer hängen – und oftmals bleibt mehr hängen, als es dem Unternehmen lieb ist.

Rechtliche Mittel

Bricht ein Gerücht über eine Person oder ein Unternehmen herein, löst dies zumeist als Erstes den Impuls aus, vor Gericht zu ziehen. Doch den juristischen Weg bei Gerüchten einzuschlagen ist meist ebenfalls wenig erfolgreich. Erfolg setzt voraus, Urheber oder Verbreiter (Personen, Medien) sowie schädliche Folgen des Gerüchts benennen zu können, denn nur dann kann der Tatbestand der üblen Nachrede (§ 186 StGB) und der vorsätzlichen Verleumdung (§ 187 StGB) erfüllt sein. Ist die Quelle gänzlich unbekannt, besteht die Option, Anzeige gegen Unbekannt zu erstatten. Dies ist jedoch nur dann sinnvoll, wenn die Anzeige in der Öffentlichkeit bekannt gemacht wird und eine reale Chance besteht, dass die betroffene Person oder das betroffene Unternehmen als Opfer hervorgeht. Gibt es ein Opfer, existiert auch ein Täter. Existiert ein Täter, dann ist die Öffentlichkeit in ihrem Glauben an das Gerücht verunsichert. Ziel hierbei ist es, die Wahrnehmung des Gerüchts zu destabilisieren und das Unternehmen als Geschädigten darzustellen.

Die Nichtreaktion

Das Aussitzen, also die Nichtreaktion, ist im Allgemeinen ein durchaus probates Mittel, ein Gerücht zum Verstummen zu bringen. Schließlich ist das beständige Weitertragen das Lebenselixier eines Gerüchts. Dazu muss es immer wieder neu mit Gesprächsstoff angefüttert werden. Wer diese Variante wählt, setzt auf die so genannte »Selbstlöseautomatik« einer Krise. Hier gilt es aber zu bedenken: Wer aussitzen will, muss auch aushalten können. Eine solche Entscheidung sollte daher nicht vorschnell getroffen werden. Zuvor sind ganz besonders der Kommunikationsinhalt, das Involvement der Teilnehmer, der Kommunikationsgrad und die Verbreitungsgeschwindigkeit des Gerüchts zu bewerten.

Zudem fällt die Bagatellisierung nach dem Motto »Bloß kein Öl ins Feuer gießen«, »Nicht reagieren, Ruhe bewahren« besonders schwer, wenn das so genannte Ehrenmoment angegriffen ist. Beispielsweise, wenn ein grundsolides und nach festen Wertgrundsätzen handelndes Unternehmen der Betrügerei beschuldigt wird und fürchtet, sein Schweigen könnte als Schuldeingeständnis ausgelegt werden. Doch speziell dann, wenn sie sich zu Unrecht angegriffen fühlen, lassen sich Unternehmen in vielen Fällen zu unbedachten Äußerungen hinreißen, durch die das Gerücht im Zweifelsfall noch größere Aufmerksamkeit erfährt.

Das Spin-doctoring

Ein Begriff, der aus den amerikanischen Wahlkämpfen mittlerweile auch nach Deutschland geschwappt ist, ist das so genannte Spin-doctoring. Hier wird versucht, das Gerücht umzudrehen, das heißt das Thema allgemein aufzugreifen, ihm aber nach und nach einen anderen Sinn zu geben. Dies funktioniert jedoch nur, wenn der Betroffene in der Lage ist, das Gerücht mit ständig neuem Gesprächsstoff anzureichern. Er befriedigt damit zugleich die Erwartungen des Publikums und der Öffentlichkeit. Ziel ist es, immer mehr Unklarheit in das Gerücht zu bringen. Dies ist besonders dann der Fall, wenn die Vermischung von richtigen und unrichtigen Zusammenhängen mit neu eingebrachten Informationssegmenten zunimmt – übrigens ein probates Mittel der Kremlpolitik zu Zeiten des Kalten Kriegs. Das ständige Hinzufügen neuer, teils verwirrender Informationen in die Gerüchteerzählung gerät in Konflikt mit dem »Prinzip der Originalität«. Der Vorteil dieser Variante ist: Zum Schluss weiß keiner mehr so recht, worum es eigentlich ging. Das Thema ist verwässert, Überdruss wird erzeugt und das Interesse erlischt und ist somit für die Allgemeinheit erledigt.

Die Stigmatisierung

Wie bei allen hier gezeigten Reaktionsmechanismen ist auch das Gelingen des Stigmatisierens vom konkreten Fall abhängig. Die Methode selbst ist aus der Propaganda- und Agitationsforschung hinreichend bekannt. Man sucht sich eine Gruppe heraus, in diesem Fall diejenige, in der das Gerücht kursiert, und versucht, diese als unglaubwürdig hinzustellen. Dem Gerüchteverursacher werden hinterhältige Motive vorgeworfen und unterstellt, er strebe nach eigenem Vorteil. Im Extrem führt dieses Vorgehen zur Stigmatisierung ganzer Bevölkerungsgruppen. Da niemand ein Interesse daran hat, mit solchen Leuten in Verbindung gebracht zu werden, lässt man lieber davon ab, weiterhin das Gerücht zu verbreiten oder es aufzugreifen. Im Wettbewerbsumfeld von Unternehmen geht es meist glimpflicher aus, obwohl es auch einige bekannte Fälle gibt, in denen der »böse Verdacht« Unternehmen in den Ruin geführt hat. Gelegentlich soll es auch vorgekommen sein, dass ein Gegner erfunden wurde, wo keiner war, nur um von den eigenen Schwierigkeiten abzulenken.

Zusätzlich zu den dargestellten Reaktionsstrategien kann das Internet auch als Plattform der aktiven Krisenintervention genutzt werden, z. B. mit eigenen Diskussionsforen, aktiver Meinungsbildung in Onlinediskussionszirkeln oder direkt über meinungsbildende Kampagnensites.

Fazit

Gerüchte gehören zu einem von Ethnologen seit langem analysierten Brauch und bedienen sich aller denkbaren Netze, um sich zu verbreiten. Es ist also kein Zufall, dass gerade im Internet die Gerüchteküche brodelt. Im Zeitalter der Informationsüberflutung, in dem es Botschaften und Nachrichten oftmals schwer haben, ihre Empfänger zu erreichen, gelingt dies vor allem den Gerüchten. Sie schließen Verständnislücken, indem sie simplifizieren, vermitteln Neuigkeiten und können sich dadurch der öffentlichen Aufmerksamkeit sicher sein. Gegenüber erwartbaren, offiziellen Meldungen genießen Gerüchte Exklusivität (»Hast Du schon gehört?«) und können dadurch eine erhebliche Bedrohung für das Ansehen eines Unternehmens darstellen.

Doch obwohl Gerüchte sogar zu den betrieblichen Risiken zählen, die durch das im Gesetz zur Kontrolle und Transparenz im Unternehmensbereich (KonTraG) vorgeschriebene Risikomanagement eigentlich mit erfasst werden sollten, ist eine Frühwarnung und ein Vorbereiten auf solche Szenarien in den meisten Unternehmen nicht vorhanden. Für Gerüchte, die sowohl in der Offline- als auch in der Onlinewelt entstehen, gilt daher das Gleiche wie im generellen klassischen Krisenmanagement: Nichts ist erreicht, alles bleibt zu tun.

6 Kriminelle Akte

Bei kaum einer Krise kann sich ein Unternehmen durch falsches Krisenmanagement und durch falsche Krisenkommunikation in einem schlechteren Bild der Öffentlichkeit präsentieren als bei Krisen durch kriminelle Akte. Obwohl das Unternehmen hier auch in die Rolle des Opfers gezwungen wird, kann es jedoch durch falsches unsensibles Verhalten einen erheblichen Imageschaden davontragen. Gott sei Dank bleiben die meisten Unternehmen von diesen besonders harten Krisenfällen verschont. Entführungen und Erpressungen sowie Vorfälle durch Terrorismus sind Krisenarten, bei denen man sich nur wünschen kann, dass sie dem Einzelnen erspart bleiben.

6.1 Entführung

Anders als beispielsweise Italien ist Deutschland kein Land mit einer ausgeprägten Entführungstradition. Seit dem Jahre 1990 verzeichnet die Kriminalstatistik des Bundeskriminalamts jährlich circa 120 Fälle von Entführungsversuchen, doch seit mehr als 30 Jahren gab es nicht mehr als 20 bekannte Entführungen. Hierzu gehören neben den terroristischen Verbrechen an Hanns Martin Schleyer und Peter Lorenz u. a. die Entführungen von Theo Albrecht, einem der Aldi-Brüder im Jahre 1971, die Entführung von Richard Oetker 1976, der Kinder des Fernsehjournalisten Dieter Kronzucker 1980, des Multimillionärs Jakub Fiszman 1996 oder – der bekannteste Fall in Deutschland mit der höchsten Lösegeldszahlung – von Jan Philipp Reemtsma im Jahre 1996. Die statistische Wahrscheinlichkeit, entführt zu werden, ist somit in Deutschland äußerst gering.

Geiselnahmen und Entführungen sind so alt wie die Menschheit selbst. Geiseln dienten traditionell als Bürgen, um Kriegsschulden einzutreiben. Nichtsdestoweniger ist gerade seit den beiden Kriegen in Afghanistan und im Irak die Anzahl der Geiselverschleppungen weltweit exponentiell angestiegen. Auch wenn es in Italien eine jahrhundertlange Tradition des Kidnapping gibt oder Entführungen in Lateinamerika die Finanzierung von Guerillatruppen sichern, so haben Entführungen in den heutigen Kriegsländern ein deutlich höheres Stadium erreicht. Generell kann man sagen, dass eine Geiselnahme zur Durchsetzung materieller, gelegentlich auch immaterieller Ziele wie die Durchsetzung sozialer, politischer oder religiöser Forderungen dient. Teilweise ergibt sich auch bei vorgeschobenen immateriellen Zielen im Rahmen der Verhandlungen mit den Entführern sehr schnell, dass trotzdem materielle Forderungen im Vordergrund stehen und immaterielle Ziele nur vorgeschoben werden. Im polizeilichen Sinne spricht man von einer Entführung, wenn Täter Personen zur Durchsetzung ihrer Ziele an einen unbekannten Ort bringen (§ 239a StGB »erpresserischer Menschenraub«, und § 239b StGB »Geiselnahme«). Der Unterschied ist hier, dass man von einer Geiselnahme spricht, wenn der Aufenthaltsort vom Entführten bekannt ist.

Gefährdungspotenzial

Generell kann man sagen, dass die statistische Wahrscheinlichkeit, entführt zu werden, mit der Popularität der eigenen Person in der Öffentlichkeit steigt.

Somit ist das Gefährdungsrisiko eines Vorstands eines großen Konzerns deutlich höher, als das eines nur leitenden Angestellten. Popularität ist jedoch auch abhängig vom Kontext, in dem sich Menschen bewegen. Diese Erfahrungen müssen mittlerweile viele Helfer in den Kriegsländern wie Irak und Afghanistan machen. Obwohl es sich hier nicht um klassische VIPs handelt, sind sie jedoch allein auf Grundlage ihrer ethnischen Merkmale leicht als Ausländer zu identifizieren. Ist für die Täter dann auch die Sprache festzustellen, ist man als potenzielle Geisel leichter zu klassifizieren. Die Entführung der deutschen Archäologin und Aufbauhelferin Susanne Osthoff und die daraus resultierende Medienberichterstattung, dass Lösegeld bezahlt wurde, hat Folgen für Deutsche im Irak. Für Entführer ist das Merkmal des gezahlten Lösegeldes ein Qualitätssignal. Jedes Entführungsopfer, das aus dem gleichen Land kommt, hat in den Augen der Entführer einen hohen Marktwert.

Wichtiges Merkmal bei der Entführung ist, dass die wenigsten Entführungen am Wochenende erfolgen. Hintergrund ist, dass das eigentliche Opferverhalten, das von den Tätern im Vorfeld ausgespäht wird, am Wochenende weniger gut eingeschätzt werden kann. Statistisch gesehen sind bevorzugte Entführungstage: Donnerstag, Freitag, Montag. Da Entführungen meist keine Impulstaten sind, sondern mit einer längeren Planungsphase verbunden sind, spähen die Täter das potenzielle Opfer über einen bestimmten Zeitraum hinweg aus. Hieraus resultiert auch der Entführungsort. Die meisten Entführungen finden statt, wenn das Opfer die Wohnung oder das Büro verlässt oder betritt bzw. sich auf dem Weg zum Büro oder zur Wohnung befindet. Die Entführungen finden bevorzugt auf offener Straße statt.

Die meisten Entführungen – gerade auch in den Kriegsgebieten – werden von so genannten professionell vorgehenden Tätern verübt. Diese sehen in der Entführung ein Projekt, das lange vorbereitet sein muss, des organisatorischen Geschicks und der Kreativität bedarf. Der klassische Ablauf einer Entführung hat ein System und beinhaltet in der Regel neun Phasen:

1. Zielauswahl,
2. Observierung des Ziels und Entscheidung für oder gegen das Ziel,
3. Überfall,
4. Transport in das Versteck,
5. Verwahren in einem oder in mehreren Verstecken,
6. Verhandlung bis zur Einigung,
7. Lösegeldübergabe,
8. Freilassung und
9. Versorgung danach (Repatriisierung).

In den letzten Jahren kann man eine deutliche qualitative »Verbesserung« von Tatplanung, Tatsteuerung und Tatorganisation weltweit feststellen. Das Kommunikationsverhalten von Tätern durch Verwendung von Tonkonserven, Funk, SMS, MMS, Mobiltelefon oder Datensystemen hat sich weiter anonymisiert und erschwert die Ermittlungsansätze. Abgesehen von den bereits erwähnten Kriegsgebieten Irak und Afghanistan gibt es noch weitere Länder, in denen Westeuropäer besonders gefährdet sind:

• Südamerika: Kolumbien, Brasilien, Venezuela,
• Mittelamerika: Mexiko,
• Westeuropa: Italien,
• Osteuropa: Russland, Tschetschenien und
• darüber hinaus: Pakistan, Algerien, Jemen.

In Ländern wie Kolumbien und auch mittlerweile auf den Philippinen hat sich über die Jahre hinweg eine regelmäßige Entführungsindustrie entwickelt. In Deutschland hat besonders der Entführungsfall Wallert für Aufsehen gesorgt. Die niedersächsische Familie war von muslimischen Separatisten gefangen gehalten und gegen Lösegeld wieder frei gelassen worden.

Firmenangehörige, die in unterschiedlichen Ländern weltweit entführt werden, sind mit unterschiedlichen Zielsetzungen konfrontiert. Auf der einen Seite handelt es sich um klassische Geldforderungen, die direkt an das Unternehmen oder an die Familie des Betroffenen und damit indirekt an das Unternehmen gerichtet werden. Auf der anderen Seite, gerade in den Kriegsgebieten Irak und Afghanistan, handelt es sich jedoch um Fälle, bei denen lediglich die Nationalität des Opfers Grund der Entführung ist. Hier ist das Unternehmen nicht Ziel der Entführung, sondern der Staat, aus dem das entführte Opfer stammt. Das heißt jedoch nicht, dass die Entführer lediglich immaterielle Werte fordern. Auch ganz normale materielle Forderungen an Staaten sind gang und gäbe. Im Fall des Hoechst-Managers Cordes und des Siemens-Technikers Schmidt hatte die Hisbollah das Ziel verfolgt, den wegen Entführung einer TWA-Maschine verhafteten Mohamed Hamadi freizupressen. Gleichzeitig flossen seitens der Unternehmen, bei denen die beiden Entführten angestellt waren Millionen in die Taschen der Hisbollah, um die Opfer freizubekommen.

Eine Entführung ist nie eine Sache des Opfers, der Familie und der Entführer allein. Ein Unternehmen, dessen Mitarbeiter Opfer einer Entführung geworden ist, muss sich auch auf weitere Akteure einstellen:
* Freunde,
* erweiterte Familie
* Nachbarn,
* Medien und Öffentlichkeit,
* Staatsanwaltschaft, örtliche Polizei, Landeskriminalamt, Bundeskriminalamt,
* Auswärtiges Amt,
* Psychologe,
* Verhandlungsführer,
* Banken
* etc.

Allen Beteiligten gemein ist, dass sie unter beträchtlichem emotionalem Druck stehen.

Die Rolle der Familie

Für das Unternehmen spielt die Familie des Opfers eine der wichtigsten Rollen im gesamten Fall. Die Entführung eines Familienmitglieds bedeutet für alle Beteiligten eine extreme Ausnahmesituation. Die Normalität des Daseins ist verschwunden, die Existenz der Familie in seinen Grundfesten bedroht. Der erhebliche psychische Druck ist gewaltig. Man ist auseinandergerissen worden, ohne sich zu verabschieden. Man fürchtet um das Leben des Entführten, man fürchtet, nun falsche Dinge zu tun, die das Leben des Entführten weiter gefährden. Die psychologische Situation lässt sich nur schwer beschreiben. Während der Entführung können sich Phasen der Apathie, Lethargie und Panik ablösen. Stress kann zu verstärkter Solidarität führen. Es entwickelt sich bei den Betroffenen ein Bedürfnis nach Sicherheit, Stabilität, Geborgenheit und Ordnung. Stress in der Entführung kann aber auch zum Ausbruch bisher verdeckter Familienkonflikte führen.

Vom Unternehmen wird hier eine äußerst intensive Zusammenarbeit mit den zuständigen Behörden – von der Polizei über Bundeswehr bis zum Auswärtigen Amt – gefordert. Gleichzeitig muss es sich intensiv um die Angehörigen der Entführungsopfer kümmern.

Diese Verbindung zu den Angehörigen ist umso wichtiger, da diese auch von Medienseite angesprochen werden. Ein zu starker Druck durch Journalisten auf die Angehörigen kann von deren Seite schnell dem Unternehmen und der mangelnden Fürsorge durch das Unternehmen zugerechnet werden. Es ist deshalb – nicht nur von der rein menschlichen Seite her – immens wichtig, diese Angehörigen zu versorgen, ihnen psychologische Betreuung zukommen zu lassen und sie vor den Medien zu schützen.

Die Behörden, gerade das Auswärtige Amt, übernehmen bei Entführungsfällen im Ausland schwerpunktmäßig die Kommunikation mit der Öffentlichkeit. Hier kann durchaus der operative mediale Einsatz der Familienangehörigen geplant werden, um über die Medien ein emotionales Bild des Entführungsopfers zu erzeugen. Dieser Auftritt muss jedoch strategisch ausreichend geplant und inhaltlich vorbereitet sein. Ein solcher Auftritt ist u. a. abhängig von der emotionalen Stärke der Angehörigen. Auch muss man sich klar vor Augen führen, welches Ziel der Auftritt bewirken, welches mediale Bild über das Opfer erzeugt werden soll. Eine Nichtbetreuung der Angehörigen führt schnell dazu, dass sich das Unternehmen als kalt, herzlos und uninteressiert an seinen Mitarbeitern in der Öffentlichkeit darstellt. Die generelle Kommunikation des Unternehmens selbst sollte eng mit den Behörden abgestimmt sein.

Doch nicht nur die Außensicht ist in einem solchen Ernstfall für ein Unternehmen wichtig. Auch und vor allem der internen Kommunikation kommt an dieser Stelle große Bedeutung zu. Hier muss die Fürsorge in das Unternehmen hineingetragen werden und der Informationsfluss auch außerhalb der klassischen Medien muss gewährleistet sein. Nur so ist ein vertrauensvolles und weiteres produktives Arbeiten der Mitarbeiter des Unternehmens zu gewährleisten. Auf die Ängste, die durch die Entführung eines Kollegen, zu dem eine emotionale Bindung besteht, bei den anderen Mitarbeitern aufkommen, muss mit einer internen Kommunikation, die vertrauensvoll, informationshaltig und auch betroffen ist, reagiert werden. Die kommunikatorische Gratwanderung besteht darin, auf der einen Seite Ängste zu nehmen und Informationen zu liefern und auf der anderen Seite keine Ermittlungs- oder Verhandlungsinterna zu verraten. Denn auch in einer Krisensituation gilt, dass alles, was intern kommuniziert wird, auch nach außen gelangt. Langes Schweigen und empathielose Verlautbarungen können zu massiven innerbetrieblichen Irritationen führen. So hatte beispielsweise die Leitung der Deutschen Welle im April 2007 zu lange gezögert, bis die eigenen Mitarbeiter über den bereits in den Medien verbreiteten Tod zweier frei schaffender

Kollegen informiert wurden. Die ersten offiziellen Statements betonten vor allem, dass die beiden Journalisten nicht im Auftrag des Senders in Afghanistan gewesen seien. Dieses Verhalten hat in den Reihen der Redakteure Proteste und Empörung hervorgerufen. Gerade die freien Mitarbeiter sprachen von einem herben Vertrauensverlust.

6.2 Erpressung

Wesentlich häufiger als zu Entführungen kommt es in Deutschland zu Erpressungen. Möglich sind zum einen Erpressungen, die mit der persönlichen Reputation eines prominenten Unternehmers zusammenhängen, zum anderen die Drohung, Produkte zu manipulieren. Auch diese Verbrechen bergen ein hohes Krisenpotenzial, auch hier kommt es auf geschickte Kommunikation und Außendarstellung an. Der zu beschreitende Grat ist schmal: Man muss die Sorgen der Verbraucher ernst nehmen, darf aber keine Panik erzeugen. Unternehmen sind in der Regel von Produkterpressung betroffen.

Produkterpressung

Produkte können ohne und mit kriminellem Hintergrund manipuliert werden. Die Auswirkungen beider Fälle erfordern krisengerechtes Handeln. Die vorsätzliche Kontamination z. B. von Lebensmitteln wird inzwischen landläufig als Produkterpressung bezeichnet. Es gibt weder einen eigenen Straftatparagraphen für Produkterpressung noch eine allgemein gültige Definition. Wir verstehen Produkterpressung als angedrohte oder erfolgte vorsätzliche Vergiftung eines Produkts, um damit eine erpresserische Forderung zum Nachteil eines anderen zu erheben. Das Delikt zählt zu einem Straftatbereich, der in Deutschland allgemein als Erpressung gemäß § 253 StGB bzw. als räuberische Erpressung gemäß § 255 StGB geahndet wird. Für die Unternehmen ist dieses Delikt äußerst gefährlich. Zum einen ist die Wahrscheinlichkeit des Schadenseintritts schwer einzuschätzen, wenngleich die meisten Täter in der Erpressungsphase abspringen. Es droht jedoch regelmäßig ein beträchtlicher wirtschaftlicher und imagemäßiger Schaden durch die Geldforderung an sich oder durch das dargestellte Krisenmanagement in der Öffentlichkeit. Dieser hohe Schaden durch die öffentlichkeitswirksamen Begleitumstände können z. B. Umsatzrückgänge durch verloren gegangenes Verbrauchervertrauen als auch der wirtschaftliche Schaden durch Kosten für einen Warenrückruf sein.

Im Regelfall hat man es mit männlichen Einzeltätern und Ersttätertypen zu tun, die kreativ und überlegt handelnd vorgehen, oft strategisch denkend, jedoch häufig auch irrational handelnd. Manchmal liegt dies auch daran, dass Täter aus dem unmittelbaren Umfeld des Unternehmens stammen. Obwohl es gelegentliche Fälle von begleitender Gewaltandrohung oder Brandanschlägen gibt, ist der Produkterpresser in der Regel kein gewalttätiger Typ. Für ihn ist dieser Vorgang ein Geschäft, er will primär Geld und den Verbraucher meist nicht lebensgefährlich verletzen oder gar töten. Der erste spektakuläre Fall von Produkterpressung trat in katastrophaler Form 1982 in den USA auf. Sieben Menschen starben nach der Einnahme von Kopfschmerztabletten der Marke Tylenol von Johnson und Johnson. Seitdem ist diese Erpressungsart in allen westlichen Ländern eine Erscheinung. Das Delikt ist in Deutschland seit dem Jahr 2000 insgesamt rückläufig, geschieht jedoch jede Woche circa ein- bis zweimal. Die Dunkelziffer hierbei ist jedoch erheblich, da nicht jedes Unternehmen Vorfälle von Produkterpressung auch der Polizei meldet. In der Regel werden etwa 50 Prozent aller Fälle nach der ersten oder zweiten Kontaktaufnahme durch den Täter abgebrochen. Dreiviertel aller Erstkontakte kommen durch Briefe zustande. Die Kommunikation erfolgt über alle existierenden Medien, verstärkt jedoch über elektronische sowie Anzeigenschaltung. Spätestens bei der Geldübergabe kommt es zu einer hohen Abbrecherquote, da der Täter Angst, hat aus seiner Anonymität herauszukommen. Seit 1990 wurde bei der Geldübergabe jeder ermittelte Täter festgenommen.

Die Medien spielen bei dieser Krisenform eine gesonderte Rolle. Meist entnimmt der Täter die Ideen für sein Vorgehen schon Presseberichten, öffentlichen Darstellungen eines Unternehmens oder er orientiert sich an seinen eigenen Konsumgewohnheiten. Die Gefahr für ein Unternehmen, Opfer einer Produkterpressung zu werden, steigt mit der Unternehmensgröße, der Bekanntheit und Popularität von Produkten und der Möglichkeit einer Zuordnung von Marken zu Unternehmen. Jedoch sind mittlerweile auch kleinere oder mittelständische Unternehmen Ziele vorsätzlicher Produktkontaminationen. Meist geht es dem Täter auch nicht primär um das Gift bzw. nicht darum, einen Verbraucher zu schädigen, sondern sein Ziel ist meist das Unternehmen. Der Verbraucher ist nur das makabre »Transportmittel« des Erpressers für seine kriminelle Handlung.

Das Spektakel ist für ihn dann interessant, wenn das Unternehmen öffentlichkeitswirksam vorgeführt wird und damit verbunden klar kalkulierte Folgen zu Tage treten:
- dass das Sicherheitsgefühl der Bevölkerung stark beeinträchtigt wird,
- dass ein erheblicher wirtschaftlicher Schaden durch Imageverlust, zurückgehende Nachfrage, Rückrufaktionen, Produktersatz, Schadensersatzleistungen, direkte Sachschäden und Wiederholungsmaßnahmen drohen,

- dass Handelsketten zum Auslisten der Ware animiert werden,
- dass auch bei Festnahme das Unternehmen Schaden und Makel bei unglücklicher Krisen-PR selbst zu tragen bzw. zu ertragen hatte.

Gefährdet sind hier alle Produkte, deren Einnahme oder Auftragen zu Körperverletzung führen kann. Also Nahrungs- und Genussmittel, insbesondere:
- Säuglings- und Kleinkindernahrung,
- Ketchup,
- Getränke,
- Kosmetika,
- pharmazeutische Produkte,
- Zigaretten,
- Süßwaren,
- Kaffee und
- Milchprodukte.

Bei der Art der Manipulation kann man von der Eingabe oder Vermengung von Toxiden und Fremdstoffen flüssiger Art oder auch festen Teilen ausgehen. Meist werden Stoffe genommen, die dem Täter leicht zugänglich sind, wie Insektengift, Rattengift, Glassplitter, Pflanzenschutzmittel, Öle, Quecksilber, Zigarettenkippen, Haushaltsreiniger. Gedroht wird zunehmend auch mit AIDS-verseuchtem Blut oder BSE-Erregern. Allerdings ist bis heute kein Fall bekannt, bei dem diese Drohung realisiert wurde.

Phasen der Erpressung

Generell kann man den Erpressungszyklus in drei Phasen unterteilen:

Phase eins: Der Täter nimmt mit dem Unternehmen Kontakt auf und erhebt seine erpresserischen Forderungen. Er droht mit Sanktionen (Manipulation am Produkt) bei Nichterfüllung. Nahezu die Hälfte aller Täter bricht nach dieser Erstandrohung den Kontakt ab, insbesondere wenn kein vergiftetes Produkt als Beweis vorgelegt wurde.

Phase zwei: Der Täter unternimmt mehrere Kontakte. Die Kommunikation erfolgt über Brief, Telefon, Zeitungsannoncen, Radio, Videotext. Ziel hierbei ist es, die Zahlungsbereitschaft des Unternehmens zu erhalten, die Drohung zu untermauern und in der Regel die Nichteinschaltung der Polizei zu fordern. Im nächsten Schritt kommt dann die Bekanntgabe der Modalitäten für die Geldübergabe.

Phase drei: In dieser Phase findet die eigentliche Geldübergabe statt. Sie ist für den Täter die kritischste, weil er spätestens jetzt aus seiner Anonymität heraustreten muss, will er das Geld in Besitz nehmen. Oft missglücken Geldübergaben. Meist, weil die Übergabeanweisungen des Erpressers zu komplex sind, um das Entdeckungsrisiko zu minimieren. In der Regel kommt es in dieser Phase zu den meisten Festnahmen. Der gesamte Tatablauf wird oft in wenigen Tagen oder Wochen realisiert. Es gibt aber auch Einzelfälle, die über Monate und Jahre hinweg dauern.

Krisenmanagement

Von Unternehmen wird hier aufgrund der rechtlichen Maßnahmen ein besonderes betriebliches Krisenmanagement gefordert. Die Komplexität des Falles – sei es eine Entführung, sei es eine Erpressung – und die damit verbundenen Implikationen machen es in der Regel nötig, sich externen Beistand zu holen.

Die Rolle des Krisenberaters
Im Ausland ist externe Krisenberatung im Fall von Entführungen schon lange selbstverständlich. In Deutschland wird sie wegen der wenigen Fälle nur selten zum Einsatz kommen. Der Spezialberater ist keine Konkurrenz zur Polizei, sondern eher Anwalt der Familie oder des Unternehmens in dieser spezifischen Angelegenheit. Von der Polizei wird ein Berater eher als Störfaktor denn als akzeptierter Experte verstanden. Das kann anfangs zu Friktionen führen. Die Polizei wird jedoch in aller Regel den Berater akzeptieren, wenn dieser durch die Familie oder das Unternehmen ein entsprechendes Mandat erhalten hat und sich als professioneller Experte erweist.

Von einem guten Berater kann gefordert werden, dass er:
- mit der Führungsthematik professionell vertraut ist,
- die Krisenorganisation des Unternehmens aufbaut und Erstmaßnahmen ergreift,
- die Taktik und Strategie der Entführung unabhängig von der polizeilichen Sicht für die Familie und das Unternehmen beurteilt,
- internationale Unterstützung bei einer Auslandsentführung hat,
- in der gesamten Entführungszeit präsent ist,
- bei Differenzen zwischen Familie, Unternehmen und Polizei lösungsfähig arbeitet
- und das Vertrauen der Familie und des Unternehmens hat.

Deswegen ist auch zu empfehlen, dass der Berater schon vor dem Eintrittsfall persönlich bekannt ist und er vorzugsweise durch Krisenprävention das Unternehmen auf etwaige Fälle vorbereitet hat.

Sicherheitsvorkehrung bei Auslandsentsendungen
Zunehmend wird Personal auch aus mittleren und kleinen Unternehmen in risikoreiche Gebiete entsandt. Oft steht das Geschäftsinteresse im Vordergrund, die Auslandstauglichkeit im Hintergrund.

Solange keine Sicherheitsvorkommnisse auftreten, geht dies meist gut. Doch oftmals provoziert ein Entsandter erst einen Entführungsfall, weil er die Risiken nicht oder nicht genügend kannte. Zusätzlich verschärft eine Medienberichterstattung über Lösegeldzahlungen aus dem Entsendeland die Gefährdungssituation. Je nachdem, ob bekannt wurde, dass das Untenehmen bzw. die Nation in einem der Vorfälle Lösegeld gezahlt hat, wird die Situation für den Betroffenen aus dem Entsendeland brisant. Eine intensive Vorbereitung kann also nur zum Nutzen des Unternehmens und des zu Entsendenden sein. Dieser hat zudem das Recht, über eventuelle Risiken umfassend aufgeklärt zu werden.

Durch intensive Einweisung wächst zudem das Vertrauen, dass im Ereignisfall das Unternehmen hilft. Der Einzuweisende sollte keine Kenntnis über eine eventuelle Lösegeldversicherung haben. Die mitreisende Familie sollte grundsätzlich in das Briefing einbezogen werden. Bleibt die Familie zu Hause, so sollte sie zumindest informiert werden, dass das Briefing stattgefunden hat. Dies ist auch im Fall einer Entführung ein wichtiger Faktor, da die Stellungnahme der Familie immer eine positive sein wird. Zumindest werden Äußerungen des Tenors ausgeschlossen, niemand habe über die drohenden Gefahren gesprochen. Täuschungsvorwürfe können in so einem Fall nicht erhoben werden. Zum Briefing sollten Personen aus den Reihen der Mitarbeiter hinzugezogen werden, die Landes- bzw. Ortserfahrung haben. Ist dies nicht der Fall, sollten externe Experten eingeschaltet werden. Vor der Entscheidung über die Entsendung empfiehlt es sich, Sicherheitsauskünfte über die konkreten und aktuellen Risiken einzuholen.

Briefingpunkte sollten sein:
- Aktualisierung aller wichtigen Personaldaten,
- Anlegen eines Personaldatenblattes,
- Feststellen der gesundheitlichen Auslandstauglichkeit,
- Feststellen der Fremdsprachenkenntnisse,
- Information über länderspezifische Einzelheiten (Sicherheitsrisiken),
- Verhaltensmuster bei Überfall, Erpressung, Entführung etc.,
- Erreichbarkeit des Unternehmens,

- Kontaktadressen (politische, andere Unternehmen etc.),
- Sicherheitsdienst vor Ort,
- Meldeverfahren und
- Evakuierungsplan.

Die Einweisung sollte schriftlich bestätigt werden. Als zusätzlicher Briefingpunkt sollte eine Einführung über folgende Interessenbereiche stattfinden:
- politische Situation,
- Sicherheitslage allgemein,
- regionale Gefährdung,
- kriminelle Organisationen,
- spezifische Gefährdung,
- Verkehrsinformationen,
- Reisewarnungen (z. B. durch das Auswärtige Amt) und
- Hygiene, medizinische Versorgung.

Mit diesem allgemeinen Rüstzeug sollte der Auslandsentsendete gut vorbereitet sein. Diese Empfehlung bieten jedoch keine Absicherung gegen kriminelle Akte oder Entführungsfälle.

Die Rolle der Medien

Die Medien sind neben den Tätern die zweite Front. Eine Veröffentlichung des Tatbestands zum falschen Zeitpunkt kann fatale Folgen haben. Eine Darstellung des Umfelds der entführten Person kann z. B. zu einer noch stärkeren emotionalen Abkoppelung der Entführer führen.

Problematisch ist, dass die durch Art. 5 des Grundgesetzes garantierte Pressefreiheit auch durch eine Entführung nicht beeinträchtigt werden darf. Zwar gibt es seit dem Geiseldrama von Gladbeck, bei dem die Täter vor laufenden Fernsehkameras ihren Geiseln Revolver an die Schläfen hielten, eine Empfehlung des Deutschen Presserats zur Zurückhaltung in der Berichterstattung in Fällen wie Entführung, Geiselnahmen etc. Ein positives Beispiel hierfür ist die mediale Zurückhaltung im Entführungsfall Reemtsma. Letztlich kann aber jeder Journalist frei entscheiden, ob er eine Information der Öffentlichkeit für geboten hält. Freie Mitarbeiter von Presse, Rundfunk und Fernsehen, die wirtschaftliche Erwägungen oftmals über den Pressekodex stellen, sind die gefährlichen Multiplikatoren in diesem Prozess. Hier ist jedoch auch zu bedenken, dass sie nicht nur während des Prozesses, sondern auch nach dem Prozess ein für potenzielle Entführungsopfer negatives Bild zeichnen können. Beispiel Susanne Osthoff: Die Irakgeisel wurde frühzeitig nach der Freilassung zu TV-Auftritten genötigt, die sie zum Teil auch deshalb annahm, weil sie Äußerungen und Berichterstattung aus ihrem familiären Umfeld zurechtrücken wollte. Diese Auftritte waren nicht wirklich gelungen. Seither haftet Frau Osthoff ein zweifelhaftes Image an.

Grundsätzlich wird die Medienpolitik in Entführungslagen restriktiv sein. Keiner der Betroffenen kann ein Interesse an der Veröffentlichung haben. Hat die Presse Kenntnis, kann man ein Stillhalteabkommen vereinbaren, das oft nur wenige Tage hält und insgesamt sofort bricht, wenn ein anderes Organ berichtet. Eine weitere Möglichkeit ist die polizeiinterne Nachrichtensperre, das heißt, es werden polizeilich keine Informationen zum Stand des Verfahrens, zu Inhalt und Umfang der Ermittlungen gegeben.

Das eigentliche Medienproblem für die Familie beginnt allerdings erst mit Beendigung der Entführung, wenn die Medien noch tiefer in das Privatleben der Betroffenen einsteigen und die Informationen veröffentlichen, die bis dahin fieberhaft recherchiert wurden. Hier ist dem Unternehmen eine besondere Verantwortung zuzurechnen. Hier entscheidet es sich, ob im Nachhinein die Rolle des Unternehmens einer neuen Deutungshoheit untergeordnet wird. Umso wichtiger ist es, nicht nur während der Krise/Entführung die Familie abzuschirmen, sondern dies auch über einen längeren Zeitraum nach Beendigung der Entführung durchzuführen. Das Anregen bzw. das Einsetzen von Geheimnummern, das Verbringen an einen geheimen Ort, in dem sich die Familie erst wiederfinden kann, sind hier geeignete Maßnahmen. Alles Weitere sollte sie jedoch auch einem Profi überlassen.

Fazit

Kriminelle Akte, auch wenn sie in Deutschland glücklicherweise nicht allzu häufig vorkommen, stellen eine massive Bedrohung für Unternehmen dar. Die Gratwanderung, die ein Unternehmen zu bewältigen hat, ist ungleich schwerer, als in anderen Fällen. Zum einen kann ein Unternehmen schnell in die Rolle des Schuldigen gedrängt werden. Zum anderen ist kaum eine Situation emotional belastender, als wenn Menschenleben auf dem Spiel stehen. Es ist deshalb notwendig, frühzeitig alles zu unternehmen, um Risiken zu minimieren, sich diese Risiken bewusst zu machen und sich letztendlich im Ernstfall professioneller Hilfe zu bedienen.

7 Informationskrise

Organisationskrisen können auch durch Internetkriminalität wie Datenschmuggel, Hackerangriffe, Phishing, kurz: Cybercrime, in immer neuen Varianten, entstehen. Dies sind die wirklich großen Übel unseres HiTech-Zeitalters, und deren Handling und Überwindung gelten inzwischen als die größte Herausforderung in der Informationsgesellschaft. So selbstverständlich der Computer heute als Arbeitswerkzeug anerkannt ist und so sehr die Computer die alltägliche Arbeit erleichtern, so riskant ist auch ihr Einsatz. Computer, Arbeitsgruppen, Netzwerke bergen immer gewisse Grund- und Restrisiken. Die Statistik des Bundeskriminalamts bestätigt eine Verdoppelung internetbasierter Wirtschaftsdelikte in 2006 gegenüber dem Vorjahr auf 9.700 Fälle. Von einer »massiven Bedrohung« durch Internetkriminalität spricht denn auch Udo Helmbrecht, Präsident des Bundesamts für Sicherheit in der Informationstechnik (BSI). Dort versuchen fast 500 Experten die Gefahren einzudämmen. Allein die in Deutschland registrierten gesamten Internetstraftaten (ohne Bayern und Niedersachsen) schnellten 2006 um 27 Prozent auf gut 150.000 in die Höhe. Der Verband der deutschen Internetwirtschaft hat in den vergangenen drei Jahren mehr als 200.000 konkrete Hinweise auf Straftaten im Internet an die Behörden weitergeleitet. Demnach sind allein in der Zeit von September 2004 bis Dezember 2006 rund 900.000 Hinweise seitens der Bevölkerung bei den Inhope-Hotlines eingegangen. Inhope steht für »Internet Hotline Providers in Europe Association« und bezeichnet eine Organisation der Europäischen Kommission zur länderübergreifenden Bekämpfung von Internetkriminalität.

Interventionsmerkmal: Business Continuity

Weltweit sollen die Einnahmen durch Internetverbrechen bereits höher sein als die durch illegalen Drogenhandel, sagte Valerie McNiven, Beraterin der US-Regierung, bereits 2006. Internetkriminalität ist, so zeigen aktuelle Untersuchungen, eng mit kriminellen Strukturen wie der Mafia verbunden und hat eine feste Untergrundstruktur. So soll inzwischen eine weltweit verteilte, gut organisierte Gruppe von so genannten Mobsters – der Web-Mob also – die Kontrolle über ein kriminelles Internetnetzwerk in ihren Händen haben, das mittlerweile mehrere Milliarden Dollar im Jahr einbringt. Dieser Gruppe angegliedert sind Hacker, die

technisch gut ausgerüstet sind. Ferner sorgen Geldgeber im Hintergrund für rei-
bungslose »Geschäfte«. Zusammen kümmern sie sich darum, Sicherheitslücken
in Software aufzuspüren und auszunutzen – sofern diese Geld bringend missbraucht werden können. Die Internettechnik kennt trotz immer besserer Fire-
walls, Virenscanner und Verschlüsselungsmethoden keine 100 %ige Sicherheit.
Hinzu kommt, dass Angriffe auf Organisationsnetzwerke nicht nur von außen,
sondern auch von innen erfolgen und gewaltige Schäden anrichten können. Die
IT-Sicherheit einer Organisation kann auch im Krisenfall nur aufrechterhalten
werden, wenn eine der wichtigsten Voraussetzungen dazu erfüllt wird: Die Sensibilisierung aller Mitarbeiter zum Thema Datensicherheit. Experten gehen davon
aus, dass circa 80 Prozent aller Angriffe auf die IT-Ressourcen eines Unternehmens ihren Ursprung innerhalb der Firma haben. Dies beinhaltet nicht nur aktive
Angriffe, die zielgerichtet vom Angreifer auf ein Computersystem ausgeführt werden, sondern vor allem die passiven Angriffe durch Unwissenheit, falsche Handlungsweisen sowie fehlende Sicherheitskonzepte. Sabotage, Datenklau, gefälschte
Mitteilungen – eine Informationskrise gefährdet jede, wirklich jede Organisation,
die mittelbar oder unmittelbar mit IT-Technologie zu tun hat.

Szenarien für mögliche Sicherheitsprobleme
* Systemausfall
  Durch einen technischen Defekt kann es zu einem vollständigen oder teil-
  weisen Systemausfall kommen. Die Folge ist, dass Internetdienste der Organisation von Kunden nicht mehr genutzt werden können und somit
  geschäftliche Transaktionen unmöglich gemacht werden.
* Manipulation der Daten
  Die Datenmanipulation durch externe Angreifer oder eigene Mitarbeiter
  kann schwerwiegende Folgen für eine Organisation haben. Fehlbuchungen,
  falsche Lieferungen oder nicht korrekte Auftragsdaten sind nur einige Beispiele für mögliche Schäden. Beispiel: Die Preisangaben auf dem Portal
  eines E-Commerce-Anbieters werden manipuliert. Dies kann zu einem
  erheblichen Vertrauensverlust bei den Kunden und zu rechtlichen Konsequenzen führen.
* Manipulation der Software
  Die mutwillige Veränderung von Software durch einen Angreifer gibt es
  u. a. in folgenden Formen:
  Trojanisches Pferd: Als »Trojanisches Pferd« werden Programme bezeichnet, die
  nach Einschleusung in das System verborgene (das heißt unsichtbare) Funktionen ausführen, um z. B. heimlich Daten auszuspionieren und zum Angreifer
  zu überspielen. Beispiel: Jugendliche knacken T-Online. Zwei Jugendliche

nutzen ein Trojanisches Pferd zur heimlichen Übermittlung von Zugangsdaten aus T-Online. Dadurch hätten die Hacker auf Kosten der betroffenen Kunden sämtliche Leistungen nutzen können, die über den größten deutschen Online-Dienst vermarktet und mit den Telefongebühren abgerechnet werden.

Phishing: werden Versuche genannt, über gefälschte WWW-Adressen die persönlichen Daten eines Internetbenutzers zu erlangen. Es gilt als eine zunehmend populäre Möglichkeit des elektronischen Bankraubs. Der Urheber einer Phishing-Attacke schickt seinem Opfer offiziell wirkende E-Mails, die den Empfänger dazu verleiten sollen, vertrauliche Informationen, vor allem Benutzernamen und Passwörter oder auch PIN und TAN von Online-Banking-Zugängen, im guten Glauben preiszugeben.

Computervirus: Ein Computervirus wird als Infektion bezeichnet. Er ist eine Befehlsfolge, durch deren Ausführung bewirkt wird, dass eine Kopie oder eine weiterentwickelte Version des Virus in einem Computersystem reproduziert wird. Dies kann zum Löschen, Einfügen oder Verändern der Software und Daten führen. Beispiel: CIH-Virus. Der CIH-Virus ist seit Sommer 1998 bekannt. Er schlägt alljährlich zum 26. April erneut zu. CIH formatiert Festplatten, überschreibt auf bestimmten Motherboards das BIOS und legt so den Computer lahm. Im April 1999 sorgte der Virus in Asien für Millionenschäden, in China fielen rund 200.000 Computer aus.

Wurm: Bei einem Wurm handelt es sich um ein Programm, das sich über ein Netzwerk vervielfältigen kann. Dazu nutzt der Wurm Schwachstellen in Netzwerk-Programmen, wie z. B. E-Mail-Programmen, aus, um an die Adressen für die weitere Fortpflanzung zu gelangen. Würmer können binnen kurzer Zeit komplette Netzwerke lahmlegen. Beispiel: ILOVEYOU. Durch den als Liebesbrief getarnten E-Mail-Wurm »ILOVEYOU« wurden im Mai 2000 weltweit die E-Mail-Systeme vieler Unternehmen, Behörden und Ministerien lahmgelegt und dadurch wirtschaftliche Schäden in Milliardenhöhe verursacht.

• Datendiebstahl/Spionage
  Der Diebstahl von Daten geschieht durch die Weitergabe einer Kopie der existierenden Daten. Die Originaldaten sind weiterhin vorhanden, der Diebstahl bleibt dadurch längere Zeit unentdeckt. Beispiel: Creditcards.com. Die Firma Creditcards.com wurde Ende 2000 nach Berichten aus den USA Opfer einer großangelegten Hackerattacke. Es wurden 55.000 Kreditkartendatensätze gestohlen, um das Unternehmen damit zu erpressen.

• Hacker/Cracker
  Angreifer bedrohen oder blockieren durch ihren Zugriff von außen die Rechnersysteme des Unternehmens. Bei Hackern handelt es sich zumeist

191

um Personen, die sich und ihrer Umwelt beweisen wollen, dass sie Rechnersysteme überlisten können. Eine Person, die z. B. den Passwortschutz einer Software gezielt umgeht, so dass diese Software beliebig oft kopiert und benutzt werden kann, wird als »Cracker« bezeichnet. Beispiel: »Denial-of-Service«, Daten-Bomben auf E-Commerce-Sites. Im Februar 2000 wurden die Internetunternehmen Amazon, eBay und Yahoo das Ziel eines koordinierten »Denial-of-Service«-Angriffs, der die jeweiligen Web-Portale für einige Stunden vollständig lahmlegte.

ILOVEYOU

Bösartige Viren infizieren weltweit Computer und legen sie manchmal sogar lahm. Hinzu kommen Schnüffelprogramme aller Art, die Rechner ausspionieren und Daten im großen Stil absaugen. Das Internet sorgt für die rasante Verbreitung dieser so genannten Malware quer über den Globus. Der als Liebesbrief getarnte E-Mail-Wurm »ILOVEYOU« hat im Jahr 2000 nach Ansicht von Experten weltweit wirtschaftliche Schäden in zweistelliger Milliardenhöhe verursacht. ILOVEYOU überschwemmte am 4. Mai 2000 die Mailserver zahlreicher Großunternehmen wie Verlage und Banken sowie Behörden und Regierungen und legte sie zeitweilig lahm. Nach Schätzungen von Experten wurden weltweit etwa 45 Millionen Computer infiziert. In Deutschland waren nach Angaben von Sprechern u. a. Siemens und Microsoft betroffen. Der Fernsehsender ProSieben musste stundenlang seine Mailserver abkoppeln. In Hamburg wurde u. a. der Axel-Springer-Verlag heimgesucht; sicherheitshalber hatte sich der Verlag sogar bereits auf Notausgaben eingestellt. Der Wurm ließ das Computernetz der niedersächsischen Landesregierung teilweise kollabieren. Die Verwaltung der Ruhrgebietsstadt Herten war zeitweise »von der Außenwelt abgeschnitten«, wie der Stadtsprecher damals sagte. ILOVEYOU legte auch die Rechner der Weltausstellung in Hannover für mehrere Tage lahm. Wie eine Sprecherin der Veranstaltergesellschaft EXPO 2000 Hannover GmbH mitteilte, mussten alle rund 1.000 EXPO-Computer heruntergefahren werden, nachdem sie von dem Virus befallen wurden. All diese Vorfälle wurden damals mehr recht als schlecht kommuniziert. Und das war ja auch nicht wirklich schlimm, denn irgendwie waren ja alle betroffen.

Unterschiede

Aufgrund der unterschiedlichen Datensensibilität, Datenabhängigkeit und Datenströme in den unzähligen Branchen, in denen die IT-Technologie heutzutage eingesetzt wird, sind auch die schadhaften Auswirkungen möglicher Attacken entsprechend unterschiedlich. Die kleine Panne mit ausschließlich internen Konsequenzen ist genauso möglich wie der netzwerküberschreitende Informations-GAU. Während Ersteres keiner besonderen Kommunikation bedarf, handelt es sich bei der zweiten Variante zweifellos um eine handfeste Krise. Und hier sind von erheblichen Imageproblemen eines Online-Auktionshauses, das seine Kundendaten nicht im Griff hat, bis hin zu katastrophalen wirtschaftlichen Einbußen des Mittelständlers, dessen Konstruktionspläne seines Topseller-Produkts plötzlich beim chinesischen Mitbewerber auftauchen, nahezu alle Schadensdimensionen und -szenarien denkbar. Und wer eine Informationskrise kommunizieren muss, muss zusätzlich zu den entstandenen oder noch entstehenden Schäden auch noch eine eigene Sicherheitslücke oder gar menschliches Versagen zugeben.

Panne und Krise

Natürlich muss nicht jede IT-Panne gleich zu einer Krise werden. Aber die unterbliebene Kommunikation kann eine Panne ganz schnell zur Krise potenzieren. Auch muss eine Informationskrise in ihren Auswirkungen keineswegs existenzbedrohend sein. Doch, und das zeigt das folgende Beispiel, es bleibt, neben einem gewissen Grad an Häme und Spott, zweifellos auch ein erheblicher Kratzer im Imagelack eines großen Unternehmens zurück. Vor allem auch deshalb, weil es ausgerechnet der im Folgenden betroffene Pharmariese Pfizer ist, der immer wieder öffentlichkeitswirksam und mit aller Härte gegen Anbieter im Internet vorgeht, die das Pfizer-Produkt »Viagra« zum Spottpreis anbieten.

Es begab sich Mitte 2007, als plötzlich in tausenden Spam-Mails der »Viagra«-Produzent Pfizer nicht nur die eigenen Potenzpillen ebenso zum Dumpingpreis anbot wie Penisverlängerungen, Luxusuhren-Repliken, Aktien und Schlaftabletten, sondern auch die Konkurrenzpille »Cialis« des Mitbewerbers Eli Lilly. Was mit einiger wohlwollender Fantasie auf den ersten Blick noch wie Guerilla-Marketing zum Ankurbeln des Viagra-Umsatzes aussehen könnte, entpuppte sich kurze Zeit später als peinliches Sicherheitsproblem des Pharmariesen Pfizer. Schuld an dieser Selbstschädigung war nämlich eine Sicherheitslücke im Pfizer-Computer-Netzwerk. Hacker hatten die Firmencomputer so manipuliert, dass diese auf Befehl Spam-Mails verschickten. Support Intelligence, ein US-amerikanische Sicherheitsdienstleister, deckte dieses Problem auf und will Pfizer auch entsprechend informiert haben. Allerdings schien der Pharmakonzern die Hinweise weitgehend zu ignorieren. In einer knappen Mitteilung kündigte der Konzern lediglich an, er werde gegen den oder die Täter juristisch vorgehen.

Nein, das ist sicher keine wirkliche Krise, aber zweifellos ein kapitales IT-Problem, das dem Pharmaunternehmen einige unerwünschte Schlagzeilen und vielleicht auch dem ein oder anderen Kunden ein komisches Gefühl von Unsicherheit brachte. Und von vielen anderen Krisen wissen wir, dass am Anfang häufig ein ungelöstes, ein unbeachtetes Problem stand, das dann plötzlich eine gewisse Eigendynamik entwickelte. Die begleitende Nicht-Kommunikation des Pharmariesen zeigt, dass man das Problem und seine Auswirkungen ganz offensichtlich nicht besonders ernst nahm. Natürlich ist IT-Sicherheit auch nicht unbedingt die Kernkompetenz des Unternehmens. Doch die Öffentlichkeit setzt heutzutage bei jeder Organisation wie selbstverständlich voraus, dass diese ihre Datenströme und die digitale Infrastruktur im Griff hat. Passiert dennoch eine Panne, ist bei entsprechend schlechter Kommunikation ein negativer Imagetransfer auf die gesamte Organisation wahrscheinlich.

Die Kommunikation

Einer der größten Fehler in der Kommunikation einer Informationskrise ist es wohl, Erkenntnisse und Konsequenzen entweder gar nicht, wie bei Pfizer, oder nur häppchenweise zu vermitteln. Das ist umso schlimmer, wenn, wie folgendes Beispiel zeigt, viele hunderttausend Kunden und User betroffen sind.

6. September 2007: Kurt K., 42, seit vielen Jahren eBay-Kunde, ist enttäuscht. Soeben hat er eine Auktion verloren. In der allerletzten Sekunde wurde er noch überboten. Seine Frau hätte sich über die luxuriöse Uhr so sehr gefreut. Schade. Aber mehr war einfach nicht drin. Drei Minuten nach Auktionsende erhält Kurt K. eine E-Mail. Obwohl er nicht das höchste Gebot abgegeben habe, so verspricht die E-Mail, sollte er die gewünschte Ware doch noch bekommen. Dafür müsse er das Geld – den von ihm zuletzt gebotenen Preis zuzüglich Porto und Verpackung – auf ein Konto beim Finanzdienstleister Western Union in London überweisen. Kurt K. ist misstrauisch, fragt sofort via Mail bei der privaten Kontrollorganisation »falle-internet.de« an und schildert den Sachverhalt. »Wer diesen Leuten etwas schickt, dessen Geld ist unwiederbringlich weg«, schreibt ein Mitglied der Initiative sofort zurück. Das Geld werde in der Regel binnen zwei Stunden abgeholt und weiter überwiesen. Kurt K. ist erleichtert, fragt sich aber missmutig, woher die Gangster seine Daten haben. Kurt K. ist zu diesem Zeitpunkt längst nicht der Einzige, der sich das fragt.

Lücken

Bei eBay müssen Mitbieter bei Online-Auktionen private Daten preisgeben. Damit ein Verkauf abgewickelt werden kann, braucht ein Verkäufer den Namen, die E-Mail-Adresse und korrekte Anschrift des Meistbietenden. Allein mit der E-Mail eines eBayers lässt sich viel Missbrauch treiben. Die Internetbetrüger im Fall Kurt K. besaßen nicht nur Zugriff auf die persönlichen Daten sämtlicher eBay-Kunden, sondern hatten den gesamten Betrugsprozess durch selbst programmierte Skripte automatisiert. Bei Eingabe einer eBay-Artikelnummer spuckten diese Programme die Mail-Adressen aller Bieter aus. Laut »falle-internet.de« haben die Täter mit Hilfe dieser Daten zahlreiche gefälschte Verkaufsangebote versandt. Offenbar hatten die Internetkriminellen auf diese Weise wochenlang ungehindert Zugriff auf die Kundendaten des weltgrößten Internetauktionshauses.

eBay reagiert

Der öffentliche Druck auch außerhalb des eBay-Portals nimmt zu. Nachrichtenagenturen greifen den Sachverhalt auf, das »heute journal« berichtet. Dann reagiert auch eBay auf den größten Daten-GAU, den ein Online-Unternehmen überhaupt erleben kann, und zieht in aller Eile die Notbremse. Nach Angaben eines Sprechers gelingt es dem Online-Auktionshaus, die Sicherheitslücken am 10. September zu schließen. Doch offenbar läuft die Betrugswelle auch danach weiter; die privaten Kontrolleure von »falle-internet.de« berichten nach wie vor über »etliche dieser Mails«. Zu diesem Zeitpunkt hatte das Auktionsunternehmen die online sichtbaren Bieterlisten bereits umgestellt. Statt der Nutzernamen werden nur noch anonyme Bezeichnungen wie »Bieter 1« und »Bieter 2« auf der Website dargestellt. »Offensichtlich haben die Betrüger die bei eBay gestohlenen Datensätze gespeichert oder sie greifen noch live auf eBay-Seiten zu, die Nutzerdaten enthalten. Beides ist gleich schlimm«, kommentiert ein Mitglied von »falle-internet.de« die Panne nach der Panne. eBay bestreitet kurze Zeit später, dass die direkten Hacker-Zugriffe fortgesetzt werden können. Darüber hinaus versichert eBay, dass auch das Sicherheitsleck, das den Zugriff auf die Kundendaten erst erlaubte, gestopft worden sei. Die Datenbankserver des US-amerikanischen Unternehmens befinden sich in den USA. Die dortigen Techniker hätten den Schwachpunkt in der fraglichen »API-Schnittstelle« identifiziert und behoben. »Jetzt sind alle Scheunentore geschlossen«, sagt ein eBay-Sprecher. Seit dem 11. September, 21 Uhr, bestehe keine Gefahr mehr.

Andere Sicht der Dinge

Die Analyse der illegalen Skripte durch Experten von »falle-internet.de« ergibt schließlich, dass die Sicherheitslücke nicht, wie zunächst angenommen und behauptet, bei eBay selbst bestand, sondern dass die Kriminellen ein »Loch« bei der eBay-Tochter PayPal, einem US-amerikanischen Internetbezahldienst, ausgenutzt haben müssen. Dies geschah keinesfalls – wie von eBay behauptet – über eine Sicherheitslücke im System von eBay. Die passenden E-Mail-Adressen wurden vielmehr über einen vertraulichen, allerdings nicht abgesicherten Link zu PayPal abgerufen – ein Link, der den Internetbetrügern bekannt gewesen sein muss. »Die Cyber-Kriminellen konnten sich schon seit geraumer Zeit ungestört über den Umweg PayPal direkt aus der Kundendatenbank von eBay bedienen«, fassen die Experten von »falle-internet.de« ihre Erkenntnisse zusammen.

Zugeständnisse

Mittlerweile hat sich auch eBay wieder zu Wort gemeldet, allerdings erst auf wiederholte Anfrage der Medien, zunächst keineswegs von sich aus. »eBay und PayPal arbeiten über Schnittstellen zusammen«, erklärt der eBay-Pressesprecher. Über diese Schnittstellen würden aber nur dann Daten ausgetauscht, wenn der eBay-Kunde dazu sein Einverständnis erkläre, weil er beispielsweise ein Konto bei PayPal eröffnen möchte. In diesem Falle »füllt eBay für den Kunden das Anmeldeformular mit den bei eBay hinterlegten Daten aus«, erklärt der Pressesprecher. Die Daten würden normalerweise erst in dem Augenblick an PayPal übertragen, in dem der Kunde die Anmeldung abschließe. »Im Zusammenhang mit einer Schnittstelle zur Kontoeröffnung ist ein Fehler aufgetreten, der von eBay innerhalb weniger Stunden nach Bekanntwerden behoben wurde«, bestätigt der eBay-Pressesprecher damit den Datenklau via PayPal. Das »Problem« habe dazu geführt, dass »kurzzeitig« Adressdaten aus der eBay-Datenbank via PayPal ausgelesen werden konnten.

Gegensätze

Der Kontrast zur offiziellen eBay-Version könnte nicht größer sein. Während eBay behauptet, die Sicherheitslücke im eigenen System ausgemacht und geschlossen zu haben, haben die Experten von »falle-internet.de« das eigentliche Sicherheitsloch bei der eBay-Tochter PayPal ausgemacht und dies auch umgehend kommuniziert. Die Internetkontrolleure werfen weitere Fragen auf: Hätte PayPal die persönlichen Daten von eBay-Kunden ohne PayPal-Konto überhaupt abrufen dürfen? Verstößt eBay gegen geltende Datenschutzbestimmungen, wenn Kundendaten an das Tochterunternehmen PayPal weitergegeben werden? Kannten die Betreiber des Internetauktionshauses das fragliche Skript, mit dem eBay-Kundendaten via PayPal abgerufen wurden? Hat eBay womöglich die falschen »Scheunentore« geschlossen? Die Betreiber von »falle-internet.de« haben den Original-Programmcode jedenfalls an das zuständige Landeskriminalamt Brandenburg weitergeleitet. Zurück blieben viele Fragen – und eBay schweigt.

Konsequenzen

Es gehört nicht viel Fantasie dazu zu erkennen, dass hier in der Kommunikation einiges schief gelaufen ist. Natürlich genießt Business Continuity, also dass das Geschäft so schnell wie möglich wieder reibungslos läuft, absolute Priorität in einem solchen Fall. Aber dazu gehört im konkreten Beispiel auch das Vertrauen der Kundschaft. Und das hat unter der unzureichenden und offenbar auch widersprüchlichen Kommunikation doch erheblich gelitten. eBay rückte mit den wichtigen Informationen gemäß Salamitaktik heraus und kleidete sie zudem in euphemistische Gewänder (»kurzzeitig«, »Problem«, »schnell behoben«), die so nicht stimmen konnten. Die eigenen Daten sind für jeden Menschen ein höchstsensibles Gut. Und er erwartet einen verantwortungsvollen Umgang damit, wenn er sie denn herausgibt. Fehler können passieren, aber dann sollten sie auch vorbehaltlos, offen und ehrlich kommuniziert werden. eBay hätte nicht nur in den portaleigenen Foren Stellung nehmen sollen, sondern durch kontinuierliche Information in einer auch für Laien verständlichen Sprache sicherstellen müssen, dass alles getan wird, um die Sicherheitslücke zu schließen. Hochgradig transparent und Gewinn bringend wäre vielleicht sogar eine strategische Kooperation mit der privaten Organisation »falle-internet.de« gewesen, um die Unabhängigkeit und Neutralität der gewonnenen Erkenntnisse sicherzustellen. Es handelt sich hierbei nämlich keineswegs um einen Gegner, den es zu ignorieren oder gar zu eliminieren gilt, sondern um eine unabhängige Organisation jenseits von privatwirtschaftlichen Interessen. So bleibt ein fader Beigeschmack zurück, weil niemand genau weiß, ob und wie in einem neuen kritischen Fall kommuniziert werden wird. Hinzu kommt, dass viele eBay-Kunden auch in Ermangelung technischen Sachverstands gar nicht genau wissen, wie das alles überhaupt geschehen konnte und wie gefährlich die Situation letztlich tatsächlich einzuschätzen war.

Häufige Fehler in der Kommunikation
- keine Risikosensibilisierung für eine Informationskrise; daher auch kein Krisenkommunikationsplan,
- nur stückweises Kommunizieren von Erkenntnissen oder Verschleiern des tatsächlichen Umfangs des Sachverhalts oder (un-)bewusstes Versenden von Falschinformationen,
- totale Defensive: Aussitzen, Null-Reaktion, Abwarten (»Wir kriegen das schon in den Griff.«),
- Verstecken hinter technischem Fachvokabular oder Anglizismen,
- keine Kommunikation in Echtzeit,
- Vernachlässigen wichtiger Bezugsgruppen und
- unzureichende Einschätzung möglicher Konsequenzen bei einer Informationspanne.

Datenklau

Dass es auch anders geht, zeigt folgendes Beispiel: AOL hatte einen höchst effektiven, gefährlichen Datenschmuggel entlarvt. Ein 24-jähriger Datendieb aus der eigenen Firma hat ersten Meldungen zufolge eine Liste mit insgesamt 92 Millionen AOL-Mailadressen gestohlen und an Spammer verkauft. Das verkaufte Dokument soll neben den Mailadressen, die für Spammer interessant sind, bisweilen auch geschützte persönliche Daten wie Telefonnummer, Wohnort und Kreditkarteninformationen enthalten haben. Der Erlös aus dem illegalen Handel betrug laut AOL 52.000 Dollar. Nach einem Bericht des »Wall Street Journal« hatte sich ein junger AOL-Angestellter mit dem Passwort eines Kollegen einfach Zugang zu der Kundenliste verschafft. Die heißbegehrten Adressen verkauften sich offensichtlich so gut, dass der Adresshändler nach dem ersten Verkauf dem AOL-Mitarbeiter noch einmal 100.000 Dollar für eine aktualisierte Liste bot. Auch dieser zweite Handel soll erfolgreich über die Bühne gegangen sein. Wegen der Spam-Flut, einer weltweiten Suche nach Abhilfe gegen die unerwünschten Werbe-Mails und einer daraufhin eingeleiteten Untersuchung konnte AOL den Daten-Diebstahl letztendlich aufdecken. Beide Beteiligten waren mittlerweile in den USA verhaftet worden. AOL Deutschland reagierte sofort, unmittelbar nachdem die Meldung von den amerikanischen AOL-Kollegen herausgegeben worden war. Beschwichtigend zwar, aber schnell: »Wir haben weltweit nur 34 Millionen Kunden, unter diesen 92 Millionen gestohlenen Mailadressen befinden sich also viele doppelte Datensätze und Mehrfachnennungen, veraltete Daten und Ähnliches«, stellte AOL Deutschland klar. Auch seien die weitergegebenen Privat-daten nicht homogen. Hier gebe es »nur vereinzelt« verkaufte Postleitzahlen und Telefonnummern, keinesfalls jedoch Kreditkarten-Passwörter. Ferner betreffe der gesamte Raub ausschließlich Kunden in den USA, sagte AOL Deutschland.

Vorgehensweise

extern:

- eigene Fehler oder Versäumnisse einräumen, wenn welche gemacht worden sind,
- offensive, aktive Kommunikation betreiben, jeden Schritt, jede Maßnahme zur Lösung des Problems kommunizieren, eventuell Warnungen heraus-geben,
- möglichst kontinuierlich neutrale, sachliche und objektive Informationen zur Verfügung stellen; Kompetenz signalisieren; ggf. mit unabhängigen Experten zusammenarbeiten,
- nur das kommunizieren, was 100 %ig sicher feststeht,
- unmissverständliche Signale zu Kooperation und Aufklärung senden,
- auch Worst-Case-Szenarien kommunizieren, wenn deren Eintritt nicht aus-zuschließen ist,
- Schutzmechanismen mitteilen, sofern bekannt und
- System-Funktionalität und -Stabilität so gut es geht sicherstellen.

intern:

- Ursache umgehend abstellen, Schadensbegrenzung betreiben, interne Kom-munikation stabilisieren, klare Erkenntnisse gewinnen,
- umgehende und schonungslose Darstellung und Verifizierung der Sachlage; offene Manöverkritik,
- schnellstmögliches Erreichen von Business Continuity,
- sich vor weiteren Überraschungen so gut wie möglich absichern. (Gibt es weitere mögliche Angriffspunkte?),
- bei längerwierigen und problematischen Sachverhalten: Darstellung und Bewertung möglicher Szenarien (»Was wird passieren, wenn ...?«),
- Beratung und Betreuung gemäß Sachlage (Aufklärung, Kooperation, Ein-geständnis, Konsequenzen) und
- Handlungsanweisungen und Sprachregelungen ausgeben.

Natürlich ist ein solcher Vorfall peinlich für eine Organisation. Doch der souve-räne Umgang von AOL mit dem Fall selbst und der anschließenden Kommunikation retteten das Grundvertrauen der AOL-Kunden. Da hat es zwar eine Panne gegeben, aber die internen Sicherheitsmechanismen haben offenbar funktioniert. Es war das Unternehmen selbst, das den Fall aufgedeckt und eine strafrechtliche Verfolgung ermöglicht hat. Ebenso wurde umfänglich über Quantität, Qualität sowie regionale Relevanz der gestohlenen Daten aufgeklärt. Klar ist natürlich auch: Man kann den beruhigenden Angaben einer Organisation glauben (»Es hat zu keiner Zeit eine ernsthafte Gefahr für die Bevölkerung bestanden.«), muss es aber nicht. Doch wer jenseits von Problemen und Krisen kontinuierlich aktiv und transparent kommuniziert, darf auch in speziellen Situationen mit einem gewissen Vertrauensvorschuss seitens der Rezipienten rechnen.

8 Gefahren durch die Gesetzgebung

Politische Entscheidungen werden aufgrund der zunehmenden Regelungsdichte und einer wachsenden Zahl beteiligter Institutionen, Ebenen und handelnder Akteure immer komplexer. Beispielsweise finden mehr als die Hälfte aller deutschen Gesetze ihren Ursprung inzwischen auf europäischer Ebene – zwei Beispiele hierfür sind die EU-Altauto-Richtlinie und die EU-Biopatentrichtlinie. Gleichzeitig steigt die Zahl der für Unternehmen relevanten Gesetze, Richtlinien, Verordnungen und Entwürfe und ist selbst für die Beteiligten kaum noch überschaubar. Unternehmen können bedingt durch diese Komplexität die wirtschaftlichen Konsequenzen und möglichen Folgen einer politischen Entscheidung kaum noch einschätzen. Dies jedoch ist von grundlegender Bedeutung: Gesetzliche Neuregelungen, geänderte Verordnungen oder angepasste Richtlinien können den wirtschaftlichen Zielen eines Unternehmens erheblichen Schaden zufügen, sie zu Umstrukturierungsmaßnahmen zwingen oder zu Absatz- und Umsatzeinbußen führen. Im schlimmsten Fall entziehen sie dem Unternehmen sogar die Geschäftsgrundlage. Politische oder administrative Entscheidungen, wie beispielsweise Zulassungsbeschränkungen von Inhalts- oder Verarbeitungsstoffen verschiedener Produkte, können somit schnell zu »ökonomischen« Krisensituationen in Unternehmen führen.

Es empfiehlt sich deshalb, bereits im Vorfeld, beispielsweise während des Gesetzgebungsprozesses, für das eigene Unternehmen relevante politische Entwicklungen zu beobachten, um rechtzeitig auf unerwünschte Vorhaben einwirken zu können. So lassen sich Gefahren durch Gesetzgebungsprozesse frühzeitig erkennen und abwehren und damit Wettbewerbsvorteile für das Unternehmen sichern. Die Wirtschaft muss in immer stärkerem Maß im öffentlichen Bereich agieren, will sie sich den Umfeldrisiken des politisch-gesellschaftlichen und des rechtlichen Bereichs nicht wehrlos aussetzen.

Das politisch-rechtliche Risiko für Unternehmen ist vielfältig. Selbst unser politisches System ist von Faktoren geprägt, die Krisen oder krisenhafte Situationen für Unternehmen geradezu befördern. So sind die demokratischen Institutionen weitgehend zu Orten ideologischer bzw. lagergeleiteter Auseinandersetzung geworden. Die Ministerialbürokratie bestimmt und legitimiert die regierungsamtliche Position und die Opposition bedient sich ihr nahestehender Verbände und Institutionen, um das Gegenteil zu beweisen. Abweichende Auffassungen oder differenzierende Sichtweisen haben dabei wenig Raum und wenig Chancen, sich durchzusetzen. Eine Kultur des Zuhörens, Abwägens und anschließenden rationalen, faktengeleiteten Entscheidens fehlt weitgehend im politischen Alltagsgeschäft mit seiner Medienorientierung, den diktierten Zwängen und der von starken Interessen dominierten Entscheidungsfindung. Vor allem die Medien definieren zunehmend, was politisch opportun ist und was nicht. Sie setzen die Themen, indem sie z. B. statt objektiv zu berichten, Vorgänge skandalisieren (Lipobay – Bayer/Elchtest – Mercedes) und sich selbst zur moralischen Instanz erheben. Die Medien erzeugen ein öffentliches Meinungsbild, das auch in politisches Handeln hineinwirkt. An der oftmals vermeintlichen Opportunität scheitern auch Sachargumente. Als beispielsweise im Zuge der Gestaltung des GKV-Modernisierungsgesetzes (GMG) die so genannte Patentschutzklausel gestrichen und es somit möglich wurde, Festbeträge auf patentgeschützte Analogpräparate zu erheben, liefen die forschenden Pharmaunternehmen dagegen Sturm. Sie argumentierten gegenüber den politisch Verantwortlichen, Arzneimittel, die mit hohem zeitlichem und finanziellem Aufwand erforscht und entwickelt worden seien, würden mit reinen Nachahmerpräparaten gleichgesetzt. Dies sei ein fatales Signal für den Forschungsstandort Deutschland. Und obwohl viele Politiker sich diesen Argumenten nicht verschlossen, ja, diesen sogar explizit zustimmten, wurde an der Entscheidung nichts geändert. Beim Image der Industrie war es aus Sicht der Politik nicht opportun, Zugeständnisse zu machen.

Das Krisenpotenzial politischer Entscheidungen

Gerade in stark regulierten Branchen werden Geschäftsmodelle direkt von den in Brüssel und Berlin erlassenen Gesetzen beeinflusst. Zu nennen sind hier besonders Steuererhöhungen, Zulassungsbeschränkungen, Werbe- und Produktverbote oder Konzessionierungsmaßnahmen. Beispiele lassen sich hierfür leicht finden: Eine Branche, die in den vergangenen Jahren auf mannigfaltige Weise massiv von politischen Entscheidungen beeinflusst wurde, ist die Zigarettenindustrie. Die Erhöhung der Tabaksteuer, die Einführung eines generellen Werbeverbots und eines Rauchverbots in öffentlichen Räumen hatten enorme Auswirkungen auf die gesamte Branche, in der nach einer Studie des britischen Forschungsinstituts PIEDA Ende der 90er-Jahre EU-weit rund eine Million Menschen beschäftigt waren. Derzeit liegt die Zahl der Beschäftigten in dieser Branche in Deutschland bei ungefähr 80.000 – noch. In der Diskussion um die Förderung regenerativer Energien, ein weiteres Beispiel für den Einfluss der Politik auf die ökonomischen Wettbewerbsbedingungen einer Branche, sind es die Produzenten konventioneller Energiearten, die die Kosten der Entscheidung zu tragen haben. Die mit der

Umsetzung vorgegebenen Richtlinien einhergehenden Risiken können sich für Unternehmen zu weitreichenden ökonomischen Krisen entwickeln. Politische Entscheidungen können zu Umsatzeinbußen für das Unternehmen führen, Umstrukturierungsmaßnahmen unumgänglich machen und somit einen Abbau von Arbeitsplätzen nach sich ziehen. Maßgebliche Auswirkungen hatte die politische Entscheidung, ab Juli 2004 eine Sondersteuer auf so genannte Alkopops zu erheben. Diese Mixgetränke aus hochprozentigen Spirituosen und Fruchtsaft dürfen in Deutschland zwar nur an Erwachsene verkauft werden, erfreuen sich jedoch gerade bei Jugendlichen großer Beliebtheit. Die Sondersteuer soll dazu dienen, dem Konsum durch Jugendliche entgegenzuwirken. Im Zuge der Debatte um Alkopops sahen sich die Hersteller derartiger Getränke dem Verdacht ausgesetzt, bewusst Minderjährige als Zielgruppe für ihre »hochprozentigen Limonaden« anzusprechen – ein erheblicher Imageverlust war die Folge. Zudem wirkten sich die durch die Sondersteuer bedingten Preiserhöhungen auf den Umsatz aus. Er ging seit 2004 um 40 Prozent zurück. Die meisten Hersteller waren gezwungen zu reagieren: Sie mussten die Rezepturen ändern – zumeist wird nun statt Branntwein Bier oder Wein beigemischt, die nicht der Sondersteuer unterliegen – und ihre Produktionsabläufe umstrukturieren.

Im schlimmsten Fall entziehen politische Entscheidungen dem Unternehmen sogar die Geschäftsgrundlage. Beispiel Staatslotterievertrag: Aufgefordert durch eine Entscheidung des Bundesgerichtshofs beschäftigen sich die Bundesländer mit dessen Neufassung. Schwerpunkte sind Jugendschutz und Suchtprävention. Anfang 2008 soll der Vertrag, der das staatliche Lotteriemonopol für vier Jahre festschreibt, in Kraft treten. Geplant ist, private Anbieter vom deutschen Markt auszuschließen; Werbung für deren Produkte und entsprechende Internetangebote soll es nicht mehr geben. Für die privaten Anleger kommt dies dem Entzug der Geschäftsgrundlage gleich. Selbst wenn ihnen eine Verlagerung ins Ausland gelingen sollte, hätte dies Umsatzeinbußen im beträchtlichen Ausmaß zur Folge.

Wie schnell sich öffentliche Diskussionen in politischen Forderungen und Entscheidungen niederschlagen können, die Auswirkungen auf die Bilanz und das Image eines Unternehmens haben, zeigt sich auch in der aktuellen Debatte um die so genannten »Killerspiele«. Die Politik greift die nicht zuletzt durch die Macht der Massenmedien stimulierten Sorgen und Ängste der Gesellschaft auf und fordert umgehend gesetzliche Konsequenzen – der Ruf nach Verboten wird immer lauter. Kaum ein Politiker kann es sich erlauben, sich in dieser Debatte uneingeschränkt auf die Seite der Industrie zu schlagen – es ist nicht opportun. Für die Spieleindustrie und deren Beschäftigte hätte ein Verbot erhebliche wirtschaftliche Auswirkungen. Das Ansehen der Branche hat allein durch die Diskussion schon enormen Schaden genommen.

Handlungsbedarf seitens der Unternehmen

Unternehmer und Manager sind in ihrem wirtschaftlichen Handeln diesen Risiken ausgesetzt, sie müssen sie identifizieren und bewältigen. Obwohl legislative Veränderungen bei genauer Betrachtung sowohl Risken als auch Chancen bergen, existiert in Unternehmen eine generelle Tendenz, sich mit den Umfeldrisiken des politisch-gesellschaftlichen und des rechtlichen Bereichs nicht zu beschäftigen. Die Gründe für ein solches Verhalten können mannigfaltig sein: Meist werden die Rahmenbedingungen und Risiken aufgrund der Komplexität des politischen und gesellschaftlichen Umfelds a priori für nicht handhabbar gehalten. Ein großer Teil der betrieblichen Entscheidungen ist zudem unter Zeitdruck bei gleichzeitiger Unvollständigkeit der notwendigen Informationen zu treffen.

Dabei wird unterschätzt, dass sich die Qualität des unternehmerischen Handelns zu einem großen Teil daraus bestimmt, inwieweit den Führungskräften die Risiken und Unwägbarkeiten ihrer Entscheidungen bewusst sind. Die getroffenen Annahmen in Bezug auf Risiken sind meist ungenau und subjektiv. Zudem werden Auswirkungen von Umfeldrisiken tendenziell unterschätzt. Doch vor allem im Hinblick auf diese bestätigt sich eine politische Binsenweisheit: Alles hängt mit allem zusammen. So traf die ökologisch motivierte Entscheidung, 2003 ein Dosenpfand einzuführen, nicht allein Handel und Hersteller, die seither gezwungen sind, mit Pfand belegte Einwegverpackungen zurückzunehmen. Hauptverlierer dieser Regelung ist die Verpackungsindustrie. Nachdem das Pfand eingeführt war, nahmen die Händler zahlreiche Getränkedosen aus dem Sortiment. Dies führte vielfach zu Stornierungen von Aufträgen durch die Abfüllfirmen. Produktionskapazitäten mussten angepasst bzw. abgebaut werden, Umsatzeinbußen und Umstrukturierungsmaßnahmen waren die Folge.

Das Dosenpfand strahlte aber auch auf die Entsorgungsindustrie aus. Hier kam es zur Verschiebung der Zuständigkeiten. Große Entsorger profitierten von ihrem deutschlandweiten Entsorgungsnetz. Ein erhöhter Konzentrationsprozess im Bereich der Entsorger war die Konsequenz. Insbesondere das Duale System Deutschland (DSD), besser bekannt als der Grüne Punkt, war durch die Regelung hart getroffen, da ihm nun erhebliche Mengen an Wertstoffen vorenthalten werden, die problemlos wiederverwertet werden könnten. Dem DSD wurden damit Lizenzentgelte entzogen.

In Krisensituationen wird der Handlungsspielraum nur willkürlich, meist auf Grundlage eines mehr oder weniger vorhandenen Erfahrungsschatzes, abgemessen. Um die Auswirkungen von Umfeldrisiken aus dem politisch-gesellschaftlichen und rechtlichen Bereich richtig abschätzen zu können, ist für Unternehmen daher verstärkt der Dialog mit politischen Entscheidungsträgern von Bedeutung. Je stärker sich die politischen Entscheidungen auf die Geschäftstätigkeit ganzer

Branchen auswirken, desto besser müssen Unternehmen darauf vorbereitet sein, mit den Entscheidern umzugehen. Aus diesem Grund bündelt eine zunehmende Zahl von Unternehmen alle verfügbaren Kräfte, um die Strukturen des politischen Meinungsbildungsgeschäfts zu durchdringen. Dabei verlassen sich viele nicht mehr nur auf die traditionelle Verbandsarbeit, sondern unterhalten eigene Repräsentanzen in Berlin und/oder Brüssel oder setzen auf die Unterstützung externer PublicAffairs-Spezialisten.

Krisenmanagement durch Public Affairs

Public Affairs bezeichnet die politische Beratung von Unternehmen und hilft diesen, ihre Interessen und Ziele gegenüber Politik und Gesellschaft zu wahren und durchzusetzen. Mögliche Krisen, ausgelöst durch politische Entscheidungen, können rechtzeitig erkannt und durch spezielle Maßnahmen verhindert werden. Im Rahmen der Public-Affairs-Aktivitäten gilt es zu beurteilen, inwieweit das Unternehmen von einem aufkommenden Thema betroffen ist, welche Risiken es in sich birgt und welche Partner für Allianzen oder welche Gegner sich identifizieren lassen. Public Affairs bedient sich dabei sowohl spezifischer Instrumente wie dem politischen Monitoring, dem Issue Management, der Risikoanalyse und dem Lobbying und auch der Methoden klassischer Public Relations (Presse- und Medienarbeit).

Das Monitoring als Frühwarnsystem

Optimalerweise beginnt Public Affairs bereits im Vorfeld des Gesetzgebungsprozesses: Geschäftsrelevante politische und gesellschaftliche Entwicklungen sind genau zu beobachten, um rechtzeitig auf unerwünschte Auswirkungen Einfluss nehmen zu können. Die Beurteilung der Relevanz, die Bewertung der eigenen Interessenlage und die anderer Stakeholder (Bezugs- und Ansprechgruppen) sowie die Analyse verschiedener Handlungsoptionen ergänzen das Monitoring. Auf diesem Wege ist es möglich, Gefahren durch den Gesetzgebungsprozess möglichst frühzeitig zu erkennen, abzuwehren und somit Wettbewerbsvorteile für das Unternehmen zu sichern.

Es gilt, den politischen, rechtlichen, administrativen und medialen Rahmen in den für das Unternehmen relevanten Feldern zu identifizieren. Dabei sind auch die Stakeholder herauszuarbeiten, die für das Unternehmen und die Prozesse relevant sind. Diese werden entsprechend ihrer inhaltlichen Position, ihres Machtpotenzials und ihrer potenziellen Einflussmöglichkeit auf die wichtigen Themen analysiert und unterschieden. Unverzichtbar ist es, dass die relevanten Informationen über politische Prozesse zum richtigen Zeitpunkt zur Verfügung stehen, um in wichtigen Fällen im Sinne eines »Frühwarnsystems« kurzfristig reagieren zu können. Ziel des Monitorings ist es, den Handlungsspielraum des Unternehmens im politischen Feld zu beschreiben, mögliche Verbündete und Gegner zu erkennen und künftige Entwicklungen zu antizipieren.

Das Issue Management

Divergieren die Interessen einer Organisation und ihrer Stakeholder, greift ein weiteres wichtiges Instrument des Public Affairs: das Issue Management.

Im Rahmen des Issue Managements werden wirtschaftliche, gesellschaftliche oder politische Themen (Issues) unter besonderer Berücksichtigung der Unternehmensinteressen beobachtet, analysiert und gesteuert. Sie sind die Issues identifiziert, müssen Positionspapiere geschrieben werden. Sind wie ein Köcher voller Argumente, enthalten die Kernaussagen und Standpunkte eines Unternehmens und ordnen sie in einen Gesamtzusammenhang ein. Positionspapiere dienen ebenfalls einem ganz gewichtigen Punkt bei der Durchsetzung der eigenen Interessen – der Darstellung gemeinsamer Interessen. Es kommt nicht von ungefähr, dass immer wieder betont wird, wie wichtig gemeinsame Interessen sind. Die Analyse vieler Verhandlungen zeigt, dass es gerade das bewusste Suchen und Transparentmachen gemeinsamer Interessen ist, was den Durchbruch bringen kann. Auch wenn es trivial oder gar banal erscheint, immer wieder auf diese gemeinsamen Interessen hinweisen zu müssen, beweist die Praxis, dass es sich lohnt. Auf den Positionspapieren aufbauend werden Argumentationslinien entwickelt, die mögliche Fragen und Statements der unterschiedlichen Stakeholder antizipieren und so als Grundlage für spätere Fachgespräche dienen. Die Argumentationslinien beziehen sich im Idealfall auf die zuvor identifizierte Interessenlage des Gesprächspartners.

Die Risikoanalyse

Ziel des Risikomanagements ist es, aus Sicht des Unternehmens zu sondieren, welche politischen und öffentlichen Faktoren sich auf dessen Geschäft auswirken könnten, und daraus eine Strategie zu entwickeln, mit der sich mögliche Risiken ausklammern lassen. Dabei kann man einerseits eine Top-down-Strategie einsetzen, indem die Risiken beginnend vom Gesamtvorhaben stufenweise abbauend bis auf die Projektebene identifiziert werden. Eine andere Möglichkeit der Risikoerkennung stellt dagegen die Bottom-up-Strategie dar, die mögliche Planabweichungen bei der Untersuchung einzelner Prozesse aufnimmt. In der Praxis wird meist eine kombinierte Methode angewendet, um mögliche Blind-Spots zu verhindern.

Um Gefahren handhaben zu können, besteht der erste Schritt jedoch in der Kategorisierung der möglichen Risiken, mit denen sich ein Unternehmen konfrontiert sehen kann. Diese können z. B. sein:

- Unternehmensrisiken (z. B. Gefahr für Marktanteile oder Absatzmarkt, Verbot von Produktstoffen)
- Projektrisiken (z. B. Bauplanungen, Entwicklungsprojekte, Forschungsvorhaben, Produktlaunch)
- politische und gesellschaftliche Risiken: politische, administrative, regulatorische und legistische Entscheidungen, wie Änderung der rechtlichen Rahmenbedingungen, Interventionen, Interessenkoalitionen, Kritik, Rechtsstreitigkeiten, Konflikte, Kampagnen gegen das Unternehmen etc.

Weitere Risiken bestehen in Unternehmensaktivitäten, die Reaktionen aus dessen Umfeld nach sich ziehen können: Unter anderem sind vor allem Anlage-, Investitions-, Beschäftigungs- und Standortrisiko zu nennen. Auch die finanzielle Situation des Unternehmens, strategische Unternehmensentwicklung, Naturereignisse, Marktrisiken, wirtschaftliche und volkswirtschaftliche Entwicklungen sind als Risikofaktoren zu berücksichtigen.

Das Screening der Risiken – also der Chancen und Bedrohungen – folgt dabei den Gesichtspunkten des Public-Affairs-Managements, nämlich der Beeinflussung des Unternehmensumfelds zum Vorteil des Unternehmens: Welche Chancen können genutzt werden? Welche Bedrohungen müssen abgewendet werden? Welche Veränderungen können eintreten? Welche Veränderungen sollen angestrebt werden?

Die Stellräder eines Unternehmens bewegen sich dabei entlang der bereits vorgenommenen Kategorisierung der Risiken:

- Welche politischen, administrativen, regulatorischen und legistischen Entscheidungen stellen eine Bedrohung dar oder sind zu verändern, weil sie Barrieren errichten, Auflagen und Belastungen mit sich bringen? Wie können Begünstigungen oder Förderungen herbeigeführt werden?
- Was bedeutet eine Änderung der rechtlichen Rahmenbedingungen für den Unternehmensgegenstand? Soll die Initiative vom Unternehmen ausgehen?
- Welche Wirkungen können Interventionen in innerbetriebliche Entscheidungen nach sich ziehen, etwa Interessenkoalitionen, Kritik, Rechtstreitigkeiten oder Konflikte?

- Welche Bedrohungen oder Chancen bestehen hinsichtlich der Veränderungen der Wettbewerbsfähigkeit auf den vier Märkten (Kapital, Arbeitskräfte, Produkte, Politik)?
- Welche Wettbewerbsvorteile könnten aus der Nutzung spezieller Veränderungen resultieren?

Im nächsten Schritt gilt es, die anhand dieses Schemas kategorisierten potenziellen Aspekte realistisch zu bewerten. Folgende drei Faktoren zeigen sich dabei in der Praxis als relevant:

- Auswirkungen des Risikos auf Kosten und Abläufe (Ausmaß der Verzögerungen, Zeitgewinn),
- Eintrittswahrscheinlichkeit des Risikos,
- Fristigkeit des Eintritts (kurz-, mittel-, langfristig).

Die Bewertung der Risiken kann entweder qualitativ – beschreibend – oder in einer quantitativen Auswertung vorgenommen werden. Die beschreibende Bewertung konzentriert sich auf die Auswirkungen der Risiken auf Kosten und Abläufe, die Eintrittswahrscheinlichkeit und die Fristigkeit des Eintritts. Die quantitative Bewertung erfasst die potenziellen Kosten- und Zeitüberschreitungen, definiert den Einfluss einzelner Parameter auf eine Zielgröße und analysiert die Auswirkung der Veränderung der Parameter auf das Ereignis.

Das Lobbying

Erst nach umfassender Analyse der äußeren Einflüsse, der Unternehmenssituation und der potenziellen Risiken lässt sich eine lang- oder mittelfristige Public-Affairs-Strategie entwickeln. Hier gilt es vor allem, Spielräume realistisch einzuschätzen und Alternativen mit in Betracht zu ziehen. Aus diesem übergreifenden strategischen Kurs lassen sich anschließend konkrete Maßnahmen ableiten.

Die wohl bekannteste Maßnahme und »heiße Phase« der Public Affairs ist das Lobbying: Die zuvor erarbeiteten Positionen des Unternehmens werden in den politischen Raum eingebracht. Das heißt, es besteht unmittelbarer persönlicher Kontakt zur politischen Ebene. Denkbare Instrumente sind beispielsweise der Aufbau von politischen Netzwerken, die Eingabe von Stellungnahmen sowie Hintergrundgespräche mit Politikern. Darunter fallen auch der direkte Dialog mit Entscheidungsträgern und Meinungsführern oder der Aufbau strategischer Allianzen. Vielfach werden auch Veranstaltungen zur zielgerichteten Präsentation der Unternehmenspositionen wie beispielsweise Parlamentarische Abende, Kongresse oder Workshops für die Unternehmen eingesetzt. Round-Table-Gespräche mit Beteiligten, Fachleuten und/oder Medienvertreten dienen zum beiderseitigen Austausch von Interessen. Zielführend kann auch die Vermittlung von Rednern und Referenten für passende Veranstaltungen zur inhaltlichen Positionierung eines Unternehmens sein.

Allzu forsches Lobbying kann jedoch langfristig das Gegenteil bewirken: 2001 sah der Entwurf zum Arzneimittel-Sparpaket von Bundesgesundheitsministerin Ulla Schmidt einen Solidarbeitrag der Pharmaindustrie in Form einer Preissenkung um 4 Prozent bei patentgeschützten Arzneimitteln vor. Dadurch sollten die gesetzlichen Krankenkassen in den folgenden zwei Jahren um 960 Millionen DM entlastet werden. Die Industrie intervenierte direkt beim Bundeskanzler. Man einigte sich auf eine einmalige Zahlung von 400 Millionen DM in zwei Jahren. Der für die Industrie ökonomisch äußerst erfolgreiche Deal empörte jedoch nicht nur die »üblichen Verdächtigen« wie Transparency (19. November 2001, Pressemitteilung »Moderner Ablasshandel der Pharma-Industrie – Die Bundesregierung im Verdacht der Korrumpierbarkeit«), sondern auch Politiker, die der Industrie traditionell eher gewogen sind. So nannte beispielsweise Horst Seehofer die Einigung einen »der unappetitlichsten Vorgänge in der deutschen Politik der jüngeren deutschen Geschichte« (29. November 2001, Debatte zum Gesundheitshaushalt). In der Öffentlichkeit hatte die Legende von der mächtigen Industrie erneut Nahrung erhalten und das Wort Ablasshandel haftet seither wie ein Makel an ihr. Das Ansehen der Politik hatte ebenfalls gelitten. Alles in allem führte der vermeintliche Coup der Industrie dazu, dass auf der politischen Bühne bei gesundheitspolitischen Entscheidungen lange Zeit Zurückhaltung gegenüber den berechtigten Belangen einer Nutzen stiftenden Industrie herrschte.

Die Pressearbeit

Ohne die Einbindung der Presse als medialen Resonanzboden würden die geplanten Maßnahmen vielfach jedoch ohne Echo bleiben. Eine mit der Strategie abgestimmte und zeitlich mit den Einzelmaßnahmen koordinierte Pressearbeit kann die Themen der Public-Affairs-Arbeit daher in vielen Fällen zielführend begleiten, da eine zielgruppengerechte politische PR-Kampagne mit identischen Kernbotschaften die Wirkung der Botschaft verstärkt. Dies ist jedoch immer mit der Gesamtstrategie abzustimmen, um kein gegenteiliges Ergebnis zu erreichen.

Fazit

In einer 2005 in Deutschland durchgeführten Public-Affairs-Umfrage (Publicis PR, 2005) schätzten 48 Prozent der befragten Unternehmer die politischen Rahmenbedingungen für die strategische Ausrichtung ihres Unternehmens als sehr wichtig, 45 Prozent als wichtig ein. Die restlichen 7 Prozent machten keine Angabe zu der Frage. Dies verdeutlicht, wie hoch die Unternehmen selbst die Auswirkungen und Konsequenzen politischer Entscheidungen auf ihr Geschäft einschätzen, dass sie die Umfeldrisiken des politisch-gesellschaftlichen und des rechtlichen Bereichs erkannt haben.

Unternehmen lassen sich heute politik-strategisch beraten, um frühzeitig auf Krisen reagieren zu können, die ihnen gegebenenfalls durch politische Entscheidungen drohen. Public-Affairs-Beratung kann in diesem Kontext zweierlei positive Funktionen haben: zum einen Raum und Zeit für ideologiearme Dialoge zu schaffen, zum anderen für den Transport von Informationen zu sorgen, die nicht an die Entscheider innerhalb und außerhalb des Unternehmens herangekommen wären. Hilfreich ist dabei, dass in den letzten Jahren durch die gestiegene Komplexität der Entscheidungsstrukturen auch die Bereitschaft der Politik zugenommen hat, mit der Wirtschaft in Dialog zu treten. Der Informationsbedarf der Politiker ist hoch und daher nicht mehr allein durch internen Sachverstand zu decken. Public Affairs analysiert die äußeren Einflüsse, die Funktions- und Arbeitsweise der Teilnehmer des politischen Prozesses, die Kommunikationswege und Kompetenzverteilung innerhalb der für das Unternehmen relevanten politischen Institution und die Unternehmenssituation an sich. Mit diesem Wissen können Spielräume realistisch eingeschätzt, alternative Lösungsansätze in Betracht gezogen und argumentativ vorbereitet werden. Eine effektive, auf die Bedürfnisse des Kunden ausgerichtete Public-Affairs-Strategie kann Krisen vorbeugen, die durch politische Entscheidungen bedingt das Unternehmen und seinen Erfolg bedrohen.

9 Produktkrise

Produktkrisen sind an der Tagesordnung. Täglich werden wir mit diesem verdorbenen Lebensmittel oder jenem Schadstoff belasteten Spielzeug konfrontiert. Vollmundig angepriesene technische Neuheiten erweisen sich als Flop, die sündhaft teuren Markenturnschuhe sind billige aber dreiste Fälschungen und unser ganzer Stolz, das neue Auto, wird wegen eines defekten Bauteils gleich wieder in die Werkstatt zurückgerufen. Im Neubau sind die Wände feucht und der als Geheimtipp gehandelte Immobilienfond geht kontinuierlich in den Keller. Produktkrisen. Für betroffene Verbraucher sind sie oft nur lästig, häufig ärgerlich, manchmal beängstigend, fast immer teuer und zum Glück nur selten wirklich gefährlich. Doch die Verbraucher wehren sich. Sie treten zunehmend aggressiver auf, holen sich Anwälte und Medien zu Hilfe. Moralinsauer stellen Verbrauchermagazine wie »Plus-Minus« und »WiSo« tatsächlich oder vermeintlich sündige Firmen an den Pranger. Genüsslich sezieren Testzeitschriften Produkte oder Produktgruppen und machen damit Auflage. Berufsmäßige Verbraucherschützer in staatlichen und nicht staatlichen Organisationen greifen berechtigt oder aus Partikularinteressen heraus Firmen und ihre Produkte an.

Für die beteiligten Unternehmen und Organisationen auf der anderen Seite treffen Produktkrisen direkt den Lebensnerv. Denn das Planen, Herstellen oder Vertreiben von Produkten ist nun mal das Kerngeschäft einer jeden Firma. Krisen schlagen sich direkt im Geldbeutel nieder. Wenn ein oder womöglich »das« Produkt des Hauses angegriffen wird, kann in der Folge die gesamte Organisation in einen negativen Sog und womöglich in eine existenzbedrohende Situation geraten.

Entsprechend muss die Reaktion schnell und zielgerichtet operativ *und* kommunikativ stattfinden. Das Wohl der Organisation hängt davon ab.

Gutes Produkt – schlechtes Produkt

Produktkrisen können in jeder Branche auftreten. Produkte in diesem Kontext sind »Gegenstände« aller Art, also Waren, Geräte, Maschinen, Immobilien, Konsumgüter, Nahrungsmittel usw. Aber auch Dienstleistungen (Beratung, Geldanlagen) oder Know-how (Software, Ideen, Konzepte) fallen darunter. Mitunter können sogar Personen gleichsam Produkte sein, wenn sie entsprechend aufgebaut und vermarktet werden: Künstler, Schauspieler, Spitzensportler (vgl. Teil III, Kap. 2 u. 5) sind heutzutage »Marken« oder eben Produkt ihrer selbst.

Im Gegensatz zu einem Schadensereignis, bei dem *jeder* sofort sieht, dass ein Zwischenfall eingetreten ist, sind Produktkrisen wesentlich häufiger erst mal »im Tarnanzug« unterwegs.

Es gibt sie:
- akut oder schleichend,
- selbst- oder fremd verschuldet,
- aus objektiv zutreffenden und nachvollziehbaren Gründen oder
- aufgrund falscher und erfundener Vorwürfe,
- mit bereits eingetretenen Sach- und/oder Personenschäden oder
- lediglich drohenden oder sogar nur abstrakten Folgen,
- mit bereits eingetretenen oder nur drohenden Vermögensschäden.

Erfahrene Manager wissen: Überhaupt zu erkennen, dass eine Krise vorliegt, ist bereits die halbe Miete.

Produktkrisen treten auf als:
- primäre Krise (d. h. nur das unmittelbare Produkt ist krisenbehaftet),
- als sekundäre Krise (z. B. weil sich eine vorangegangene kritische Situation in der Folge schädigend auf das Produkt auswirkt),
- als Krisenverstärker (z. B. ein angeschlagenes Unternehmen leitet Sparmaßnahmen ein, die zu Qualitätseinbußen führen und erhält in einer Abwärtsspirale durch die nun schlechteren Produkte den Todesstoß),
- als Auslöser für sekundäre Krisen (d. h. wegen des angegriffenen Produkts kommt es zu einem Domino-Effekt mit einer oder mehreren Folgekrisen in den unterschiedlichsten Feldern).

Wann kommt es zur Krise? Was ist ein gutes, was ein schlechtes Produkt?

Der Kunde erwartet vom Hersteller und vom Händler, dass er für sein gutes Geld ein Produkt erhält, das:
- seinen – (oft auf Marketingversprechen basierenden) – Erwartungen entspricht,
- funktioniert,
- keine unerwarteten Gefahren birgt.

Im Prinzip also recht bescheidene und von jedermann nachvollziehbare Ansprüche. Alle drei Punkte implizieren unausgesprochen *Vertrauen*. Welcher Verbraucher ist schon Lebensmittelchemiker, Luftfahrtingenieur oder Bausachverständiger? Wenn sich ein Verbraucher auf ein bestimmtes Produkt einlässt, *muss* er darauf vertrauen können, dass Funktion und Sicherheit garantiert sind.

Als Orientierungshilfe dienen der Reihenfolge ihrer Bedeutung nach:

- eigene gute oder schlechte Erfahrungen,
- Name und Bekanntheitsgrad des Produkts selbst (starke Marke),
- Name und Bekanntheitsgrad des Herstellers oder Vertriebspartners,
- Prüf- und Gütesiegel (dabei wiederum nach Bekanntheitsgrad und Stärke der Organisation, die das Siegel vergibt, z. B. TÜV),
- Vorschriften, Normen und Gesetze *und* deren Überwachung durch Behörden,
- »Testimonials« (Prominente, die mit ihrem Namen für das Produkt eintreten),
- Testberichte von professionellen Testern und Verbraucherschützern,
- allgemeine Medienberichte (Rezensionen, Besprechungen, Produktnennungen aber auch Berichte über Produktkrisen),
- Erfahrungsberichte anderer Verbraucher, beispielsweise in entsprechenden Internetportalen, Foren und Blogs.

Rückgewinnung von Vertrauen ins Produkt

Jede Produktkrise bedeutet folgerichtig einen erheblichen Vertrauensverlust. Die Faustregel lautet: Je stärker die Marke, desto größer ist der Vertrauensverlust. Betroffene Verbraucher reagieren emotional, überkritisch und mitunter auch unfair. Mit solchen Attacken müssen die betroffenen Unternehmen und Organisationen lernen damit zu leben. Und sie müssen lernen, damit zu leben und damit professionell umzugehen. Sich in den Schmollwinkel zurückziehen oder offensiv (womöglich vor Gericht) Fairness einfordern, funktioniert nicht.

Ebenso wenig zielführend ist es, dem betroffenen Verbraucher eine Mitschuld einreden zu wollen: » Für das bisschen Geld können Sie nicht mehr erwarten«, ist psychologisch eine grauenhafte Botschaft, selbst wenn sie im Falle eines mangelhaften Billigprodukts objektiv womöglich zutreffend wäre.

Kernaufgabe ist stets: Vertrauen bewahren, wiederherstellen oder schaffen.

Kernbotschaften bei Produktkrisen
- Wir schätzen unseren Kunden (d. h. nehmen seine Belange ernst).
- Wir schützen unsere Kunden (auch schon bei bloßem Verdacht).
- Wir klären den Vorgang rückhaltlos auf.
- Wir kooperieren mit allen beteiligten Behörden (ggf. auch Organisationen).
- Wir lernen aus dem Vorgang für die Zukunft.

Die Kunst ist dabei, diese Botschaften so auf den konkreten Fall anzupassen, dass daraus keine Anerkennung der Schuld im juristischen Sinne abgeleitet werden kann (vgl. auch den übernächsten Abschnitt »Häufige Fehler«).

Vorgehensweise

Der wirksamste Rat, den ein Krisenberater einem verantwortlichen Manager geben kann, ist gleichzeitig der schlichteste:

Verhalten Sie sich Ihren Kunden gegenüber stets so, wie Sie selbst gerne behandelt werden wollen.

Wenn durch oder mit einem Produkt Menschen zu Schaden gekommen sind, gelten im Umgang mit den Betroffenen alle Vorgehensweisen, Empfehlungen und mögliche Fehler, die in dem Kapitel »Schadensereignis« (vgl. Teil III, Kap.1 1) bereits ausführlich beschrieben sind. An dieser Stelle steht vielmehr die Frage im Vordergrund, wie ein in Verruf geratenes Produkt gerettet, stabilisiert oder sogar rehabilitiert werden kann, um nachhaltigen wirtschaftlichen Schaden von dem Unternehmen fernzuhalten.

Vorbeugen ist besser als heilen. Zum Schutz der Produkte gibt es wirkungsvolle Prävention. Das Krisenmanagement wird manchmal auch als »die große Schwester« des Qualitäts- und Beschwerdemanagements bezeichnet. Unternehmen, die ihre Wertschöpfungskette durch ein funktionsfähiges operatives Qualitätsmanagement absichern, werden wesentlich seltener Opfer hausgemachter Produktkrisen. Probleme werden frühzeitig erkannt und gelöst, noch bevor der Verbraucher überhaupt davon erfährt. Und wenn tatsächlich etwas schief laufen sollte, ist – wiederum operativ – meist eine schnellere und effizientere Reaktion möglich. Beispielsweise durch »Tracking und Tracing« können Fehlerquellen vom Rohstofflieferanten bis zum Einzelhändler lückenlos verfolgt werden. Produktionschargen können stark eingegrenzt werden, so dass im Falle eines Rückrufs gezielt agiert werden kann. Nicht zu unterschätzen ist auch die sensibilisierende Wirkung, die auf Partner in der Lieferkette ausgeht. Und: Ein vorzeigbares Qualitätsmanagement ist im Ernstfall obendrein ein plakativ kommunizierbarer Beleg der praktizierten Verantwortung gegen eventuelle Vorwürfe von Pfusch oder Schlamperei.

Hand in Hand mit dem Qualitätsmanagement geht das Beschwerdemanagement. Es hat eine wichtige Doppelfunktion: Kundenhotlines und Beschwerdestellen (Neudeutsch: »Service-Desk«) sind ein Sammelbecken der enttäuschten, verärgerten und frustrierten Kunden – mithin der ideale Seismograph für sich andeutenden Ärger oder für Fehlentwicklungen. Schon kleine Erschütterungen in der Kundenzufriedenheit können erkannt und abgestellt werden, lange bevor ein Issue zur Krise eskaliert. Es ist erstaunlich, dass dieses einfache Instrument noch immer nicht in ausreichendem Maße in den Unternehmen als Frühwarnsystem eingesetzt wird.

Die zweite Funktion dient der Deeskalation von Einzelfällen. Eine Branche, die das erkannt hat und auf breiter Front entsprechend verfährt, ist die Touristik. Früher wurden massenhaft Prozesse gegen Kundenansprüche geführt. Vom dreckigen Strand über Baulärm vor dem Hotel bis zu schlechtem Essen oder Kakerlaken im Zimmer. Mit hohem Personalaufwand wurden Forderungen abgewimmelt und egal, wer letztendlich den Prozess gewonnen oder verloren hat: Der Kunde war immer vergrätzt. Das können und wollen sich die Veranstalter im harten Wettbewerb nicht mehr leisten. Heute sind die Reiseveranstalter Weltmeister der Kulanz. Wenn eine Beschwerde halbwegs plausibel ist, bekommt der Kunde eine Entschuldigung, eine (meist kleine) Erstattung seines Reisepreises und oft sogar noch eine (meist ebenso kleine) Entschädigung dazu. In Form eines Reisegutscheins, anzurechnen bei der nächsten Buchung, versteht sich. Die Krise bleibt aus und alle sind glücklich. Der Kunde, der sich ernst genommen fühlt und vermeintlich ein Schnäppchen gemacht hat, der Veranstalter, der einen Kunden nicht nur nicht verloren, sondern im Gegenteil gleich für die nächste Reise geködert hat. Die konsequente Auswertung der Beschwerden trägt außerdem zur Produktverbesserung bei. Natürlich wissen die Reisemanager, dass immer mal wieder Abzocker unter den Beschwerdeführern sind. Dennoch wird nur noch in gravierenden Fällen oder bei Vorkommnissen von grundsätzlicher Bedeutung rechtlich agiert.

Häufige Fehler

Fehler Nummer eins: unnötiger Streit
Der häufigste Fehler. Das Beispiel der Touristiker könnte Schule machen, wenn frühzeitig – also lange vor Eintritt einer Krise – eine »weiche Linie« als Strategie beschlossen, vorbereitet und mit allen als Kostenträger in Frage kommenden internen und externen Partnern vereinbart wird. Bei plötzlich auftretenden Krisen ist dafür keine Zeit mehr. In der Praxis haben dann noch immer überwiegend Juristen den Hut auf. Es sind nicht unbedingt die hauseigenen Rechtsberater, die dann das kundenfreundliche Motto »schnelle, unbürokratische Hilfe« konterkarieren. Auf eine harte Linie drängen nicht selten Versicherungsjuristen. Kulanz ist nämlich von Haftpflichtversicherungen nicht gedeckt und wird erst einmal richtig teuer. Policen, die für Kosten aufkommen, die den Wert von Image und Reputation decken, sind die Ausnahme. Deshalb wird noch immer öfter als es strategisch und taktisch ratsam wäre zur Paragraphenkeule gegriffen.

Fehler Nummer zwei: Frühwarnungen ignorieren
Was soll man einem Unternehmer raten, der sehenden Auges auf einen Abhang zusteuert? Gerade Produktkrisen zeichnen sich oftmals frühzeitig ab. Der Standpunkt » es wird schon nicht so schlimm werden« oder » wir haben schon ganz andere Probleme gemeistert« kann zugegebenermaßen gelegentlich gut gehen, das Risiko, dass der Vorgang zur Unzeit ruchbar und unkontrollierbar wird, ist indes groß. Wenn ein Feuer nicht zu vermeiden ist, dann lieber kontrolliert abfackeln, als einen Flächenbrand riskieren.

Fehler Nummer drei: falsche Botschaften
»Wir haben alles richtig gemacht…Wir werden unseren Standpunkt rigoros mit allen uns zur Verfügung stehenden Mitteln verteidigen«. Mit diesen markigen Worten trat ein Sprecher des Pharma-Riesen Bayer vor die Kameras, als der Cholesterinsenker »Lipobay« in Verdacht geraten war, gefährliche Nebenwirkungen auszulösen. Nur wenige Tage nach diesem markigen Auftritt musste Bayer das Produkt kleinlaut vom Markt nehmen.

Das Gegenteil ist nicht minder schädlich: »Wir bedauern sehr, dass durch unser Produkt Menschen zu Schaden gekommen sind«, ein sehr ehrlich gesprochener Satz unter dem Eindruck eines aktuellen Geschehens kann – wie übrigens jeder Autofahrer weiß – von der Versicherung als Obliegenheitsverletzung betrachtet werden und zum Verlust des Versicherungsschutzes führen. Aus menschlicher Anteilnahme wird einem nie ein Strick gedreht werden, wohl aber aus einer »Entschuldigung«. Denn darin steckt das Wort Schuld. – Es kommt auf die exakte Formulierung an.

Fehler Nummer vier: persönlich beleidigt reagieren
Wenn sich auf der Schädigerseite handelnde Personen persönlich ge- und betroffen fühlen, reagieren sie ebenso emotional wie die Geschädigten. Menschlich verständlich aber kontraproduktiv. Oft können und wollen Manager nicht wahrhaben, dass ihr Produkt, in das sie Zeit, Kraft und Herzblut investiert haben und von dem die berufliche Existenz abhängt, schlecht oder fehlerhaft sein soll. Die nötige kritische Distanz kann in solchen Fällen nur von externen Beratern hergestellt werden.

Umfassende Fallstudien mit allen Verästelungen würden den hier zur Verfügung stehenden Rahmen sprengen. Auch auf die in zahlreichen Veröffentlichungen bereits ausführlich abgehandelten »Krisen-Klassiker« von Elch-Test über PVC-Krise bis zum Tylanol-Anschlag kann hier verzichtet werden. Die nachfolgend dargestellten Produktkrisen aus jüngerer Zeit sollen vielmehr schlaglichtartig die beschriebene Interventionsstrategie, Vorgehensweise und Fehler illustrieren.

Beispiel Kinderspielzeug

Im Sommer 2007 wurden Mütter rund um den Globus von der Nachricht aufgeschreckt, ihre Kinder seien durch Spielzeug in Gefahr. Am 1. und 14. August rief der weltgrößte Spielwarenhersteller Mattel in China produzierte Artikel zurück, die im Verdacht standen, mit bleihaltiger Farbe belastet zu sein. Blei kann zu Hirnschäden führen, wenn es von Kindern aufgenommen wird. Innerhalb von nur fünf Wochen kam es noch zu einer dritten Welle von Rückrufen, weil immer wieder weiteres bleihaltiges Barbie-Zubehör, Tier- und Möbelsets, Lokomotiven auftauchten und auch andere beliebte Spielsachen auf die schwarze Liste kamen. Zu den gesundheitsschädlichen Farben kamen noch lockere Magnete, von denen die Gefahr ausging, dass Kinder sie versehentlich verschlucken könnten. Insgesamt waren nach eigenen Angaben des Unternehmens weit mehr als 20 Millionen Artikel betroffen. Für den Marktführer in diesem hochsensiblen Feld ein Desaster. Denn wenn es um das Wohl des Nachwuchses geht, verstehen Mütter keinen Spaß. Verdächtige Produkte werden gemieden.

Routiniert und professionell unternahm Mattel daher alle nötigen Schritte zur Schadensbegrenzung:

* Mattel machte den Vorgang zur Chefsache und ließ CEO Bob Eckert persönlich auftreten,
* Entschuldigung bei den betroffenen Verbrauchern (»Weil Ihre Kinder auch unsere Kinder sind«),
* Pressemitteilung und Pressekonferenz mit allen nötigen Informationen,
* Informationen für die Partner im Handel,
* Q+As (Fragen und Antworten-Katalog),
* kostenlose Service-Hotline (0800-Nummern),
* Informationen im Internet mit genauen Abbildungen und Beschreibungen der betroffenen Spielzeuge,
* unbürokratische Abwicklung (es wurde auf die für Umtausch sonst übliche Originalverpackung und Kassenzettel verzichtet),
* vorgefertigte Paketaufkleber, die aus dem Internet per Knopfdruck abgerufen werden konnten,
* mehrere als unzuverlässig identifizierte Lieferanten wurden ausgeschlossen,
* für die Zukunft wurden schärfere Kontrollen angekündigt.

Obwohl das Unternehmen immer wieder darauf verwies, die Rückrufe nur zum Wohl der Kinder »vorsorglich und freiwillig« veranlasst zu haben, nahmen die Behörden Ermittlungen gegen den Konzern auf. Da dies in solchen Fällen nicht ungewöhnlich ist, führte das jedoch zu keinen zusätzlichen Weiterungen der Krise. Auch die Drohung von Mattel, die chinesischen Lieferanten verklagen zu wollen, ist unter begleitendem Theaterdonner zu verbuchen.

Zur Beruhigung der eigenen Kundschaft wurde also operativ und kommunikativ das volle Programm gefahren und es hatte den Anschein, als sei in dieser Produktkrise alles Machbare richtig gemacht worden.

Umso erstaunlicher schien es, als das US-Unternehmen in der Kommunikation plötzlich zurück zu rudern begann. Ursprünglich war die Marschrichtung glasklar: Die chinesischen Zulieferbetriebe hatten die strengen Regeln nicht eingehalten, die Prüfer von Mattel haben sie dabei erwischt, Produkte vom Markt genommen, Kinder wieder sicher. Gut gemacht. Fertig. Punkt.

Urplötzlich räumten die amerikanischen Manager – (wenn auch in geschraubten Formulierungen) – selbstkritisch eigene Fehler und ein Mitverschulden bei der Qualitätskontrolle ein. Der handfeste Hintergrund: Bei ihren kernigen Schuldzuweisungen hatten die Amerikaner völlig unterschätzt, wie sehr sie damit *den* Chinesen – (und zwar nicht nur unmittelbar betroffenen Firmen) – das Gesicht nahmen. Gleichzeitig haben sie bei ihrem Befreiungsschlag nicht einkalkuliert, dass sie damit eine Lawine losgetreten haben, die die chinesische Regierung nicht dulden konnte. 80 Prozent des weltweit verkauften Spielzeugs wird in China hergestellt. Was für Mattel trotz der Dimension ein überschaubares Problem darstellt, bedeutet für China den Ruf als Werkbank der Welt. In den USA und in Europa betrachten Medien und Verbraucher »Made in China« zunehmend als Bedrohung. Als kurz nach Mattel die Kette »ToysRUs« ebenfalls tausende von Spielwaren wegen Bleifarben aus den Regalen nehmen musste, war das Maß voll: Wie nicht anders zu erwarten forderten Verbraucherschützer flugs ein generelles Importverbot für chinesische Produkte.

»Hersteller und Händler fürchten nun, dass die Rückrufaktionen das bevorstehende Weihnachtsgeschäft belasten können«, orakelte spiegel.de. Diese Spekulation verdeutlicht die Gefahr einer sich ausweitenden Sekundärkrise mit dem Potenzial zu einem Flächenbrand. Selbstverteidigung zu diesem Preis kann auch Mattel nicht gewollt haben.

Beispiel Hautcreme

Eine Grundregel in der Krisenreaktion lautet: Ziehe nicht in aussichtslose Schlachten. Wie viele Prominente lieh die Schauspielerin Uschi Glas einem Produkt als »Testimonial« ihr Gesicht und ihren bis dahin guten Namen. Dummerweise fiel die »Hautnah Face Cream« bei einem Test der Stiftung Warentest mit der Note »mangelhaft« glatt durch. Die Testpersonen berichteten von üblen Nebenwirkungen (»es juckte und die Haut schuppte«) und von da an gingen die Verkaufszahlen für die Paste in den Keller. Eine Krise für den Hersteller, den Vertrieb (Teleshopping) und natürlich auch für Uschi Glas. Zielgruppengerecht sagte die verärgerte Schauspielerin der Neuen Revue: «Es gab Häme, die jeder Beschreibung spottete».

Entweder waren die persönlich beleidigte Diva und ihre Geschäftspartner beratungsresistent oder grottenschlecht beraten, denn sie verklagten die Stiftung Warentest. Sicher muss man das Recht haben, seinen Standpunkt juristisch klären zu lassen. Und auch die Stiftung Warentest ist nicht immer unumstritten. Aber gegen diese Ikone des deutschen Verbraucherschutzes im vierzigsten Jahr ihres Bestehens zu Gericht zu ziehen, war von Anfang an Kommunikations-Harakiri. Vor dem Landgericht Berlin erlitten die Schauspielerin und ihre Marketingfirma eine herbe Niederlage: Die Stiftung Warentest darf das vernichtende Testurteil weiter publizieren und Schadensersatz gibt es natürlich auch nicht. Neben den herben wirtschaftlichen Verlusten hat die Schauspielerin einen so dramatischen Imageverlust erlitten, dass dies für sie ein faktisches Aus für die Werbung (auch für andere Produkte) bedeutet.

Selbst wenn Uschi Glas den Prozess gewonnen hätte, wäre der Gang zu Gericht ein strategischer Fehler gewesen. Denn unabhängig vom Ausgang des Verfahrens war das Vertrauen der Frauen in die Pflegeserie natürlich perdu.

Die einzig richtige Maßnahme wäre gewesen, das Produkt nach dem Test sofort vom Markt zu nehmen. Als zweiten Schritt die Ursache für die Hautreizungen ermitteln lassen – eventuell sogar gemeinsam mit der Stiftung Warentest. Nach einer kurzen Schamfrist kann dann die dritte Stufe gezündet werden: Mit einem medialen Paukenschlag wird das »neue bessere« Produkt »mit der neuen Formel« in einem Relaunch von einer noch strahlenderen Uschi Glas wieder auf den Markt geworfen.

Beispiel Wohnungsbau

Wer Gefahren durch das Internet für Unternehmen und ihre Produkte bisher für eher abstrakt hielt, muss sich durch den Fall eines ostdeutschen Bauunternehmens eines Besseren belehren lassen. Als so genannter Generalübernehmer plante und organisierte die Chemnitzer Firma Domizil Conzept (DC) im Billigsegment Wohnhäuser für private Bauherren. Eine schwierige Klientel, die für (relativ gesehen) wenig Geld extrem hohe Ansprüche stellte: Wer jeden Cent zusammen kratzt, um sich einmal im Leben den Traum vom Eigenheim zu erfüllen, hat wenig Verständnis für Terminverzögerungen, schlampige Handwerker und sonstige auf Baustellen nicht unüblichen Pannen.

Bei Domizil haben die Verantwortlichen erst spät begriffen, dass eben nicht nur die Koordination von Material und Handwerkern zum Hausbau gehört. Ein wichtiger Bestandteil ihres Produkts muss die Kommunikation sein. »Bauherrschaften«, die stets nur ihre eine kleine Baustelle vor Augen haben, die von finanziellen Sorgen geplagt sind, die Angst haben, das neue Haus nicht rechtzeitig beziehen zu können und deren Nerven überhaupt chronisch blank liegen, brauchen viel Pflege und persönliche Ansprache. Und beides gab es nicht.

Die fehlenden kommunikativen Streicheleinheiten holten sich die Kunden in einem selbstorganisierten Internetforum und in ihren »Bautagebücher« genannten Blogs. Getrieben von ihren Ängsten zogen sie da so richtig vom Leder, machten ihrem Ärger Luft und schaukelten sich gegenseitig hoch. Das konnte das Produkt auf Dauer nicht unbeschadet überstehen. Potenzielle Neukunden und Bauinteressenten ließen verschreckt die Finger von DC-Häusern. Die zunehmend aggressiver werdenden Bauherren tauschten im web ungeniert Ratschläge aus, wie Zahlungen zu verzögern oder ganz zu vermeiden seien. Das wiederum machte die mitlesenden Handwerker unruhig. Eine fatale Liquiditätsschere aus zahlungsunwilligen Kunden, inzwischen Vorkasse fordernden Subunternehmern und ausbleibenden Neukunden brach Domizil das Genick. Die Firma musste Insolvenz anmelden.

In diesem Fall spielten die externen Medien absolut keine Rolle. Die gesamte Produktkrise – und damit auch die erforderliche Krisenkommunikation – begrenzte sich auf die Mitarbeiter- und auf die Kundenkommunikation. Nur ein komplexes Konzept aus Mitarbeiterschulung, Service-Hotline, persönlicher Baubetreuung, Aufklärungsmaterial und mittelfristig der Kompensation der Bautagebücher und des Forums hätten das Produkt retten können. Als die Geschäftsführung beschloss, in Kommunikation zu investieren, wären wenigstens einige Monate erforderlich gewesen, bis die Maßnahmen hätten greifen können.

Ein Wettlauf mit der Zeit, der verloren wurde. Die Ironie der Geschichte ist, dass etliche der Häuslebauer, die die Produktkrise bei Domizil besonders lautstark angeheizt haben, auf halbfertigen Baustellen sitzen geblieben sind.

Die Beispiele belegen: Produktkrisen sind vom Weltkonzern bis zum ostdeutschen Mittelständler möglich. Und täglich gibt es neue Fälle. Spektakuläre und weniger Aufsehen erregende. Sie alle sind lehrreich, wenn es gilt, Schaden von der eigenen Organisation abzuwenden. Schließlich muss man nicht jeden Fehler selbst einmal begangen haben...

Anhang

»Wissen ist die einzige Ressource, die sich bei Gebrauch vermehrt.«
(unbekannt)

Glossar

Ad-hoc-Krise

ist ein Krisenfall, der unmittelbar, überraschend und ohne Vorwarnung eintritt (Entführung, Unfall, Produktkontamination). Aktuellen Studien zufolge sind rund sechs von sieben Krisenfällen in Deutschland Ad-hoc-Krisen.

Agendacutting

Oft genug dominieren Inhalte und Themen die internen und externen Medien, die konträr zur Kommunikationsstrategie des Unternehmens stehen, die für die Organisation negativ sind. Agendacutting versucht, solche Themen aus der öffentlichen Wahrnehmung zu verdrängen, sie von der Liste der öffentlichen Berichterstattung »abzuschneiden«, z. B. durch das Setzen eigener, alternativer Inhalte.

Agendasetting

Üblicherweise bezieht sich »Agenda« auf die Agenda der Medien, also auf die Liste der Themen, über die die Medien berichten – oder auch nicht. Das Agendasetting ist also den Massenmedien vorbehalten; die richtige Begrifflichkeit für Unternehmen und Organisationen wäre Issue Management (siehe dort). Agendasetting ist eine Funktion der Massenmedien, Themenschwerpunkte und Einschätzungen in der öffentlichen Meinung (öffentliche Agenda) zu erzeugen. Das Unternehmen möchte durch Öffentlichkeitsarbeit eigene Themen auf die Agenda der Journalisten setzen. Um Unternehmen erfolgreich intern und extern zu profilieren, müssen Prozesse und Strukturen etabliert werden, die ein unternehmensweites Themenmanagement sicherstellen. Dazu gehört die Einführung eines »Inhaltspools«, in dem relevante Themenspender aus dem Unternehmen vernetzt und vor dem Hintergrund der Programmatik entsprechende Inhalte mit Hilfe von externem Monitoring und internen Audits erzeugt werden. Auf Basis dieser Inhalte entwickelt der PR-Profi ein strategisches Kommunikationskonzept, das sowohl intern wie extern funktioniert und mit dem unternehmensrelevante Themen gesetzt und gesteuert werden.

Agendasurfing

Nicht immer lassen sich Inhalte tatsächlich »setzen« – häufig bestimmen Diskurse und Ereignisse innerhalb und außerhalb des Unternehmens das kommunikative Geschehen. Agendasurfing greift solche »fremdbestimmten« Themen auf und nutzt sie gezielt für die eigene Strategie/die eigenen Ziele. Das Unternehmen surft also auf bereits von den Medien gesetzten Themen und versucht diese Themen zur Selbstprofilierung zu nutzen.

Aktualitätsgrad (der Medien)

Informieren Sie vor allem im Krisenfall presse- und mediengerecht. Dazu gehört die Vermittlung aller wichtigen, überprüfbaren Fakten und Argumente in klarer Sprache. Eine persönliche Ansprache gehört zum Standard. Wenn Sie Erfolg haben wollen mit Ihrer (Krisen-)Kommunikation, müssen Sie die spezifischen Bedingungen der unterschiedlichen Mediengattungen berücksichtigen. Beachten Sie dabei auch den Aktualitätsgrad der Medien, indem Sie bei der Versendung von Pressemitteilungen, Einladungen zu Pressekonferenzen usw. in folgender Reihenfolge vorgehen:

- Videotext-/TV-Nachrichtensender (CNN, Phoenix, NTV:»Laufband-News«)
- Online-Medien
- Nachrichtenagenturen und Radio
- TV
- Printmedien

Akzeptabilität

Bei der Beurteilung der Akzeptabilität eines Risikos handelt sich um ein normatives Urteil über die Zumutbarkeit eines Risikos. Also: Unter welchen Bedingungen wird ein Risiko a) als solches erkannt und b) als akzeptabel eingestuft? Diese Aussage beruht immer auf subjektiven Wertungen, auch dann, wenn formale Entscheidungsverfahren angewendet werden. Dabei sind es nicht nur die Verknüpfung von Schadensausmaß und Eintrittswahrscheinlichkeit, sondern auch insbesondere die individuellen, sozialen und politisch-kulturellen Rahmenbedingungen, die eine Akzeptabilität von Risiken bestimmen. Bei der Beurteilung der Akzeptabilität unterscheidet man (mindestens) drei Aspekte:

1. Der normative Aspekt klärt, ob ein Risiko überhaupt akzeptiert werden soll.
2. Der Effizienzaspekt definiert, in welchem Umfang gesellschaftliche Ressourcen zur Risikominderung aufgewendet werden sollen.
3. Der operative Aspekt beschreibt, welche Instrumente zur Reduzierung, Steuerung oder Regulierung von Risiken eingesetzt werden sollen.

Atavistisches Prinzip, Atavismus

Atavismus (lat.: atavus = Vorfahre, Urahne) bezeichnet den Rückfall in überholte Verhaltensweisen oder das Auftreten von anatomischen Merkmalen bei Organismen, die eigentlich für ihre Urahnen typisch waren. Bezogen auf die Krisenkommunikation meint das atavistische Prinzip vor allem bestimmte typische Reaktionen, sobald das eigene grundlegende Sicherheitsgefühl (sicheres Wohnen, sicheres Essen, sichere Kinder) in Frage gestellt wird. Flucht, Angst und Kampf von Betroffenen sind wesentliche Parameter in der Krisenökonomie.

Belegschaft

Auch die eigene Belegschaft, die Mitarbeiter, gehören zur interessierten Öffentlichkeit, deren Meinung und Stimmung zur Identität der Organisation beitragen. Eine gute interne Information ist Bestandteil der Öffentlichkeitsarbeit und somit stets Teil einer Krisen-PR. Es sollte immer herausgestellt werden, dass zum Wohle aller negative Informationen zuerst der Organisationsleitung und der PR-Abteilung mitgeteilt werden sollten und nicht ohne Abstimmung an die Presse gegeben werden. In Informationsschreiben, Schulungen und Seminaren sollte die Leitung stets auch auf den Ruf und das Image der Organisation eingehen und dieses als schützenswert betonen.

Biometrie

Die Biometrie (auch Biometrik, zusammengesetzt aus griech. »bio« = Leben und »metron« = Maß) beschäftigt sich mit Messungen an Lebewesen und den dazu erforderlichen Mess- und Auswerteverfahren. Dieses Verfahren wird auch angewandt, wenn es um die durchaus umstrittene Erstellung bürgernaher biometrischer Dokumente wie Personalausweis, Gesundheitskarte und Ähnliches geht. Risikoaffines Verfahren mit Krisenpotenzial.

Blogs, Meinungsportale

sind Internetseiten, auf denen Einzelpersonen oder Personengruppen öffentlich Kommentare und Kurzinformationen zu Themen, Unternehmen, Personen, Produkten etc. veröffentlichen (z. B. www.ciao.de, www.bildblog.de). Durch ein einfaches Redaktionssystem können andere Internetnutzer die Informationen mit eigenen Kommentaren versehen und mit ihren eigenen Internetseiten verlinken. Zwei Typen von Meinungsportalen oder auch Blogs werden unterschieden: Hate-Sites zielen allein auf die Diffamierung des »Gegners« ab. Sachliche Kritik wird dort in der Regel nicht geübt. Dagegen möchten die Initiatoren von Gripe-Sites durch konstruktive Kritik am Gegenüber eine Verhaltensänderung herbeiführen. Unternehmen sollten die sachliche Kritik an den eigenen Produkten, Führungskräften, Verhaltensweisen etc. auf Verbraucherportalen oder in Blogs im Rahmen der Krisenfrüherkennung systematisch auswerten und in ihre Krisenprävention einfließen lassen.

Borderline-Journalimus

Grenzgänger zwischen »klassischem« und interessengesteuertem Journalismus (PR). Auch: Journalisten, die gefakte (gefälschte, erfundene) Geschichten meistbietend verkaufen.

Botschaften

Achten Sie bei Ihrer Kommunikation auf kongruente Botschaften, also auf sich nicht widersprechende Aussagen. Explizite Botschaften drücken direkt und unmissverständlich aus, was gesagt werden soll. Implizite Botschaften kommunizieren die eigentliche Nachricht zwischen den Zeilen und spielen sich meist auf der nonverbalen Ebene ab (Tonfall, Mimik, Gestik). Nicht nur in der Politik werden wesentliche Botschaften gern implizit gesendet, weil der Sender notfalls dementieren kann: »So habe ich das nie gesagt!« Vermeiden Sie es, im Krisenfall »Fassadentechniken« zu benutzen, also wenig Gefühl und Schwäche zu zeigen und sich also hinter »Man«-Sätzen zu verstecken. In Konflikten kommen Empathie und Ich-Botschaften beim Empfänger meist gut an.

- Selektieren Sie die wichtigsten Fakten, die der Öffentlichkeit vermittelt werden sollen, und die wichtigsten Dinge, die die Öffentlichkeit wissen will. Geben Sie Antworten auf die wichtigsten Dinge, die die Öffentlichkeit missverstehen kann.
- Erläutern Sie Strategien, personalpolitische Entscheidungen, Umstrukturierungen und alles weitere, was getan wird, um Wiederholungen dieser Krise zu vermeiden.
- Kommunizieren Sie unmissverständlich, eindeutig und kurz (kein Satz hat mehr als zwölf Wörter, kein Statement ist länger als 30 Sekunden).
- Ehrlichkeit, Offenheit, Wahrheit und Worttreue sind selbstverständlich.
- Geben Sie es zu, wenn Sie etwas nicht wissen, aber machen Sie gleichzeitig deutlich, dass man bemüht ist, fehlende Informationen zu beschaffen.
- Vermeiden Sie bindende Zeitangaben (»Bis morgen«, »In den nächsten zwei, drei Tagen«), wenn Sie sie nicht sicher einhalten können.
- Vermeiden Sie lange, komplizierte Erklärungen.
- Suchen Sie keine Entschuldigungen, und machen Sie nicht andere zum Sündenbock.
- Gestehen Sie Fehler ein.
- Signalisieren Sie Betroffenheit und aufrichtiges Bedauern, wenn Sie dies empfinden.
- Erklären Sie, aber werten Sie nicht.

- Setzen Sie Bilder ein, wo Worte versagen.
- Bedenken Sie, dass es auch die geheimen Zeichen der Körpersprache sind, die die Botschaft bestimmen (Mimik, Gestik). Dies ist vor allem bei öffentlichen Auftritten (z. B. einer Pressekonferenz) wichtig. Erinnern Sie sich an das Victory-Zeichen (das ja angeblich keines war) von Deutsche-Bank-Chef Ackermann im Mannesmann-Prozess und dessen öffentliche Wirkung?!
- Verlautbaren Sie nie Inhalte, die nicht 100 %ig abgesichert sind. Wer verhaftet ist, ist nicht verurteilt!
- Berufen Sie sich dabei immer auf den derzeitigen Stand der Erkenntnisse.
- Schildern Sie Chronologie statt Kausalität: In welcher Reihenfolge ist was passiert? Machen Sie es deutlich, wenn Sie initiativ und aktiv waren. Welche Nachrichten und Fakten liegen uns vor? Was haben wir in welcher Reihenfolge veranlasst? Welche Analysen, Ergebnisse müssen wir noch abwarten, um den Vorfall besser bewerten zu können? Was sind weitere Fragen?

Brandverteiler

Die wichtigsten Medien und ihre (meist persönlich bekannten) Vertreter werden im Krisenfall zuerst informiert. Die Adressaten eines solchen Brandverteilers speisen sich aus einer langjährigen vertrauensvollen Zusammenarbeit und können mithin wertvolle Verbündete in der Krisenauseinandersetzung sein. Ein solcher Brandverteiler sollte ebenso Bestandteil eines umfassenden Krisenkommunikationsplans sein, wie es ein klassischer Medienverteiler für die alltägliche Medienarbeit ist.

Business Continuity

bezeichnet sämtliche Konzepte, Planungen und Maßnahmen, die dazu dienen, die betriebliche Kontinuität aufrechtzuerhalten oder im Krisenfall schnellstmöglich zu ihr zurückzukehren.

Chance

Unter Chance versteht sich die Möglichkeit des Eintritts eines Nutzens im Verlauf des Krisenmanagements. Ob man von Risiko oder Chance spricht, hängt dabei nicht von der Eintrittswahrscheinlichkeit eines Ereignisses ab. Ausschlag gebend ist vielmehr die persönliche Einschätzung, wie man die Folgen des Ereignisses bewertet: eher negativ (Risiko) oder eher positiv (Chance).

Changemanagement

ist ein bewusster Steuerungsprozess, der die Veränderungen in einer Organisation auf formaler Ebene (z. B. Änderungen der Aufbauorganisation) und auf der Prozessebene (z. B. Seminare und Workshops für Mitarbeiter) initiiert und steuert.

Gut gemanagte Veränderungsprozesse sind entscheidende Indikatoren für den Erfolg von Organisationen. Bewältigte Krisen, Fusionen oder Veränderungen der Strukturen und Abläufe: Unternehmen, Management und Mitarbeiter sehen sich dauerhaft einem sich verändernden Umfeld gegenüber. Professionelles Change-management trägt dazu bei, diese Veränderungen erfolgreich zu managen, ohne den laufenden Betrieb zusätzlich zu belasten und zu stören. Das ist wie bei einem Flugzeug, das während des Flugs umkonstruiert und verändert wird – natürlich ohne abzustürzen.

Competitive/Business-Intelligence (CI)
bedeutet übersetzt etwa »Konkurrenz-/Wettbewerbsforschung, -analyse, -beob-achtung, -(früh)aufklärung«. CI bezeichnet die systematische, andauernde und legale Sammlung und Auswertung von Informationen über Konkurrenzunternehmen, Wettbewerbsprodukte, Marktentwicklungen, Branchen, neue Patente, neue Technologien und Kundenerwartungen. Durch CI können Unternehmen früh-zeitig (wettbewerbs-)strategische Vorteile z. B. aufgrund von besseren, früheren, schnelleren Informationen erzielen. CI gilt in der Krisenkommunikation als bewährtes Frühwarnsystem und gehört folglich zur Krisenprävention.

Dark Page, Darksite
beschreibt eine Website, die in Normalzeiten offline gehalten und lediglich im Krisenfall in den unternehmerischen Internetauftritt eingebunden wird. Die Seite benennt Ansprechpartner, listet Telefonnummern auf und beschreibt Auswirkungen und mögliche Risiken der entstandenen Krise. Ein solches Projekt und sein Management sind Bestandteil eines Krisenkommunikationsplans.

Dialog
ist im Vorfeld einer Krise (das heißt im normalen Betriebsalltag) wichtig, um im Krisenfall glaubwürdig und damit erfolgreich mit einzelnen Zielgruppen, vor allem mit Journalisten, kommunizieren zu können. Kommunikation im Krisen-fall hat nichts mit Verlautbarungsjournalismus zu tun. Hier geht es, wie immer in der Öffentlichkeitsarbeit, darum, Dialog zu initiieren, das Gespräch, das Mit-einander. Dies gestaltet sich besonders in der Krise mitunter allerdings schwierig, da Organisations- und Medienvertreter häufig eine Krisenkommunikation betrei-ben, die von Gegensätzlichkeiten und unterschiedlichen Denkwelten geprägt ist. Hinzu kommt die besondere physische und psychische Ausnahmesituation aller Beteiligten in einer Krise, die die Dialogfähigkeit auf eine besonders harte Probe stellt. Wichtig: Dialog ist kein Geschwätz; er kennt neben dem Bemühen um Konsens auch Dissens und Kritik!

Eintrittswahrscheinlichkeit/Erkenntnissicherheit
bezeichnet die Wahrscheinlichkeit, mit der ein Schaden eintritt. Die Eintrittswahrscheinlichkeit bewegt sich im Raum zwischen Kaffeesatz-Leserei, Unkennt-
nis oder Ahnungslosigkeit auf der einen und Erkenntnissicherheit auf der anderen
Seite. Erkenntnissicherheit bezeichnet einen Zustand, in dem man Gewissheit
über den Eintritt eines Ereignisses hat.

Erste Reaktion, Erste-Hilfe-Maßnahmen
Was tun, wenn sich eine Krise abzeichnet? Sofort alle notwendigen Stellen, vor
allem die Pressestelle und das Krisenteam (im Idealfall gemäß erarbeitetem Konzept) informieren. Die ersten Verhaltensmaßnahmen werden immer zur Bewäh-
rungsprobe Ihres Krisenmanagements, Ihrer Öffentlichkeitsarbeit. Klar ist: Nur
wer sich fachgerecht vorbereitet hat, wird diese Probe bestehen.
- Ruhe bewahren (keine Panik).
- Keine Information an die Öffentlichkeit geben, bevor Sie sich selbst ein Bild
  von der Situation gemacht haben. Heute sind die Medien sofort da. Sagen,
  wann Sie informieren (innerhalb von maximal zwei Stunden), was Sie abklären
  werden. Der nächste Termin muss rasch stattfinden. Check: Was weiß der
  Journalist woher? Wo kann ich den Journalisten erreichen? Treffen die Informationen des Journalisten zu? Für welches Medium arbeitet er?
- Sofort mit den wichtigen Stellen der Organisation Kontakt aufnehmen; Lage
  schildern. Die Lage abklären lassen, damit Sie nicht unter- oder überreagieren.
- Nächste Schritte planen, eventuell mit einem hinzugezogenen Kommunika-
  tionsspezialisten.
- Sprecher bestimmen, damit die Medien nur aus einer Quelle Auskunft erhal-
  ten.
- Sicherstellen und überprüfen, dass die Informationen nur über die verantwort-
  lichen Stellen an die Öffentlichkeit gelangen.
- Nur über gesicherte Fakten informieren. Keine Vermutungen! Nur was Sie mit
  Sicherheit wissen, gehört an die Öffentlichkeit. So bauen Sie Verunsicherun-
  gen ab.
- Alle Medien strikt gleich behandeln.
- Sind Menschen betroffen und Verletzte oder Tote zu beklagen, drücken Sie Ihr
  Bedauern aus.
- Vermeiden Sie Aussagen zur Schuldfrage.

Evaluation
ist die analytische Basis, um aus der Krise lernen zu können: Strategien zur Nachbereitung von kritischen Ereignissen entwickeln und Krisenmanagement als
Chancenmanagement begreifen. Zudem beschreibt Evaluation das Lernen aus

der Krise und die Vorbereitung auf eine neue Krise durch Auswerten und Analysieren des eigenen Krisenmanagements und der öffentlichen Reaktion. Hierzu ist u. a. die Beantwortung folgender Fragen hilfreich:

- Welche Medien haben in welcher Weise, welchem Umfang berichtet?
- In welchem redaktionellen Umfeld spielte sich die Berichterstattung ab: prominent oder nebensächlich?
- In welchem Umfang erzielte die Krise publizistische Wirkung: regional, national, global?
- Wie haben die Journalisten die Krise kommentiert?
- Haben die Medien Ihren Aussagen geglaubt?
- Welche Strukturdaten über die Leserschaft sind erhältlich?
- Ist die Gesamtberichterstattung tendenziös, emotional oder überwiegt die sachlich-kritische Berichterstattung?
- Sind die Aussagen der Organisationsverantwortlichen glaubwürdig eingeflossen?
- Wer ist Absender der Gegenbotschaften gewesen?
- Wie gravierend weichen Interviewinhalte und veröffentlichte Krisendarstellung voneinander ab?
- Haben wir uns an das Drehbuch, den Krisenkommunikationsplan, gehalten?

Footage

In der Film- und Videoproduktion bezeichnet Footage das ungeschnittene Filmmaterial, das beim Schnitt des Films verwendet wird, oder generell jede unspezifizierte Menge von Filmmaterial. Der Begriff Footage entstand im englischen Sprachgebrauch dadurch, dass 35 mm-Filmmaterial in »feet« (Mehrzahl von »foot«) und »frames« gemessen wurde, also in Metern und Einzelbildern. Ein foot enthält genau 16 Einzelbilder und entsprach zu Stummfilmzeiten einer Sekunde Vorführdauer. Für Organisationen mit risikobehafteten (und erklärungsbedürftigen) Produkten und Dienstleistungen ist das Produzieren und Vorhalten journalistisch aufbereiteten – also frei von Werbung – Footage-Materials eine sinnvolle Investition, um den Medien im Fall des Falles entsprechendes sendefähiges Material anbieten zu können. Dass dies durchaus erfolgreich sein kann, zeigt beispielsweise die Non-Profit-Organisation Greenpeace, die nahezu jede ihrer spektakulären Aktionen selbst filmt. Das von den Sendern verwendete Material wird dann bei der Ausstrahlung als »Quelle: Greenpeace« oder »Firmenvideo« entsprechend gekennzeichnet.

Form- und Sachzwänge

In kaum einer anderen Organisationsform gibt es so vehemente Form- und Sachzwänge, die die jeweiligen Handlungsspielräume von Mitarbeitern mehr einengen als beflügeln, wie in vielen Bereichen des Öffentlichen Dienstes. Die Eigenarten von Vorgesetzten müssen berücksichtigt werden, die vorgeordnete Behörde will nicht nur informiert, sondern auch eingebunden sein, die im Ernstfall zu nutzenden Kompetenzen sind ebenso wenig geklärt wie die Finanzierung von wichtigen Projekten der Öffentlichkeitsarbeit. Die Entscheidungswege dauern häufig lange und sind mitunter unergründlich. Die hierarchischen Strukturen in einer Behörde machen vielen Presse- und Öffentlichkeitsarbeitern das Leben und die Kommunikation (vor allem nach innen) auch nicht leichter. Je weiter »oben« die Pressestelle angesiedelt ist, je flacher die Hierarchien sind und je moderner die Behörde geführt wird und aufgestellt ist, desto akzeptierter ist die Öffentlichkeitsarbeit nach innen und außen und desto einfacher und wirkungsvoller entfalten sich die Maßnahmen und Instrumente von (Krisen-)Kommunikation.

Friendly fire
(engl.: Freundbeschuss, befreundeter Beschuss) bezeichnet ursprünglich im Militärjargon, reichlich euphemistisch, den irrtümlichen Beschuss eigener oder verbündeter Streitkräfte. Der Begriff wird im Bereich der Kommunikation ähnlich verwendet, lediglich aus dem »Irrtum« wird »Absicht«. Man spricht in der Kommunikation von »friendly fire«, wenn es darum geht, dass Vorgesetzte oder Mitarbeiter aus den eigenen Reihen, z. B. durch die Weitergabe interner Informationen zu Fehlern oder Fehlverhalten, gezielt gemobbt oder denunziert werden, um sie mit Hilfe des öffentlichen Drucks loszuwerden.

Gefahr
bezeichnet den Vorgang, Umstand oder Zustand einer objektiven Bedrohung durch ein zukünftiges Schadensereignis.

Glaubwürdigkeit
in der Öffentlichkeitsarbeit und Krisenkommunikation entsteht aus der (historischen) Erfahrung mit dem angemessenen Handeln von Personen/Organisationen, vor allem mit Blick auf Verbindlichkeit und Beständigkeit (z. B. bei Zusagen in signifikanten Situationen). Glaubwürdigkeit ist zugleich eine Vorbedingung für Vertrauen.[6] Glaubwürdig ist man, wenn man akzeptiert, dass es unterschiedliche Standpunkte gibt. Wer anderer Meinung ist, ist nicht zwingend minderqualifiziert. Glaubwürdig ist, wer Befürchtungen ernst nimmt; auch »Laien«-Meinungen und scheinbar irrationale Argumentation sind berechtigt. Glaubwürdig ist, wer Selbstbewusstsein ausstrahlt. Glaubwürdig ist auch, wer einfach

---

6   Klaus Merten, Das Handwörterbuch der PR, Bd. 1, 2000

Mensch ist und kontrollierte Emotionalität zulässt. Glaubwürdig ist, wer Kommunikationsbereitschaft zeigt und einfache, kurze Botschaften rüberbringt. Glaubwürdig ist vor allem, wer nicht erst dann Fehler und Versäumnisse zugibt, wenn sie ihm nachgewiesen wurden.

Heuristik
siehe Interpretation

Immediate Action
bezeichnet eine neue fragwürdige Strategie der PR-Branche. Hier werden Journalisten, die kritisch über ein Unternehmen oder eine Organisation berichtet haben oder dies immer wieder tun, kontinuierlich mit Briefen und E-Mails zugeschüttet. Wer derart beschäftigt ist, macht, so die These der Absender, weniger Ärger.

Informationsfluss im Schadensfall
am Beispiel BASF

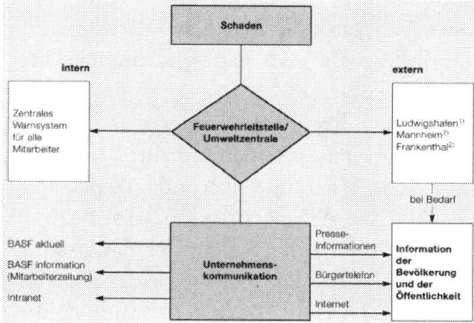

1) Feuerwehr, Polizei, Gewerbeaufsichtsamt, Behörden
2) Feuerwehr

Informationspolitik
Eine schnelle, offene und ehrliche Informationspolitik bestimmt Krisenverlauf und -inhalte und ermöglicht damit einen Vorsprung in Berichterstattung und öffentlicher Meinung. Hartnäckiges Ignorieren erster Anzeichen einer Krise, eine selektive Wahrnehmung der Umstände oder auch eine Bevorzugung bestimmter verfügbarer Informationen (oder auch Medien) sind nicht nur Kennzeichen eines irrationalen Krisenmanagements, sondern auch erste Indizien für einen zunehmenden Realitätsverlust in der (aufkommenden) Krise.

Information Warfare (IW)

ist ebenfalls eine Sonderform der Krise. Hier geht es neben der direkten Zerstörung gegnerischer Elektronik auch um die Manipulation von Daten und Nachrichten der Medien eines Konfliktgegners, gewissermaßen als Weiterentwicklung der psychologischen Kriegsführung. IW meint zudem alle Maßnahmen, die dazu dienen, der eigenen Organisation einen Informationsvorsprung gegenüber potenziellen Gegnern zu verschaffen. Neben dem breiten Feld der Öffentlichkeitsarbeit kommt zukünftig der Verbreitung von Falschinformation, dem Verfälschen oder dem Verkürzen und Verstümmeln vorhandener Informationen ein neuer Stellenwert zu. Darunter fallen auch alle Maßnahmen, die sich aus der Welt der »Hacker« mit entsprechenden Zielen verwenden und weiterentwickeln lassen, z. B. der vorsätzliche Einsatz und die Verbreitung Trojanischer Pferde oder Computerviren.

Interpretation/Heuristik

Wenn die Krisenanfälligkeit eines Unternehmens analysiert wird, müssen die ermittelten und vorhandenen Ergebnisse interpretiert werden. Dies ist einer der schwierigsten Bereiche der Prävention. Hier fließen Begriffe wie Hermeneutik (die Lehre vom Verstehen, Deuten oder Auslegen), die Risikoeinschätzung (siehe Risiko) oder auch Heuristik (vom griechischen Verb für »finden« abgeleitet, bezeichnet allgemein wiederholbare Vorgehensweisen in Lern-, Erkenntnis- und Problemlösungsprozessen mit Hilfe einfacher Regeln und unter Zuhilfenahme nur weniger Informationen) in die Krisenpräventionsarbeit ein. Im Bereich der Heuristik trifft man dann vor allem auf die so genannte Anker- oder Anpassungsheuristik sowie die Verfügbarkeitsheuristik. Die Ankerheuristik beschreibt in der Sozialpsychologie eine unbewusste mentale Abkürzung, bei der sich das Urteil an einem beliebigen (willkürlichen) Anker orientiert. Die Folge ist eine systematische Verzerrung in Richtung (zu Gunsten) des Ankers. Als Anker können Zahlen, aber auch persönliche Erfahrungen und Beobachtungen dienen. Die Verfügbarkeitsheuristik gehört in der Sozialpsychologie zu den so genannten Urteilsheuristiken. Diese stellen Faustregeln dar, um Sachverhalte auch dann beurteilen zu können, wenn de facto kein Zugang zu präzisen Informationen besteht. Solch vertiefendes Wissen um die mögliche Rezeption von Informationen ist für eine fundierte Analyse und eine wirksame Krisenhilfe unerlässlich.

Interventions-PR

ist Öffentlichkeitsarbeit für jede Situation, die eine schnelle kommunikative Handlung erfordert. Diese rasche Kommunikation vollzieht sich im Idealfall auf Basis einer zuvor entwickelten, eigeninitiierten Strategie.

Issue Management

bedeutet, dass Risiko- und Potenzialthemen (Ereignisse und Prozesse), die für eine Organisation relevant sind und eine sichtbare und nachhaltige Wirkung auf die Behörde entfalten können, frühzeitig erkannt, evaluiert sowie professionell gemanagt werden. »If you don't manage issues, issues will manage you.«[7] Dazu gehört neben Auswertung, Themen- und Bezugsgruppenanalyse durchaus auch der Versuch der aktiven Einflussnahme auf solche Themen. Issue Management spürt also, gleichsam in Umkehrung des Ablaufs, den Potenzialen und Chancen von Krisenszenarien nach.[8] Hierzu gehört auch eine richtige Einschätzung der Themen und Fachbereiche, mit denen sich eine Behörde beschäftigt. Dies dient u. a. dazu festzustellen, welchen Stellenwert die Öffentlichkeitsarbeit im Allgemeinen und eine Krisen-PR im Besonderen im Organigramm der Behörde haben müssen.

Kommunikation, offensive

Eine offensive Kommunikation in »normalen« Zeiten wird durch eine pragmatische und durchdachte Krisenkommunikation für den Fall der Fälle veredelt. Offensive Kommunikation heißt nicht, in der Sache nachzugeben. Vielmehr schafft sie einen Meinungsvorsprung, verhindert Rechtfertigungszwang und zeugt so von Verantwortungsbewusstsein. Sie macht aus der Reaktion die Aktion. Prüfen Sie im Krisenfall, ob allen Pflichten entsprochen wurde, und weisen Sie dies z. B. im Rahmen einer späteren Pressekonferenz nach. Die Watzlawick-These »Man kann nicht nicht kommunizieren« gilt für die Unternehmenskommunikation im Allgemeinen, für den Fall einer Krise aber ganz besonders. Selbst ein Schweigen würde demnach als Kommunikation von Schwäche oder eines Schuldeingeständnisses ausgelegt werden können.

Konfliktbewältigung/-management

Zur Krisenvorbeugung gehört die Fähigkeit zur Konfliktbewältigung. Ein Konflikt kann beispielsweise entstehen, wenn das Unternehmen Ansprüche und Forderungen seiner Bezugsgruppen ignoriert oder zurückweist. Können die Beteiligten den Konflikt nicht beilegen, kann sich daraus eine Krise entwickeln. Ein Weg zur Konfliktlösung ist der systematische, persönliche Austausch mit Bezugsgruppen und ihren Argumenten. Das Ziel ist die Verständigung durch Informieren, Diskutieren, kritisches Auseinandersetzen und Lösen von Konflikten. Überreden, Drohungen und Manipulation sind zur Konfliktlösung ungeeignet. Zwischen Risiko, Krise und Konflikt besteht übrigens nicht zwingend ein Kausalzusam-

---

7   Robert L. Heath, Issues Management, 1986
8   Issues Management Gesellschaft Deutschland, IMAGE

menhang. Konflikte werden häufig friedlich beigelegt und müssen nicht in einer Krise münden.

Konzeptionsmodell

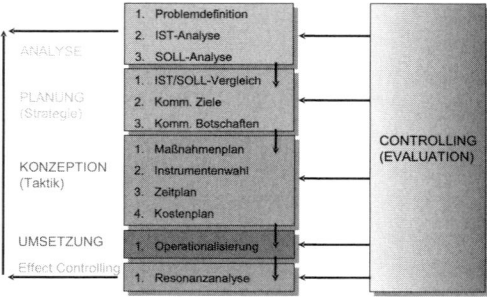

Auch das Vorgehen bei der Krisenkommunikation verlangt nach einer gewissen Ordnung oder übergeordneten Logik. Die beschriebenen Arbeitsschritte helfen bei einem systematischen Vorgehen. Analyse (1–3): Wie sieht der kommunikative Kontext vor dem Hintergrund der Unternehmensziele aus? Welche kommunikativen Probleme sind zu lösen? Was fördert, was behindert die Problemlösung? Strategie/Taktik (4–10): Was soll mit Kommunikation erreicht, bewirkt, verändert werden? Wer soll angesprochen, integriert, aktiviert, neutralisiert werden? Welches Meinungsbild soll vermittelt werden? Wie wird generell der Meinungsbildungsprozess gestaltet? Operationalisierung (11, 12): Welche Instrumente, Aktivitäten sollen zu welchem Zweck, in welchem Kontext eingesetzt werden? Mitteleinsatz: Wo, wann, in welchem Umfang, mit welcher Häufigkeit und zu welchem Preis? Wie wird der Erfolg überprüft?

Krise, Definition

Der Begriff Krise leitet sich aus dem griechischen Wort »krisis« ab und bedeutete ursprünglich den Bruch in einer bis dahin kontinuierlichen Entwicklung. Der Krise geht häufig der Konflikt voraus, also eine Auseinandersetzung von mindestens zwei Beteiligten, bei der eine Seite etwas beansprucht oder fordert, was die andere Seite nicht annimmt, ignoriert oder zurückweist. Können die Beteiligten einen Konflikt nicht beilegen, kann es zur Krise kommen. Krisenforscher Ulrich Krystek[9] sagt: »Krisen sind ungeplante und ungewollte Prozesse von begrenzter Dauer und Beeinflussbarkeit sowie mit ambivalentem Ausgang. Sie sind in der Lage, den Fortbestand der gesamten Unternehmung/Organisation substanziell

---

9   Ulrich Krystek, Unternehmenskrisen, S. 6 f., 1987

und nachhaltig zu gefährden oder sogar unmöglich zu machen. Dies geschieht durch die Beeinträchtigung bestimmter Ziele, deren Gefährdung oder sogar Nichterreichung gleichbedeutend ist mit einer nachhaltigen Existenzgefährdung oder -vernichtung.« Diese Definition einer Krise ist in der PR-Fachwelt weitgehend Konsens, soweit es sich nicht um kommunikative, sondern z. B. um bilanzielle Krisen handelt (z. B. Fall Holzmann). Kommunikative oder operative Krisen wie das ICE-Unglück von Eschede oder Produktionsfehler kennen in der Regel keine »nachhaltige Existenzgefährdung oder -vernichtung«. Die einschlägige Marketingliteratur beschreibt Krisen als »unregelmäßige, nicht lineare und unvorhersehbare Störungen, gekennzeichnet von Dynamik in verschiedenartigen Intervallen«.[10] Vor allem aber: Was wirklich eine Krise ist, definiert die Öffentlichkeit und definieren die Medien. Bedenken Sie stets: Das unerwartete Vorkommnis kann plötzlich die ganze Welt interessieren.

Krisenhandbuch

Das Krisenhandbuch ist elementarer Bestandteil von Krisenprävention und damit Pflicht. Er skizziert und interpretiert nicht nur die Risiko- und Krisenanfälligkeit der Organisation (Ist-Zustand). Es beschreibt z. B. auch die Vorgehensweise einer Organisation bei einer Krise unter dem Aspekt »Wer kommuniziert wie?«. Krisen werden dabei anhand einer Szenariotechnik simuliert und in ihrem Ablauf durchgespielt (Soll-Zustand). Entsprechende Passagen regeln z. B. auch den Umgang mit Betroffenen und Medien sowie die Erreichbarkeit der Verantwortlichen. Klare Zuständigkeiten der handelnden Personen sind definiert. Das Krisenhandbuch ist also ein unverzichtbares Arbeitsinstrument zur Prävention, Bewältigung und Verarbeitung kritischer Situationen. Das Manual wird am besten im Team erstellt; unter Umständen lohnt es sich, einen externen Berater hinzuzuziehen. Das Buch muss regelmäßig aktualisiert und den Gegebenheiten angepasst werden. Wir empfehlen fünf Schritte für ein effektives Krisenhandbuch:
1. Stärken-Schwächen-Analyse der Organisation
   Jede Abteilung, jede Hierarchieebene, jede Vorschrift, die gesamte Organisation werden von internen und externen Fachkräften auf Herz und Nieren geprüft und einer umfassenden, selbst-ehrlichen Schwachstellenanalyse unterzogen.
2. Verfolgen der öffentlichen Meinung; Basisinformationen (siehe Issue Management)
3. Erstellen eines Krisenkommunikationsplans (Aktionsplan)
4. Krisentraining mit den Mitarbeitern: Ein Krisenplan muss »gelebt« und trainiert werden. Daher sollten in regelmäßigen Abständen Krisen simuliert und nachgespielt werden, empfohlen mindestens einmal im Jahr. Die Probleme

---

10   Oliver Klante, Identifikation und Erklärung von Markenerosion, 2004

während einer solchen Simulation müssen dokumentiert und besprochen werden, um sie im Ernstfall besser bewältigen zu können. Ein solches Training ist sicherlich kein Garant für ein Erfolgserlebnis im Realfall, aber durch den realen Situationsbezug ein nicht zu unterschätzendes Vorbeugungsinstrument vor allem für den Kopf. Zum Training zählen Seminare zur Krisensensibilisierung ebenso wie die Rolleneinweisung in das Krisenmanagement. Auch ein Krisenportal, verfügbar im Intranet, ist ein nützliches Instrument.

5. Kontinuierliche Kommunikation mit den wichtigsten Zielgruppen: Unabdingbar, um sich Vertrauen, Glaubwürdigkeit und soziale Akzeptanz bei Bürgern, Banken, Zulieferern, Journalisten, Mitarbeitern und Behörden zu sichern.

Krisenkommunikation/Krisen-PR

umfasst alle Kommunikationsanstrengungen nach Eintritt eines Schadens und beinhaltet kommunikative Strategien und Maßnahmen, die dazu dienen, negative Konsequenzen wie Vertrauensverlust oder Imageeinbußen bei Krisen und Konflikten zu verhindern. Krisenkommunikation ist NICHT gleich Risikokommunikation (siehe ebenda). Krisen-PR bedeutet vor allem auch Präventiv-Arbeit. (Krisen-)PR hat nichts mit Werbung zu tun. Werbung richtet sich an ganz bestimmte Personengruppen und stellt die Vorzüge bestimmter Produkte oder Dienstleistungen heraus. PR bezieht jedoch die Behörde als Gesamtheit und die weitere Umwelt mit ein, beispielsweise Interessensgruppen, Mitarbeiter, Anrainer, Bürger, politische Gruppierungen etc. Außerdem tauchen Werber in der Krise meist ab. Eine Krise stört nicht nur die Beziehung zum unmittelbaren »Kundenkreis«, sondern zu all diesen Umfeldgruppen, lokal, regional, überregional. Krisenkommunikation erfordert ein hohes Identifikationspotenzial nach dem Motto: »Wir müssen das, was wir denken, auch sagen. Wir müssen das, was wir sagen, auch tun. Und wir müssen das, was wir tun, dann auch sein.« Zu einer guten Krisenkommunikation gehört grundsätzlich eine defensive, aber auch selbstbewusste Auseinandersetzung mit den Sachinhalten. Dabei ist es für die Krisenkommunikation eher unerheblich, wie man angegriffen wird. Selbst wenn das sehr emotional geschieht, ist es empfehlenswert, ruhig zu bleiben und dem sachlich zu begegnen.

Krisenmanagement

soll alle Prozesse vermeiden oder bewältigen, die das Weiterleben der Organisation oder ihre Reputation nachhaltig gefährden können. Krisenmanagement bedeutet Analyse, Planung, Umsetzung und Kontrolle von Vorbeugung, Vorbereitung und Bewältigung sowie Nachbereitung einer Krise. Konkret heißt dies:

• Wie kann die Organisation Krisen verhindern?
• Wie kann sie Krisen frühzeitig erkennen?
• Wie kann sie sich optimal vorbereiten?

- Wie kann sie in einer Krise wirkungsvoll handeln?
- Wie kann sie aus einer Krise lernen?

Krisenmanagement beginnt also nicht erst, wenn die Krise eingetreten ist, sondern lange im Vorfeld: Ziel ist, eine Krise zu verhindern oder zumindest so gut wie möglich vorbereitet zu sein, um die Krise zu steuern. Krisenmanagement ist somit ein fortdauernder Prozess. Krisenmanagement ist Führungsaufgabe und umfasst sämtliche Organisationsbereiche. Alle Bereiche müssen sich abstimmen, um eine Krise zu verhindern, zu bewältigen. Je nach Krise sind einige Bereiche wichtiger als andere – Krisenkommunikation ist einer der wichtigsten, weil sie die Betroffenen über Bedrohungen und Auswirkungen der Krise informiert.

Krisenökonomie
ist mehr als das wirtschaftliche Verhältnis von Aufwendungen und Schäden im Krisenfall. Auch so genannte Soft Skills wie Vertrauensverlust, Ängste, Unwissenheit, Laien-/Expertensicht usw. gehören unbedingt in eine Krisenbilanz und die vorgelagerte Risikoanalyse.

Krisenprävention
Krisen-PR heißt auch Präventivarbeit und bedeutet die kommunikative Vorbereitung eines Unternehmens auf eine Krise. Schaffen Sie durch entsprechende Frühwarnsysteme in der Unternehmenskommunikation (z. B. Marktbeobachtung, Internet-Screening, Medienbeobachtung) die Voraussetzungen, Signale einer Krise frühzeitig zu erkennen. Entwickeln Sie eine flexible Kommunikationsstrategie sowie ein Umsetzungskonzept unter Berücksichtigung der möglichen Krisenszenarien sowie unter Beachtung rechtlicher Grundlagen (Wertpapierhandelsgesetz, Störfallverordnung). Die wichtigste Krisenvorbeugung ist die Erkenntnis, dass kein Unternehmen gegen Krisen immun ist. Risikobewusstsein und die daraus resultierenden Handlungsempfehlungen für einen Krisenfall sind die besten Voraussetzungen, die drei Phasen einer Krise zu meistern. Die beste Art, eine Krise zu bewältigen, ist, sie schon im Vorfeld abzuwenden. Die zweitbeste ist es, gut vorbereitet zu sein, und die schlechteste, sich völlig überraschen zu lassen. Gutes Krisenmanagement bedeutet also in erster Linie Vorbeugung. Da keine Krise wie die andere ist, gibt es zur Vorbeugung und Bewältigung kein Patentrezept.

Krisenradar
Inflationär gebrauchter Sammelbegriff für alles, was mit Krisenmanagement, vor allem mit Krisenprävention, zu tun hat: Issue Management, Ausschnittdienste, Konkurrenzbeobachtung, Online-Monitoring, Meinungsanalysen und vieles mehr, das hilft, das Heraufziehen einer Krise frühzeitig zu erkennen.

Litigation-PR

umfasst die Presse- und Öffentlichkeitsarbeit während Rechtsstreitigkeiten und kann, je nach Anlass, Intensität und Verlauf, durchaus eine Sonderform der Krise darstellen.

Marke

Die Marke ist ein in der Psyche des Konsumenten oder anderer Zielgruppen verankertes, unverwechselbares Vorstellungsbild von einem Produkt oder einer Dienstleistung. Der Schlüssel zur Wiedererkennung einer Marke liegt nicht in der identischen Duplikation eines Markenzeichens, sondern in dem Aufweisen immer wiederkehrender Kennzeichen im Erscheinungsbild (z. B. Nivea blau etc.). Die Marke ist ein einzigartiges Set von Vorstellungen, Assoziationen, Bildern, Verpflichtungen, die mit einem Namen (und einem Symbol) verbunden sind und die dem objektiven Wert des Produkts oder Unternehmens zusätzlich zugeordnet werden. Die Marke ist die Antwort auf das Verlangen des Menschen nach einer verlässlichen Orientierungs- und Entscheidungshilfe auf der Basis eines stabilen Vertrauens in einer von Produkten, Diensten und Informationen mehr als reichlich angefüllten Welt. Eine Marke hilft, eine Beziehung herzustellen zwischen Kunden und den Produkten einer Marke, da sie ganz bestimmte Wertvorstellungen vermittelt, die funktionale, emotionale und Selbstbestätigungs-Nutzen umfassen. Die Marke ist ein schützenswerter Wert mit hohem Vertrauensvorschuss und sollte daher in ihrer Gesamtheit mit Blick auf (versteckte) Risiko- und Krisenpotenziale regelmäßig intensiv geprüft und untersucht sein.

Mediation

Die Mediation ist ein kosten- und zeitgünstiges Verfahren zur wünschenswerten Konfliktlösung, um Konflikte und Streitigkeiten zwischen zwei Parteien zu regeln. Mediation dient dazu, einen neuen und alternativen Weg zur Konfliktlösung unter Hinzuziehung eines Mediators zu eröffnen. Mediation ist eine Methode, die es den Parteien bei widerstreitenden Interessen im Rahmen einer Auseinandersetzung erlauben soll, eine gütliche Lösung zu finden, ohne auf die staatliche Gerichtsbarkeit oder Schiedsgerichtsbarkeit zurückgreifen zu müssen. Mediation basiert auf dem Gedanken der Privatautonomie der Konfliktparteien. In einer Mediation legen die Parteien, anders als in einem Gerichtsverfahren, grundsätzlich weder die Verfahrensgestaltung noch die Ergebnisherrschaft in fremde Hände. Der Mediator unterstützt die Parteien lediglich auf ihrem Weg zu einer selbstbestimmten und eigenverantwortlich gefundenen Lösung des Konflikts. Mediationsverfahren eignen sich besonders in persönlichen und geschäftlichen Auseinandersetzungen, denen schwer kalkulierbares Krisenpotenzial innewohnt.

Medien

Wissenschaftlich korrekt bezeichnet »Medien« den Plural von »Medium«. Umgangssprachlich hat sich jedoch eine Definition durchgesetzt, wonach »Medien« die Zusammenfassung aller im Bereich des Journalismus tätigen Organisationen bedeutet. Dies sind vor allem Druckpresse (Zeitungen, Zeitschriften), Funk-, Fernseh- und Internet/Neue Medien sowie Nachrichtenagenturen. Journalismus meint das Sammeln, Bewerten, Kommentieren und Verbreiten von überwiegend aktuellen Informationen, die für die Öffentlichkeit von Interesse sind. Der Begriff »Presse«, der ursprünglich allein die Druckpresse bezeichnete, dient heute in der öffentlichen Meinung als Synonym des Begriffs »Medien«.

Mee too-Produkt

ist ein (oftmals günstigeres) Nachahmerprodukt (englisch, »me too« = ich auch), das einem meist innovativen und erfolgreichen Original-Produkt in vielen Eigenschaften und Fähigkeiten gleicht. Das Original ist oft Marktführer oder hat diesen Markt erst geschaffen. Solche Nachahmerprodukte sprechen denselben oder einen ähnlichen Kundenkreis an, den auch das Original (die Marke!) bedient, stellen jedoch juristisch kein Plagiat dar.

Monitoring

meint ständiges sorgfältiges Untersuchen, Überwachen und Beobachten einer bestimmten Situation oder Gegebenheit.

Nachricht

Nachrichten sind aktuelle, sachliche und umfassende Informationen über Fakten sowie neue, wahrheitsgemäß und sorgfältig wiedergegebene Informationen. Sie enthalten, was der Empfänger noch nicht weiß. Eine Nachricht ist eine vom Wesentlichen ausgehende, auf das Wesentliche beschränkte, von der Meinung des Verfassers weitgehend freie Darstellung eines Ereignisses. Die Nachricht teilt durch einen Vermittler neue Tatsachen mit, die für den Empfänger von Belang sind und dessen Informiertheit erhöhen. Das Vehikel ist in der Regel das Wort. Die Nachricht ist die kürzest denkbare Fassung der Information.

Nanotechnologie

(griechisch, nános = Zwerg) bezeichnet die Forschung in einigen Bereichen der Physik, der Chemie und bisher noch im sehr begrenzten Rahmen in Teilbereichen des Maschinenbaus und der Lebensmitteltechnologie (Nano-Food). Dieser (populärwissenschaftliche) Sammelbegriff gründet auf der allen Nano-Forschungsgebieten gleichen Größenordnung vom Einzelatom bis zu einer Strukturgröße von 100 Nanometern (nm). Ein Nanometer ist ein Milliardstel Meter (m). Diese für den Laien unvorstellbare Größenordnung definiert einen wissenschaftlichen Grenzbereich mit hohem Erklärungs- und Unsicherheitsfaktor und ist insofern eine Technologie mit hoher Risikoaffinität.

Öffentlichkeitsarbeit (ÖA)/Public Relations, Definition

Angeblich soll es über 3.000 verschiedene Definitionen zur Öffentlichkeitsarbeit geben. Eine etwas altmodische, gleichwohl viel zitierte ist die der DPRG: Public Relations sind das bewusste, geplante und dauerhafte Bemühen um ein Vertrauensverhältnis zwischen Organisation, Institutionen oder Personen und ihrer Umwelt. ÖA meint vor allem aktives Handeln durch Information und Kommunikation auf konzeptioneller Grundlage, auch unter Einbeziehung der Corporate Identity.[11] PR sind darum bemüht, intern wie extern Konflikte zu vermeiden oder bereinigen zu helfen (Corporate Behaviour, also z. B. das Verhalten der Mitarbeiter, das in der Praxis die größte Herausforderung darstellt).[12] Aus einer organisationsbezogenen Perspektive betrachtet, lässt sich PR wie folgt definieren: Öffentlichkeitsarbeit und PR sind das Management von Informations- und Kommunikationsprozessen zwischen Organisationen einerseits und ihren internen und externen Umwelten (Teilöffentlichkeiten) andererseits. Sie gestaltet den Meinungsbildungsprozess durch den strategisch geplanten, effizienten und zielgerichteten Einsatz aller Kommunikationsmittel. Diese meinen vor allem Maßnahmen (z. B. Medienarbeit, Public Affairs, interne Kommunikation, Online-PR, Event-PR, Evaluation) und Instrumente (Pressemitteilung, Dark-Sites, Third Party Statement etc.). Die Krisenkommunikation (Krisen-PR) ist nach unserem Verständnis nicht etwa ein Teilbereich, ein Anhängsel der »normalen« Öffentlichkeitsarbeit, sie ist aufgrund ihrer speziellen An- und Herausforderungen ein völlig eigenständiger, gleichberechtigter Kommunikations-Cluster. Gleichwohl ist eine starke strategische und auch personelle Anbindung an die klassische ÖA sinnvoll, synergetisch und auch Praxisalltag.

Outbound (-Dienste)

Fachterminus aus der Callcenter-Branche. In einem Callcenter gibt es Inbound- (Anrufe annehmen) und Outbound-Dienste. Outbound bezeichnet das aktive Anrufen, z. B. um zu verkaufen oder zu informieren.

---

11 Corporate Identity (CI): Das Gestalten und Managen von individuellen, einheitlichen, widerspruchsfreien Identitätsprozessen einer Organisation – der strategische Instrumenteneinsatz schafft dann ein unverwechselbares Organisationsbild. CI ist kein Zustand, sondern ein Prozess.
12 Stammt im Kern von der Deutschen Public Relations Gesellschaft (DPRG).

Pacing

(engl.: mitgehen) beschreibt aktuelle Gegebenheiten und Verhaltensweisen sowie mutmaßlich emotionale Wahrnehmungen eines Zuhörers, die von einem Protagonisten verbal aufgegriffen werden. Dazu benutzt dieser bestimmte interpretierbare Sprachmuster, die es dem Zuhörer ermöglichen, seine eigene Erfahrungswelt in den Worten wiederzufinden. Pacing ist also durchaus eine besonders ausgeprägte Form der Empathie. Ziel ist es, dass der Zuhörer dem Gesagten (innerlich) zustimmt und so Vertrauen in den Protagonisten aufbaut.

Präventions-PR

bereitet Organisationen, Menschen, Verhaltensweisen (Corporate Behaviour), Strukturen (auch Kommunikationsstrukturen) auf kritische Situationen vor. Die Instrumente reichen hier von analytischen Ansätzen über Szenariotechniken bis hin zum Krisenhandbuch.

Problem(e)

Ein Problem ist ein intern zu behebender Fehler, der zwar Geld kostet und Produktionsausfälle zur Folge haben kann, der die Außenwelt aber nicht weiter tangiert. Ein typisches Problem wäre z. B. ein Rohrbruch oder ein kaputtes Ventil. Eine Krise entsteht, wenn bei einem Rohrbruch auch noch Giftgas frei würde und eine Bedrohung für die Bevölkerung entstünde. Dabei ist der Umfang der Krise nicht unbedingt identisch mit der Menge des ausgetretenen Giftgases, also der tatsächlich bestehenden Gefahr für die Bevölkerung. Der Umfang der Krise hängt ganz wesentlich von der Berichterstattung der Medien und der Reaktion des Unternehmens ab. Die Krise ist es, die Organisationen dazu bringt, Fehler zu machen.

Recovery/Corporate Recovery

meint den Neustart nach einem Systemzusammenbruch und kann durchaus als Krisenlösung begriffen werden. Die Krise wird als entscheidende Wendung gesehen. Man nutzt die kritische Situation als Chance zur erfolgreichen Neuausrichtung einer Organisation, einer Marke, eines Produkts oder einer Dienstleistung. Die Krisenforschung kennt innerhalb einer Krise mehrere Recovery-Phasen, die sich über den Zeitverlauf und/oder auch über eine gesamte Branche definieren; so z. B. in der Tourismusbranche, die nach einem Terroranschlag kräftige Buchungsrückgänge zu verzeichnen hat. Recovery-Phasen verdeutlichen, wer wie lange braucht, um wieder ein »normales« Buchungsniveau zu erreichen.

Risiko

Der Begriff Risiko meint die Möglichkeit des Eintritts eines Schadens. Ob man von Risiko oder Chance spricht, hängt dabei weniger von der Eintrittswahrscheinlichkeit eines Ereignisses ab, sondern von der persönlichen Einschätzung. Bewertet man die Folgen des Ereignisses eher negativ (Risiko) oder eher positiv (Chance)?

Risiko, objektives

Die Versicherungswirtschaft kalkuliert wie folgt: Eintrittswahrscheinlichkeit mal Schadenshöhe gleich Risiko. Das bedeutet, für die Versicherungen ist je ein Toter in 1.000 Fällen dasselbe wie 1.000 Tote in einem Fall. Einmal in 10.000 Jahren kann heißen: heute und morgen und dann 20.000 Jahre nicht mehr. Eine NASA-Studie qualifizierte die GAU-Wahrscheinlichkeit einer Space-Shuttle-Katastrophe in einer Größenordnung von 1:100.000; das Shuttle explodierte bereits beim 25. Flug. Die Risikowahrscheinlichkeit und ihr mögliches (reales und empfundenes) Bedrohungspotenzial sind elementare Kriterien im Rahmen der Krisenanfälligkeitsanalyse und Krisenvorbereitung (siehe auch Interpretation und Akzeptabilität). Man spricht zudem von einem objektiven Risiko, wenn im Nachhinein (ex post) eine Häufigkeitsverteilung von Schadensereignissen ermittelt werden kann und die Gefahrenquelle nicht mehr besteht. Der Begriff ist nicht unumstritten. Viele Wissenschaftler vertreten die Ansicht, dass es ein »objektives Risiko« nicht gibt. Sie bezweifeln das Funktionieren gängiger Risikomodelle und -instrumente.

Risiko, subjektives

Je größer der »Gruselfaktor« eines Ereignisses, desto größer ist auch die empfundene Bedrohung. Eine Hai-Attacke wird (wenngleich unwahrscheinlicher) allgemein als gruseliger (und damit auch nachrichtenwertiger) empfunden als ein Herzinfarkt. Sinken die eigenen Einflussmöglichkeiten auf eine Gefahrenquelle, sinkt automatisch auch die Akzeptanz. So wird das eigene Autofahren als weitaus weniger riskant empfunden als z. B. die Risiken, die durch den Betrieb eines Atomkraftwerks entstehen. Ist die Chance auf persönlichen Nutzen (z. B. Genuss) groß, ist auch die Akzeptanz eines möglichen Risikos höher: Wer raucht, riskiert ganz bewusst, an Lungenkrebs zu erkranken. Die Differenz zwischen »subjektivem« und »objektivem« Risiko ist die Differenz zwischen empfundenem und berechenbarem Risiko. Dies ist für die Beurteilung und Wahrnehmung eines Krisenfalls von großer Bedeutung (siehe auch Interpretation).

Risikoabschätzung

identifiziert, quantifiziert und bewertet Risiken. Sie bietet eine bestmögliche Schadensprognose nach dem Stand des gegenwärtigen Wissens im Hinblick auf die Wahrscheinlichkeit und das Ausmaß des Eintreffens.

Risikoanalyse

ist der Versuch, mit Hilfe wissenschaftlicher Methoden die Eintrittswahrscheinlichkeit von Schadensfällen oder die Wahrscheinlichkeitsfunktion von Schadensereignissen qualitativ und möglichst quantitativ so realitätsnah wie möglich zu ermitteln.

Risikobewertung

beurteilt die Akzeptabilität eines Risikos mittels rationaler Urteilsfindung unter Verwendung der Erkenntnisse aus Risikoanalyse und Risikowahrnehmung.

Risikokommunikation

ist, zunächst analog der PR-Definition, der zielgerichtete, interessengeleitete Informationsaustausch zwischen Organisationen und (Teil-)Öffentlichkeiten. Anders als bei der (allgemeinen) PR sind die Informationsinhalte allerdings eindeutig. Kommuniziert werden die von der Organisation ausgehenden oder zu erwartenden Risiken und deren mögliche Realisierungen sowie Themen des Risikomanagements (Entscheidungen, Maßnahmen, Pläne). Dazu zählen auch die Haltung der Massenmedien zu bestimmten Risikothemen sowie die Analyse der veröffentlichten Meinung in diesen Bereichen. Risikokommunikation (RIKO) ist ein präventiver Teilbereich der gesamten Krisenkommunikation und will die Diskussion, den Dialog zu den entsprechenden Themen – sie ist also in gewisser Weise ein Transparenzinstrument. Je nach Gefahren- oder Risikograd der Dienstleistung, des Produkts oder der Tätigkeit nutzt die RIKO in ihrer operativen Umsetzung nach genauer Abwägung alle Instrumente, die auch der »allgemeinen« Öffentlichkeitsarbeit zur Verfügung stehen. Da RIKO vorbeugende Kommunikation ist (sie berichtet über die Wahrscheinlichkeit eines Schadeneintritts), kann mangelhafte RIKO schnell zum Auslöser von Krisen werden; insofern ist RIKO nicht mit Krisenkommunikation gleichzusetzen oder zu verwechseln, die nach Eintritt eines Schadens greift. RIKO umfasst vor allem zwei Argumentationsebenen: die Medienebene (Laienebene), die Riskantes häufig noch potenziert, und die Expertenebene. RIKO versucht, zwischen diesen Ebenen zu vermitteln. RIKO ist eine oft unterschätzte, gleichwohl wachsende Spezialdisziplin in der PR, da die zunehmende Sensibilisierung der Öffentlichkeit dafür sorgt, dass die sicherheitsrelevanten Bereiche stetig zunehmen. Nota bene: In der Mediengesellschaft hat die Berichterstattung der Massenmedien – ob zu Recht oder zu Unrecht, sei dahin gestellt – hohe und steigende Glaubwürdigkeit; dies hat zur Folge, dass der Berichterstattung über Risiken durch die Medien eher geglaubt wird als Expertenaussagen.

Risikothema

(Mediale, gesellschaftspolitische, fachbezogene) Risikothemen stellen ein Risikoproblem für die Organisation dar. Das Problem liegt meist in der Beharrlichkeit bestimmter gesellschaftlicher Gruppen, deren Aktivitäten sich über die öffentliche und veröffentlichte Meinung zu handfesten Krisen für eine Organisation entwickeln können.

Risikowahrnehmung

bezeichnet die Einschätzung einer Risikosituation aufgrund intuitiver Beurteilung, persönlicher Erfahrung und aufgenommener Informationen (z. B. über die Medien).

Schaden

Unerwünschte (materielle und immaterielle) Folgen einer Handlung oder eines Ereignisses.

Screening

(engl.: Durchleuchtung, Siebung) ein serienweise nach bestimmten Kriterien ausgerichtetes Auswahl-, Test- und Klassifikationsverfahren, um innerhalb einer größeren Menge, einer Gruppe oder eines Anwendungsbereichs Daten zu gewinnen; z. B. in der Medienwissenschaft das Beobachten von redaktioneller Berichterstattung nach bestimmten Begriffen (Konkurrenzbeobachtung) oder im Internetbereich das Filtern von Daten, um unerwünschte Zugriffe zu unterbinden.

Sicherheit

kennzeichnet einen Zustand, in dem das verbleibende Risiko als akzeptabel eingestuft wird. Es besteht also auch beim Zustand Sicherheit noch durchaus die Möglichkeit, dass ein Schaden eintritt. Sicherheit meint im Zusammenhang mit Risikokommunikation keineswegs einen Zustand der Gefahrlosigkeit!

Skandal

ist ein sozialer Prozess, erkennbar an drei Merkmalen: Erstens die moralische Verfehlung, unabhängig davon, ob diese tatsächlich begangen oder nur unterstellt wird. Zweitens die Enthüllung der Verfehlung (z. B. durch einen öffentlichen Kommunikationsakt), die zuvor unbekannt war oder verborgen gehalten wurde. Und drittens eine weithin geteilte Empörung, die sich aufgrund der Enthüllung einstellt. Erst wenn alle drei Charakteristika zusammenkommen, kann es einen Skandal als gesellschaftliches Phänomen geben[13]. Die Verhaltensweisen der drei Protagonisten eines Skandals (der »Skandalierte«, der Skandalierer«, die Öffentlichkeit«) entscheiden darüber, ob aus einem Skandal eine Krise erwachsen kann.

SWOT-Analyse

Abkürzung für Strength (Stärken), Weaknesses (Schwächen), Opportunities (Chancen), Threads (Risiken). Aus dem Amerikanischen übernommenes Analysesystem zur Ermittlung des (auch kommunikativen) Status quo innerhalb einer Organisation. Stärken und Schwächen beschreiben den Ist-Zustand und liegen in der Organisation, dem Produkt, der Dienstleistung selbst. Chancen und Risiken liegen in der Zukunft und beschreiben Zustände, Haltungen, Aktivitäten außerhalb der Organisation, des Produkts, der Dienstleistung etc. SWOT ist ein wichtiger Bestandteil bei einer Ist-Analyse, z. B. bei der Erforschung der Krisenanfälligkeit. Hier werden auch die Organisationshistorie, Produkt- und Haftungsrisiken sowie menschliche Fehlerpotenziale untersucht. Hier sind Selbstehrlichkeit sowie Kritik- und Analysefähigkeit für die eigene Organisation, die Leitung und auch für die eigene Person und Position erforderlich.

Themen-/Inhaltsmanagement

ist ein effektives Instrument der Krisenprävention. Durch Installation von internen und externen Monitoringsystemen sind Unternehmen frühzeitig in der Lage, Krisenherde zu identifizieren und geeignete kommunikative Lösungen zu erarbeiten. Der Erfolg und Misserfolg von Unternehmen und Organisationen hängt entscheidend von Bekanntheitsgrad und Image ab sowie von deren Meinungen in der öffentlichen Diskussion. Themenmanagement wird als ein strategisch geleiteter Prozess zur Steuerung der öffentlichen Meinungsbildung vor dem Hintergrund betrieben, frühzeitig Einfluss auf die öffentliche Diskussion zu nehmen, um Krisen vorzubeugen und positive Stimmung für ein Unternehmen zu verbreiten. In der Praxis werden im Themenmanagement diejenigen Themen identifiziert, die für ein Unternehmen relevant sind – weil sie mit ihrem Handeln jene Themen berühren oder mit diesen in Verbindung gebracht werden können.

Third Party(-Statement)

meint die (günstige) Stellungnahme eines unabhängigen Experten zu einem Krisenfall. Ein solcher Experte genießt bei den Medien und in der Öffentlichkeit hohe Glaubwürdigkeit. Seine Aussagen sind über jeden Zweifel erhaben, jenseits von wirtschaftlichen oder persönlichen Eigeninteressen, und werden in der Regel

---

13   Nach Karl Otto Hondrich, 1992, u. Norbert Baumgärtner, 2005.

als nicht interessengesteuert interpretiert. Eine solche Expertise muss keine Gefälligkeitsberichterstattung zu Gunsten der Organisation sein; sie sollte vor allem den Tatsachen entsprechen und mögliche Risiken klar benennen. Jede Organisation mit ohnehin risikobehaftetem Umfeld sollte sich um gute und regelmäßige Kontakte zu solchen Experten und Institutionen bemühen. Damit sind ausdrücklich nicht wissenschaftliche Beiräte gemeint, die der entsprechenden Organisation im Krisenfall viel zu nahe stehen, um noch als neutral und objektiv zu gelten.

Veröffentlichte Meinung

Der Begriff »veröffentlichte Meinung« bezeichnet die – zutreffende oder verfälschte – Darstellung der Meinung der Bevölkerung in den Massenmedien. Die Medienschaffenden können die öffentliche Meinung, wissentlich oder unwissentlich, falsch wiedergeben, so dass Entscheidungsträger/Rezipienten nicht sicher sein können, ob ihnen die Meinung des Volkes oder die eines Medienprofis zugetragen wird. Dies gilt auch in der umgekehrten Richtung – häufig beschweren sich Personen, falsch zitiert worden zu sein. Allein durch die Tatsache, dass Menschen Nachrichten vermitteln, verlieren die Nachrichten an Objektivität.

Vertrauen

ist eine »riskante Vorleistung«, die in der Vergangenheit erworben wurde. Vertrauen beruht auf Glaubwürdigkeit, also der Erfahrung im Umgang mit Personen/Organisationen, dass sie relevante Verbindlichkeiten (Zusagen, Handlungen), die sie in Aussicht gestellt haben, auch adäquat einlösen. Vertrauen setzt dies bereits voraus, d. h., man baut (man vertraut) darauf, dass man Vertrauen schenken kann.[14] Vertrauen im Rahmen der Risikokommunikation meint besonders ein »Sich-verlassen-Können« auf das Vorhandensein von Kompetenz (Wissen, Können), Wahrung von Fairness (Offenheit, Chancengleichheit) und die Wahrnehmung sozialer Verantwortung (z. B. gegenüber Mitarbeitern, Kunden, Nachbarn, Öffentlichkeit).

Whitepaper

Sind Informationstexte ohne werblichen Bezug zum Unternehmen. Es sind also keine Unternehmens- oder Produktbroschüren. Es geht in diesen Texten ausschließlich um die Sache. Das Unternehmen oder die Produkte werden darin nicht erwähnt, von der Nennung des Unternehmens als Herausgeber natürlich abgesehen. Meist sind es Hintergrundinformationen, die Journalisten den Zugang zu einem Thema, einem Sachverhalt, einer Krise erleichtern sollen. Es geht hier auch um die Förderung von Themenkompetenz sowie um die Zuverlässig-

---

14   Klaus Merten, Wörterbuch der PR.

keit des Unternehmens als »objektivem« Informationslieferanten. Whitepaper sind hervorragend geeignet, um im Laufe der Zeit einen Dialog mit den Medien zu initiieren und Beziehungen zu festigen. Während einer Krise bekommen solche Informationen dann den Stellenwert, den sie verdienen.

Zielgruppe

ist eigentlich ein Marketingbegriff. Die Öffentlichkeitsarbeit kennt streng genommen nur »Bezugsgruppen« – ein Begriff, der sich leider nicht durchgesetzt hat und der die PR noch deutlicher von der klassischen Werbung abgrenzen würde. Die Ziel-, Beziehungs- oder Bezugsgruppen in der PR sind die Dialogpartner des »Senders«. Eine ausgeklügelte PR-Konzeption legt großen Wert darauf, dass die unterschiedlichen Zielgruppen zunächst identifiziert, mit entsprechenden Kommunikationszielen versehen und dann auch mit unterschiedlichen Botschaften bedient werden. Zielgruppen sind idealerweise konkrete Typologien wie Mitarbeiter, Medien, Kunden, Lieferanten – Typologien, die ihrerseits weiter heruntergebrochen werden können. Die Zielgruppe »Öffentlichkeit« ist keine. In der Krise ist eine exakte Bezugsgruppenansprache mit der richtigen Botschaft überlebenswichtig. Die Medien sind im Krisenfall als Informationsbrücke und -makler für die mit Abstand wichtigste Zielgruppe zu verstehen: den Bürger!

Zitate

Streit über die Frage, ob die Äußerungen eines Gesprächspartners richtig wiedergegeben sind, entsteht bei ihrer Wiedergabe in elektronischen Medien – die in der Regel mit O-Tönen arbeiten – seltener als in den Printmedien. Bei diesen geht das berechtigte Streben nach optimaler Verständlichkeit für das Publikum zuweilen auf Kosten der Genauigkeit. Halten Sie nicht nur im Krisenfall »heikle« Gespräche mit Journalisten auf Tonträger (Diktiergerät) fest. Bei Telefonaten müssen Sie gleich zu Beginn darauf hinweisen, dass Sie mitschneiden. Zulässig ist eine redaktionelle Bearbeitung, wenn der Journalist

- Ihre Äußerungen sinngemäß in eigenen Worten wiedergibt und dies für den Leser auch erkennbar ist,
- »Glättungen« in Satzbau und Grammatik vornimmt (poliert),
- die Veröffentlichung (ohne Sinnentstellung) auf einzelne Punkte reduziert.

Unzulässig ist die Wiedergabe, wenn

- Äußerungen als wörtliche Zitate wiedergegeben werden, deren Formulierung in Wirklichkeit vom Journalisten stammt,
- Ihnen Aussagen zugeschrieben werden, die Sie nicht gemacht haben,
- Ihre Äußerungen sinnentstellend gekürzt sind.

Einen Rechtsanspruch auf die zutreffende Wiedergabe Ihrer Äußerungen haben Sie (nur), wenn für die Allgemeinheit oder zumindest für Ihre nähere Umgebung erkennbar ist, dass die Angaben von Ihnen stammen.

Zwei-Wege-Kommunikation
erweitert die klassische Ein-Weg-Kommunikation (Sender-Empfänger-Modell), indem sie den Adressaten der Risikokommunikation eine Vielzahl von Rückkopplungsmöglichkeiten eröffnet. Das kann das Angebot beinhalten, den Adressaten zu ermöglichen, ihre eigene Sichtweisen darzustellen oder sogar die aktive Teilhabe von Betroffenen an Entscheidungsfindungen.

Literatur

Beck, U.: Weltrisikogesellschaft, Frankfurt am Main 2007.

Bentele, G., Großkurth, L. Seidenglanz, R.: Profession Pressesprecher 2007, Berlin 2007.

Bonfadelli, H.: Medienwirkungsforschung II. Anwendungen in Politik, Wirtschaft und Kultur, Konstanz 2004.

Brauer, G.: Presse- und Öffentlichkeitsarbeit. Ein Handbuch, Konstanz 2005.

Cohn R.: The PR Crisis Bible, New York 2000.

Coombes, W. T.: Code Red in the Boardroom. Crisis Management as organizational DNA. Westport (CT): 2006.

Erickson, P. A.: Emergency Response Planning for Corporate and Municipal Managers, Oxford 2006.

Fearns-Banks, K.: Crisis Communication. A Casebook Approach, Mahwah (NJ) 2002.

Fink, St.: Crisis Management. Planning for the Inevitable, Lincoln (NE) 2000.

Laumer R., Pütz J.: Krisen-PR in der Praxis, Münster 2006.

Hans-Bredow-Institut (Hrsg.): Medien von A – Z, Wiesbaden 2006.

Hertel, A. v.: Professionelle Konfliktlösung, Frankfurt am Main 2003.

Kromschröder, G.: Ach, der Journalismus. Glanz und Elend eines Berufsstands, Wien 2006.

Kuhn, M., Kalt, G., Kinter, A.: Chefsache Issues Management, Frankfurt am Main 2003.

Molitoris, M.: Produkthaftungsrecht, München 2007.

Piwinger M./Zerfass A.: Handbuch Unternehmenskommunikation, Wiesbaden 2007.

Pritzl, Th.: Der Fake-Faktor, München, 2006.

Weischenberg, S., Malik, M., Scholl, A.: Die Souffleure der Mediengesellschaft. Report über die Journalisten in Deutschland, Konstanz 2006.

Index

Die Begriffe mit fett gedruckten Seitenzahlen werden im Glossar (S. 222 ff.) erklärt.

Weiterlesen

PR Paxis

Klicken + Blättern

Leseprobe und Inhaltsverzeichnis unter

Erhältlich auch in Ihrer Buchhandlung.

UVK
UVK Verlagsgesellschaft mbH